普通高等职业教育计算机系列规划教材

Java EE SSH 框架应用开发项目教程

（第 2 版）

彭之军　主　编

刘　波　陈志凌　副主编

電子工業出版社

Publishing House of Electronics Industry

北京 • BEIJING

内 容 简 介

本书以 Java EE SSH 框架开发的知识点为主线，以 Oracle 数据库附带的表为基础，第 1～4 章讲解了 JDBC、JSP、Servlet、Ajax 在 Java EE 中的使用方法；第 5～12 章详细地介绍了 Struts 2、Spring 3 及 Hibernate 框架的主要内容，并且对 Spring MVC 和 Hibernate 4 的最新内容做了介绍。在本书的最后以一个综合性的案例——书籍管理系统，完整地介绍了使用 SSH 框架开发的全过程，并且在表示层对使用 JQuery 也有详细讲解。

本书既可作为应用型本科 Java EE 企业级开发课程、高职高专相关专业课程教材和教学参考用书，也可作为培训机构的教材及从事 Java EE 应用系统开发人员的参考资料。

图书在版编目（CIP）数据

Java EE SSH 框架应用开发项目教程/彭之军主编. —2 版. —北京：电子工业出版社，2019.6
普通高等职业教育计算机系列规划教材
ISBN 978-7-121-35304-8

Ⅰ. ①J… Ⅱ. ①彭… Ⅲ. ①JAVA 语言－程序设计－高等职业教育－教材 Ⅳ. ①TP312.8

中国版本图书馆 CIP 数据核字（2018）第 242487 号

策划编辑：徐建军（xujj@phei.com.cn）
责任编辑：裴　杰
印　　刷：北京虎彩文化传播有限公司
装　　订：北京虎彩文化传播有限公司
出版发行：电子工业出版社
　　　　　北京市海淀区万寿路 173 信箱　邮编 100036
开　　本：787×1 092　1/16　印张：18.25　字数：467.2 千字
版　　次：2015 年 6 月第 1 版
　　　　　2019 年 6 月第 2 版
印　　次：2020 年 3 月第 2 次印刷
定　　价：55.00 元

凡所购买电子工业出版社图书有缺损问题，请向购买书店调换。若书店售缺，请与本社发行部联系，联系及邮购电话：（010）88254888，88258888。

质量投诉请发邮件至 zlts@phei.com.cn，盗版侵权举报请发邮件至 dbqq@phei.com.cn。

本书咨询联系方式：（010）88254570。

前言

Preface

Java 已经成为企业开发的主要工具之一。对于企业级 Java 开发，基于开源软件项目的开发已经获得了企业开发者的信任，Spring、Struts 2、Hibernate、MyBatis 等层出不穷，并且随着分布式架构的逐渐增多，SSH 框架或 SSM（Spring、SpringMVC、MyBatis）已成为主流基础框架。在学习过程中应该立足基础知识的学习，这些框架都是建立在传统 Web 架构上的技术。

本书主编彭之军具有浙江大学软件工程硕士学位和美国纽约理工学院 MBA 学位，曾在两家 CMMI5 级的软件公司从事软件开发工作，具有 10 年以上的 Java 开发和职业技术培训经验；现在广东邮电职业技术学院计算机系从事软件开发的教学及大数据分析技术和企业信息化咨询方面的工作。

本书第 1 版由彭之军、刘波、陈志凌担任主编，其中，彭之军编写了第 1～3 章和第 12 章，刘波编写了第 4、10、11、13 章，陈志凌编写了第 5～9 章，全书由彭之军统稿，由植挺生主审，徐婉珍参审。

本书第 2 版在第 1 版的基础上增加了 Servlet 3 的知识点和过滤器及 Spring MVC 的内容，并将第 1 版第 7 章 Struts 2 数据验证和国际化更换为 Spring MVC。Struts 2 数据验证部分内容将以电子版的形式提供给读者。

本书是在广东邮电职业技术学院移动通信系领导的大力支持下，以及诸多同事的帮助干，才得以顺利出版的，在此一并表示感谢。

本书第 2 版是在收到各兄弟院校同仁提出的修改意见的基础上做出的修订。同时，本书综合参考了各兄弟院校对本门课程大纲的要求。他们分别是广东岭南职业技术学院的沈阳博士和陈辉老师，广东东软学院计算机系徐婉珍老师和吕永国老师，广州番禺职业技术学院信息工程学院的陈惠红副教授。此外，还有很多其他兄弟院校的一线教师给予的指导，在此不一一列出，一并对这些一线教师表示衷心的感谢！

为了方便教师教学，本书配有电子课件及相关资源，请有此需要的教师登录华信教育资源网（www.hxedu.com.cn）注册后免费下载。本书的案例和电子课件也可以在 51CTO 博客（cnjava.blog.51cto.com）上获取。如有疑问，可在网站留言板留言或与电子工业出版社联系（hxedu@phei.com.cn）。

教材建设是一项系统工程，需要在实践中不断加以完善及改进，本书中难免存在疏漏和不足之处，恳请同行专家和读者给予批评指正。

编　者

目录

Contents

第1章 Java 应用开发综述

信息技术使工作和生活变得越来越便利，我们可以直接使用手机扫码支付，可以足不出户地从购物网站购买全世界的商品，可以在国内通过互联网学习世界一流大学的课程。这一切都需要应用软件的支撑，而 Java 语言在其中发挥了重要的作用。

从 Sun 公司 1995 年正式发布 Java 到现在已经有二十多年了。Java 也随着 Java EE（Java Platform，Enterprise Edition，Java 平台企业版）的发布成为大中型企业信息系统的首选开发语言工具。

如果有 Java SE 的学习或开发经验，就会发现，目前使用 Java 开发客户端/服务器端（Client/Server，C/S）模式的程序日渐减少，而使用 Java EE 来开发浏览器/服务器（Browser/Server，B/S）模式的程序已成为企业信息系统的主流。

本书主要介绍使用 Java EE Web 的主流企业级开发框架来开发信息系统。虽然一般使用 Java EE 开发大中型系统，但是本书是以小型系统来讲解知识点的，这样的好处是降低了读者学习的难度。小型系统中简单的业务可以让读者将重点放在 Java EE 知识体系的学习上，而不必花费太多的时间在令人费解的业务上。

对于企业级 Java 开发，基于开源软件项目的架构已经登堂入室，获得了企业开发者的信任，以 Spring 框架为主线，Struts 2、 Hibernate、MyBatis 等层出不穷，并且随着分布式架构的逐渐增多，SSH 框架或 SSM（Spring、Spring MVC、MyBatis）已经是主流基础框架。在学习过程中应该立足基础知识的学习，这些框架都是建立于传统 Web 架构之上的技术。

1.1 Java EE 技术和相关框架

长期以来，Java EE 已成为各行业（金融、电信、零售、商业等）开发和部署企业级应用程序的首选平台。这是因为 Java EE 提供了一个基于标准的平台，可以用来构建强壮和高扩展性的分布式应用程序，以支持类似从银行核心业务到在线购物平台的所有业务。然而，开发一款功能强大的 Java EE 应用程序不是一项容易的任务。开源的 Java 平台提供了丰富的选项、数目繁多的框架、实用的工具库、集成开发环境（Integrated Development Environment，IDE）及各种工具，使开发工作更具有挑战性。常言道“工欲善其事，必先利其器”，选择合适的技术是非常重要的。只有使用良好的架构和技术，才可能构建易于维护、复用和扩展的程序。

1.1.1 Java EE 应用程序架构

Java EE 应用程序由一些组件组成，包含 Java Server Pages（JSP）、Servlet 和 Enterprise Java Beans（EJB）模块。开发人员通过这些组件来构建大型分布式应用程序。开发人员将这些 Java EE 应用程序打包在 Java 归档（Java Archive，JAR）文件中，这些文件可以分发到各个地域不同的站点。管理员将 Java EE JAR 文件部署到一个或多个应用服务器上，然后运行这些应用程序。Java EE 使用多层分布式应用模型，应用逻辑按功能划分为组件，各组件根据其所在的层分布在不同机器上。该应用模型通常分为以下四层来实现，如图 1-1 所示。

（1）客户层：运行在客户计算机上的组件。

（2）Web 层：运行在 Java EE 服务器上的组件。

（3）业务层：同样运行在 Java EE 服务器上的组件。

（4）企业信息系统层：运行在企业信息系统服务器上的软件系统。

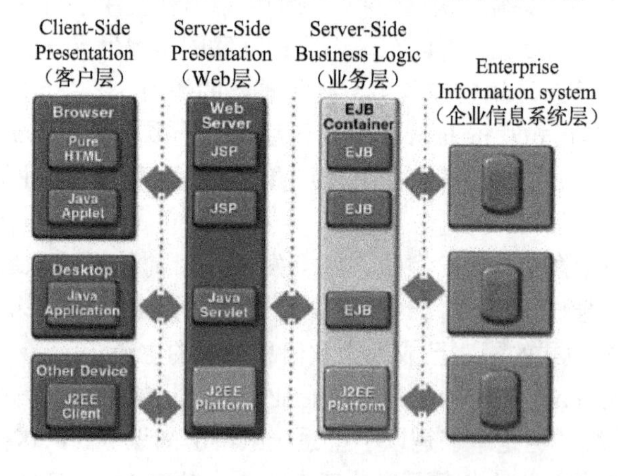

图 1-1　Java EE 平台四层结构

Java EE 平台使分布式多层应用程序的开发变得更为容易，应用程序的各个组件可以基于功能来进行划分。不同层上的组件可以使用一种名为模型-视图-控制器（Model View Controller，MVC）的架构模式来建立协作关系。

1979 年，Trygve Reenshaug 在 *Applications Programming in Smalltalk-80: How to Use Model-View-Controller* 中首次提出了 MVC 的概念。简单地说，MVC 是将一个应用程序划分为三个不同但又相互协作的组件，它们分别是模型（Model）、视图（View）、控制器（Controller）。

在 MVC 结构中，模型代表应用程序的数据（Data）和用于控制访问及修改这些数据的业务规则（Business Rule）。通常，模型被用来作为对现实世界中一个处理过程的软件近似，当定义一个模型时，可以采用简单的建模技术。

当模型发生改变时，它会通知视图，并且为视图提供查询模型相关状态的能力。同时，它也为控制器提供访问封装在模型内部的应用程序功能的能力。

视图用来组织模型的内容。它从模型那里获得数据并指定这些数据如何表现。当模型变化时，视图负责维持数据表现的一致性。视图同时将用户要求告知控制器。

控制器定义了应用程序的行为。它负责对来自视图的用户要求进行解释，并把这些要求映射成相应的行为，这些行为由模型负责实现。在独立运行的 GUI 客户端上，用户的要求可能是一些鼠标点击或者菜单选择操作。在一个 Web 应用程序中，它们的表现形式可能是一些来自客户端的 GET 或 POST 的 HTTP 请求。模型所实现的行为包括处理业务和修改模型的状态。根据用户要求和模型行为的结果，控制器选择一个视图作为对用户请求的应答。通常，一组相关功能集对应一个控制器。如图 1-2 所示为 MVC 三个组件之间的协作关系。

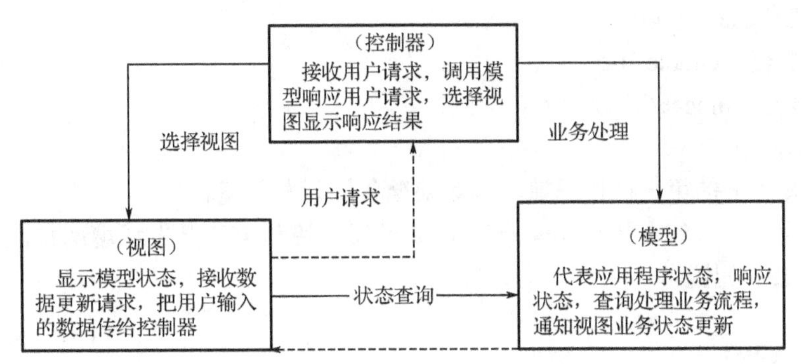

图 1-2 MVC 三个组件之间的协作关系

Struts 是 Java 语言领域中最早实现 MVC 模块的框架，早在 2000 年，Craig McClanahan 采用 MVC 的设计模式开发了 Struts。随着时间的推移，软件开发领域新技术、新方法、新思想不断出现，Struts 中的很多地方已无法适应最新的需求，所以 Struts 和另外一个著名的 Web 框架——WebWork 合并，将新的框架称为 Struts 2。2005 年前后，Struts 2 借助其历史积淀和优秀的设计成为 Java EE 开发中采用率最高的 Web 框架。但是由于 Struts 2 于 2013 年接连爆出了严重的安全漏洞，而 Spring 框架有了长足发展，所以 Spring MVC 已经取代 Struts 2 成为了 MVC 的首选框架之一。

1.1.2 对象关系映射框架

面向对象开发方法是当今的主流，但同时又不得不使用关系型数据库，所以在企业级应用开发的环境中，对象关系映射（Object Relational Mapping，ORM）是一种耗时的工作。围绕对象关系的映射和持久数据的访问，在 Java 领域中发展起来了一些 API 和框架。Hibernate 就是其中的佼佼者。它不仅管理 Java 类到数据库表的映射（包括 Java 数据类型到 SQL 数据类型的映射），还提供数据查询和获取数据的方法，可以大幅度减少开发时手动使用 SQL 和 Java 数据库连接（Java Database Connectivity，JDBC）处理数据的时间。

1.1.3 Spring 框架

Spring 是一个 Java EE 开源框架。它是于 2003 年兴起的一个轻量级 Java 开发框架，由 Rod Johnson 在其著作 *Expert One-On-One J2EE Development and Design* 中阐述的部分理念和原型衍生而来。它是为了解决企业应用开发的复杂性而创建的，Spring 使用基本的 JavaBean 来完成以前只可能由 Enterprise Java Bean（EJB）完成的事情。

1.2 软件安装配置

本书将在第1～3章介绍如何使用JSP+Servlet+EL+JSTL+JDBC的方式开发小型Web系统；在第4～12章介绍如何使用Ajax技术及Struts 2和Spring、Spring MVC和Hibernate框架开发大中型Web系统，并且补充介绍了Spring MVC框架的相关内容。

本书代码基于如下版本使用。

IDE：MyEclipse 8或以上。

数据库服务器：Oracle 10g。

Web服务器：Tomcat 6.0以上。

JDK：JDK 7以上。

在开始编写本书的第一行代码前，读者要准备好开发环境。

除了数据库软件之外，开发环境分为Java开发环境和JSP开发环境两种。Java开发环境就是JDK的安装和配置。

1.2.1 JDK配置

JDK就是Java的开发工具包，无论是开发Java SE、Java EE，JDK都是必须先安装的开发工具。JDK的安装非常简单，下面是其安装步骤。

步骤1：下载JDK，网址如下。

https://www.oracle.com/technetwork/java/javase/downloads/index.html

但是它只有最新的JDK可下载。如果JDK太新了，很多软件可能并没有跟上它的脚步，所以不建议在企业开发中马上使用，至少要等其成熟后再采用。

可以在以下地址找到JDK所有的版本，选择需要的版本进行下载即可。

https://www.oracle.com/technetwork/java/javase/archive-139210.html

JDK 7或JDK 8是企业使用比较多的，兼容性好。

本书要求安装JDK 7。注意版本的选择，本书介绍的是Windows 7平台下JDK的安装。

步骤2：下载完成以后，直接运行软件包的安装文件。

默认安装的路径不用修改。它会被放到C:\Program Files\Java\jdk1.7.0_80 目录下，如图1-3和图1-4所示。

步骤3：环境变量的配置。

这一步尤其重要，很多初学者或经验不多的开发者都会因本步设置不当而犯错，导致后面的开发中出现各种各样的问题。

在Windows 7中Java用到的环境变量主要有3个：JAVA_HOME、CLASSPATH、PATH。

首先，新建JAVA_HOME环境变量，指向JDK的安装路径，如图1-5所示。

其次，建立PATH环境变量，原来Windows中就有PATH变量，只需进行修改或新增，使它指向JDK的bin目录即可。这样，在控制台下编译、执行Java程序时就无需键入一大串路径了。设置方法是保留原来PATH的内容，并在其后面加上%JAVA_HOME%\bin。

最后，设置 CLASSPATH 环境变量。因为以后出现的莫名其妙的问题 80%以上可能是由于 CLASSPATH 设置不正确引起的，所以此处要加倍小心。

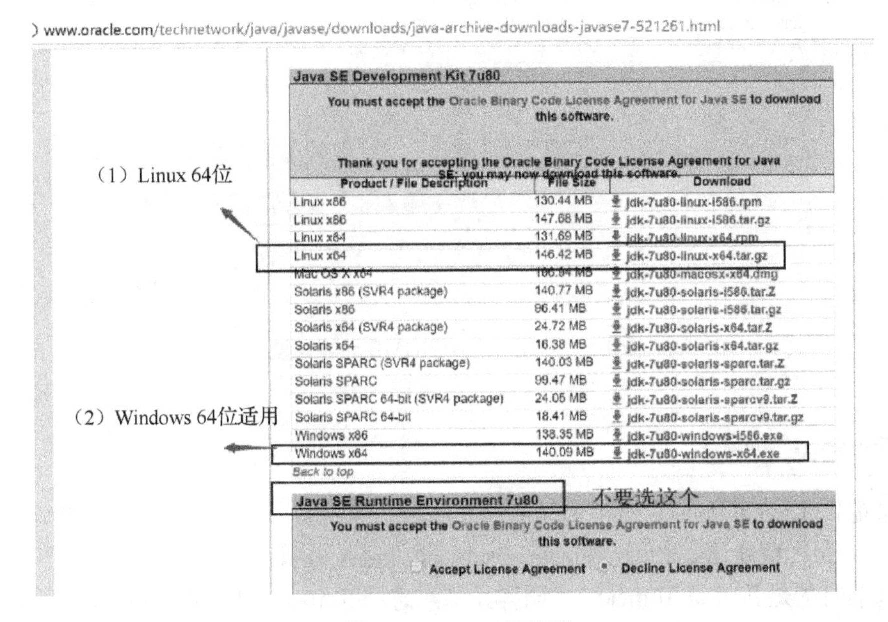

图 1-3　JDK 下载页面

组织　新建　打

电脑 › WIN7 (C:) › Program Files › Java › jdk1.7.0_80 ›

名称	修改日期
bin	2017/5/4 12:13
db	2017/5/4 12:13
include	2017/5/4 12:13
jre	2017/5/4 12:13
lib	2017/5/4 12:13
COPYRIGHT	2015/4/10 12:45
LICENSE	2017/5/4 12:13
README.html	2017/5/4 12:13
release	2017/5/4 12:13
src.zip	2015/4/10 12:45
THIRDPARTYLICENSEREADME.txt	2017/5/4 12:13
THIRDPARTYLICENSEREADME-JAVAFX.txt	2017/5/4 12:13

图 1-4　JDK 安装位置

设置：CLASSPATH=.;%JAVA_HOME%\lib;%JAVA_HOME%\lib\tools.jar。

要注意的是最前面的点号，它表示当前目录。此外，点号、%JAVA_HOME%\lib 及%JAVA_HOME%\lib\tools.jar 三个值之间用分号来分隔。还要注意，这里所有的标点符号都应该是英文状态的标点符号。

可以手动编写一个 Hello world 的 Java 程序，并手动编译及运行此程序。如果正确运行，则表示 JDK 环境变量配置正确。

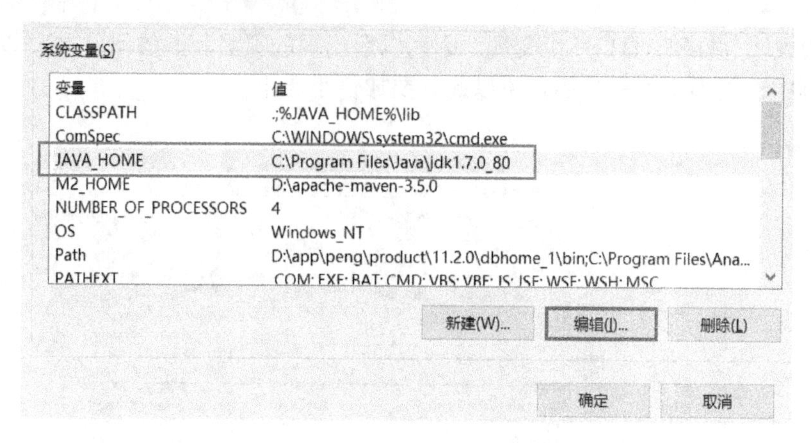

图 1-5　新建 JAVA_HOME 环境变量

1.2.2　Tomcat 配置

接下来配置 Tomcat。

下载 Tomcat，地址是：https://tomcat.apache.org/index.html

编写本书时的最新版是 Tomcat 9。同样，降级选择 Tomcat 8 即可，如图 1-6 所示。

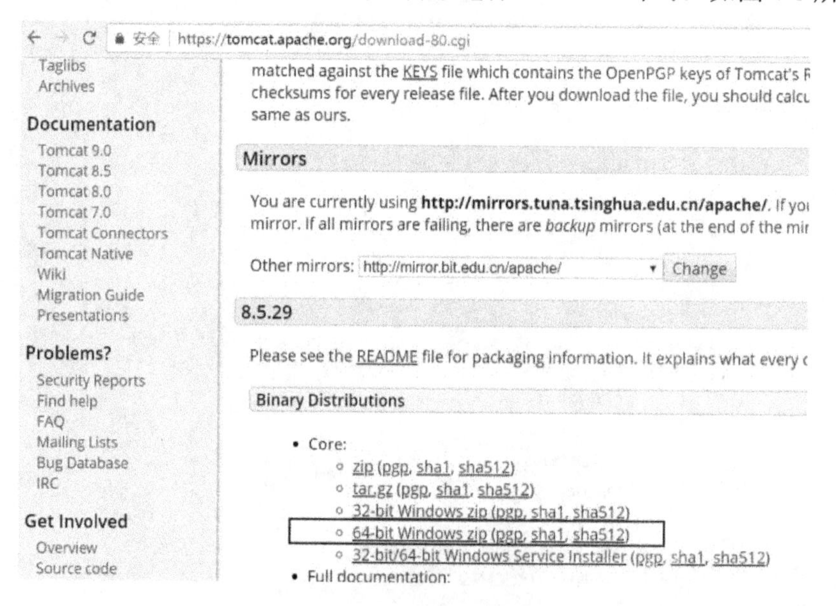

图 1-6　Tomcat 下载页面

下载一个 ZIP 压缩文件。如果 JDK 配置正确，Tomcat 几乎不用配置，解压即可使用。建议直接下载压缩版并解压缩至非系统盘（如 D 盘）的根目录下即可。例如，本书的文件放在了 D:\Tomcat8 目录中。

在 Tomcat8\bin\文件夹中有用于启动 Tomcat 的文件，名为 startup.bat。它是适用于 Windows 操作系统的批处理文件。如果是 Linux 操作系统，则启动 startup.sh 的 Shell 脚本。

启动成功后即可测试 Tomcat 能否正确运行。不要关闭启动成功后的 DOS 窗口，否则 Tomcat 会随之关闭。用浏览器直接访问 http://localhost:8080，如果可以进入如图 1-7 所示的 Tom 猫界面，则表示 Tomcat 服务器启动成功！说明已经走出了互联网的第一步，可以将编写的网页分享给世界上的任何一个人了。

图 1-7 Tomcat 启动成功的界面

为了开发的方便，请自行安装 Java EE 的开发工具，较为流行的是 Eclipse EE、MyEclipse 和 IDEA 三种。其中，Eclipse EE 是可以免费使用的，后两种都是收费的商业软件。MyEclipse 以前较为流行；而 IDEA 则是后起之秀，深受年轻开发者的喜爱。本书以 MyEclipse 2014 为主。读者可以自行学习 IDEA。

虽然 MyEclipse 自带了嵌入式的 Tomcat，但是调试不太方便。可以在 MyEclipse 中集成外部的 Tomcat。大家可以自行查找资料，将 Tomcat 8 集成到 MyEclipse 中。

案例介绍：基于 Oracle 数据库的员工部门管理系统。

Oracle 10g 数据库中有一个示范数据库，描述了一个虚拟公司的员工信息和部门信息。

以下的示例数据库都参照了这个示范数据库。

第一张表名为 DEPT，表示部门信息。数据库的 SQL 脚本如下：

```
CREATE TABLE DEPT(
    DEPTNO NUMBER(2) CONSTRAINT PK_DEPT PRIMARY KEY,
    DNAME VARCHAR2(14) ,
    LOC VARCHAR2(13)
) ;
```

第二张表名为 EMP，表示员工信息。数据库的 SQL 脚本如下：

```
CREATE TABLE EMP(
    EMPNO NUMBER(4) CONSTRAINT PK_EMP PRIMARY KEY,
    ENAME VARCHAR2(10),
    JOB VARCHAR2(9),
    MGR NUMBER(4),
    HIREDATE DATE,
    SAL NUMBER(7,2),
    COMM NUMBER(7,2),
    DEPTNO NUMBER(2) CONSTRAINT FK_DEPTNO REFERENCES DEPT
);
```

本系统有员工模块和部门模块，员工模块具有的功能如下。

（1）可以对员工进行基本信息维护。

（2）可以对部门进行系统维护。

（3）可以改变员工所属部门（从一个部门调往另一个部门）。

代码说明：篇幅所限，本书的大部分程序清单省略了代码中最前面的 import 语句，且将 JavaDoc 注释改为普通注释，所以有些代码并不符合 Java 格式规范。规范代码请参照本书提供的电子资料。

1.3　JDBC 的使用

1.3.1　JDBC 系统的数据访问层

Java 中访问数据库离不开 JDBC。JDBC 提供了独立于数据库的统一的 API，用以执行 SQL 命令。在 Sun 公司的 Java JDBC 模块中，JDBC 1.0 的操作都放在 java.sql.*包中。后期发布的 JDBC 2.0 增加了 javax.sql.*包。

API 常用的类和接口介绍如下。

1. DriverManager 类

这是用于管理 JDBC 驱动的服务类，主要通过它获取 Connection 数据库连接，常用方法如下：

```
Connection getConnection(String url, String user, String password)
```

该方法获得 URL 对应的数据库的连接。

2. Connection 接口

其常用数据库操作方法如下：

```
Statement createStatement();
```

该方法会返回一个 Statement 对象。

```
PreparedStatement preparedStatement(String sql);
```

该方法返回预编译的 Statement 对象，即将 SQL 语句提交到数据库进行预编译。

```
CallableStatement prepareCall(String sql);
```

该方法返回 CallableStatement 对象，该对象用于存储过程的调用。

上面的三个方法都返回执行 SQL 语句的 Statement 对象，PreparedStatement、CallableStatement 的对象是 Statement 的子类，只有获得 Statement 之后才可以执行 SQL 语句。

Statement 用于执行 SQL 语句的 API 接口，该对象可以执行 DDL、DCL 语句，也可以执行 DML 语句，还可以执行 SQL 查询语句，当执行查询语句时返回结果集。主要方法如下：

```
ResultSet executeQuery(String sql);
```

该方法用于执行查询语句，并返回查询结果对应的 ResultSet 对象，它只用于查询语句。

int executeUpdate(String sql)：该方法用于执行 DML 语句，并返回受影响的行数，它也可以执行 DDL 语句，执行 DDL 后返回 0。

使用 JDBC 对部门表进行操作，详细步骤如下。

步骤 1：加载对应的数据库的驱动，虽然 JDBC 刚发布时使用 ODBC-JDBC 桥连接的方式，但是在生产环境中，首选数据库厂商提供的 JDBC 驱动程序来和 Java 进行交互。所以要下载 Oracle 10g 对应的 JDBC 驱动类。它被厂商压缩成了 Java 的标准压缩格式，名为 OJDBC14.jar。

将此文件导入 Java 项目中，为了简化导入 JAR 文件的过程，读者可以使用 MyEclipse 建立一个 Java Web 工程，并直接将所需要的 JAR 包复制到此 Web 工程的 WebRoot→WEB-INF→lib 文件夹中，MyEclipse 会自动完成 JAR 包的配置。

步骤 2：加载驱动类的一般方法如下。

```
Class.forName("驱动类名");
```

对于 Oracle 数据库的驱动类，加载的方式为：

```
Class.forName("oracle.jdbc.driver.OracleDriver");
```

步骤 3：得到 Connection 对象，方法如下。

```
Connection con=DriverManager.getConnection(String url, Stirng user, String pass);
```

使用 DriverManager 来获取连接，需要传入 3 个参数，分别是数据库的 URL、用户名、密码。

在连接 Oracle 数据库的情形下，URL 为：

```
jdbc:oracle:thin:@localhost:1521:orcl
```

其中，orcl 为数据库的名称；localhost:1521 分别为数据库的 IP 地址和端口号。

步骤 4：通过 Connection 对象得到语句对象。

```
Statement stmt=conn.createStatement();
```

步骤 5：通过 Statement 语句对象来执行 SQL 语句。

例如，执行一个添加记录的操作，代码如下所示。

```
    String sql = "insert into DEPT(DEPTNO,DNAME,LOC)values(100,'开发部','广州')";
    int row = stmt.executeUpdate(sql);
```

执行一个查询操作会稍微复杂一些，必须通过 ResultSet 对象来处理数据库返回的结果，示例如下：

```
    String sql = "select DEPTNO,DNAME,LOC from DEPT";
      ResultSet rs = stmt.executeQuery(sql);
              while (rs.next()) {
                   int dno = rs.getInt("deptno");
                   String dname = rs.getString("dname");
                   String loc = rs.getString("loc");
                   System.out.println("部门编号：" + dno + ", 部门名称：" + dname+ ", 部门所在地区：
" + loc);
              }
```

步骤 6：关闭 Statement 语句对象和 Connection 对象。

应注意关闭顺序，先打开的后关闭：

```
rs.close();      //如果是 SQL 查询语句，则有返回结果
stmt.close();
conn.close();
```

以上就是一个完整的 JDBC 执行过程。

以下是针对 DEPT 表添加一条记录并查询所有部门信息的完整代码。

注意：为了减少篇幅，本书的大部分程序清单省略了 import 语句。

```
package com.newboy.ch1;
public class JdbcDemo {
    public static void main(String[] args) {
        executeInsert();
        executeQuery();
    }
     // 添加一条部门信息
    public static void executeInsert() {
        Connection conn = null;
        Statement stmt = null;
        try {
            // 加载驱动类，必须捕获异常
            Class.forName("oracle.jdbc.driver.OracleDriver");
            conn = DriverManager.getConnection(
                    "jdbc:oracle:thin:@localhost:1521:orcl", "scott", "tiger");
            stmt = conn.createStatement();
            String sql = "insert into DEPT(DEPTNO,DNAME,LOC)values(100,'开发部','广州')";
            int row = stmt.executeUpdate(sql);
            if (row > 0) {
                System.out.println("执行成功");
            } else {
                System.out.println("执行失败");
            }
        } catch (ClassNotFoundException e) {
            e.printStackTrace();
        } catch (SQLException e) {
            e.printStackTrace();
        } finally {
            try {
                stmt.close();     // 关闭数据库的 Statement 对象
                conn.close();     // 关闭数据库的连接对象
            } catch (SQLException e) {
                e.printStackTrace();
            }   }   //end of finally
    } //end of method execute Insert

     // 查询所有部门信息并在控制台进行打印
```

```
    public static void executeQuery() {
        Connection conn = null;
        Statement stmt = null;
        ResultSet rs = null;
        try {
            // 加载驱动类，必须捕获异常
            Class.forName("oracle.jdbc.driver.OracleDriver");
            conn = DriverManager.getConnection(
                    "jdbc:oracle:thin:@localhost:1521:orcl", "scott", "tiger");
            stmt = conn.createStatement();
            String sql = "select DEPTNO,DNAME,LOC from DEPT";
            rs = stmt.executeQuery(sql);
            while (rs.next()) {
                int dno = rs.getInt("deptno");     // deptno 为数据库的列名，以下相同
                String dname = rs.getString("dname");
                String loc = rs.getString("loc");
                System.out.println("部门编号：" + dno + ", 部门名称：" + dname
                        + ", 部门所在地区：" + loc);
            }
        } catch (ClassNotFoundException e) {
            e.printStackTrace();
        } catch (SQLException e) {
            e.printStackTrace();
        } finally {
            try {
                rs.close();          // 关闭结果集对象
                stmt.close();        // 关闭数据库的 Statement 对象
                conn.close();        // 关闭数据库的连接对象
            } catch (SQLException e) {
                e.printStackTrace();
            }
        }//end of finally
    } //end of method executeQuery
} //end of class
```

以上程序演示了如何使用 Statement 完成查询和插入功能。

1.3.2　PreparedStatement 接口

由于 Statement 接口有 SQL 语句注入的风险，所以一般情况下会使用 PreparedStatement 接口来取代它。

PreparedStatement 接口继承于 Statement，并与之在以下两方面有所不同。

PreparedStatement 实例包含已编译的 SQL 语句，这就是使语句“准备好”。包含于 PreparedStatement 对象中的 SQL 语句可具有一个或多个 IN 参数。IN 参数的值在 SQL 语句创建时未被指定。相反地，该语句为每个 IN 参数保留一个问号（?）作为占位符。每个问号的值必须在该语句执行之前，通过适当的 setXXX 方法来提供。

由于 PreparedStatement 对象已预编译过，所以其执行速度要快于 Statement 对象。因此，多次执行的 SQL 语句经常创建为 PreparedStatement 对象，以提高效率。

作为 Statement 的子类，PreparedStatement 继承了 Statement 的所有功能。另外，它还添加了一整套方法，用于设置发送给数据库以取代 IN 参数占位符的值。同时，3 种方法——execute、executeQuery 和 executeUpdate 已被更改以使之不再需要参数。这些方法的 Statement 形式（接受 SQL 语句参数的形式）不应用于 PreparedStatement 对象。

在真实的开发中，为了减少代码重复，会将一些多次使用的代码片段重构成父类或方法。在 JDBC 中，也有很多重复性的代码，如 Connection 对象、Statement 对象和 ResultSet 对象的创建，都会多次出现。所以，可将这些功能代码封装在一个父类 BaseDao 中，程序清单如下。

程序清单：BaseDao.java

```
package org.newboy.ch1;
public class BaseDao {
    private static final String DRIVE = "oracle.jdbc.driver.OracleDriver";
    private static final String URL =   "jdbc:oracle:thin:@localhost:1521:orcl";
    private static final String DBUSER = "system";
    private static final String DBPWD = "123456";
    protected Connection con;
    protected PreparedStatement ps;
    protected ResultSet rs;

    //取得数据连接  @return Connection
    public   Connection getCon() {
        try {
            Class.forName(DRIVE);
            con = DriverManager.getConnection(URL, DBUSER, DBPWD);
        } catch (ClassNotFoundException e) {
            e.printStackTrace();
        } catch (SQLException e) {
            e.printStackTrace();
        }
        return con;
    }
    //关闭数据连接相关对象
    public static void closeAll(ResultSet rs, Statement st, Connection con) {

        try {
            if (rs != null)
                rs.close();
            if (st != null)
                st.close();
            if (con != null)
                con.close();
        } catch (SQLException e) {
            e.printStackTrace();
        }
```

```
    }
    /**
     * 执行增、删、改操作    */
    public   int executeSQL(String sql, Object[] param) {
        int rows = 0;
        try {
            con = getCon();
            ps = con.prepareStatement(sql);
            if (param != null) {
                for (int i = 0; i < param.length; i++) {
                    //数据库兼容其他类型转为 string 类型
                    ps.setString(i + 1, param[i].toString());
                }
            }
            rows = ps.executeUpdate();
        } catch (SQLException e) {
            e.printStackTrace();
        } finally {
            closeAll(null, ps, con);
        }
        return rows;
    }
}
```

在此系统中，只有登录后，用户才能进行相关操作，所以新增了一张用户表，表名为tbl_user。

用户表定义的 SQL 语句如下：

```
CREATE TABLE tbl_user(
   userid number(5,0), --用户编号
   uname VARCHAR2(10), --  用户名
   upassword VARCHAR2(16)   --用户密码
);
--插入 2 行测试数据 实际生产中不能使用明文存储密码！
    insert into tbl_user(userid,uname,upassword)
    values(1,'jack','abcdef');
    insert into tbl_user(userid,uname,upassword)
    values(2,'rose','abcdef');
```

在程序中，要先定义一个对象的实体对象 User.java。

程序清单：User.java

```
public class User {
    private String uid;
    private String uname;  //用户名
    private String upwd;    //用户密码
    //省略 getter/setter 方法和构造函数
}
```

定义一个 user 对应表的数据访问对象 UserDao.java 的接口：

```
public interface UserDao {
	public User getUserByNamepwd(String uname,String passwd);
	public int saveUser(User user);
}
```

再定义此接口的实现类 UserDaoImpl：

```
public class UserDaoImpl extends BaseDao implements UserDao {
	// 根据用户名和密码查询对应的用户信息，主要用于登录功能
	public User getUserByNamepwd(String uname, String passwd) {
		User user = null;
		String sql = "select * from tbl_user where uname=? and upassword=?";
		con = super.getCon();
		try {
			ps = super.con.prepareStatement(sql);
			ps.setString(1, uname);
			ps.setString(2, passwd);
			super.rs = ps.executeQuery();
			if (rs.next()) {
				user = new User(uname, passwd);
				user.setUid(rs.getString("userid"));
			}
		} catch (SQLException e) {
			e.printStackTrace();
		} finally {
			super.closeAll(rs, ps, con);
		}
		return user;
	}
	public int saveUser(User user) {
		// TODO 暂未实现添加用户功能
		return 0;
	}
}
```

接下来定义一个测试类，验证此 getUserByNamepwd(String,String)方法：

```
public class UserDaoImplTest {
	public static void main(String[] args) {
		UserDao userdao =new UserDaoImpl();
		User u=userdao.getUserByNamepwd("rose", "abcdef");
		 System.out.println("uid:"+u.getUid());
	}
}
```

输出结果：

```
uid:2
```

如果能看到以上结果，则说明 JDBC 操作和配置到此初步成功。

下面来完成对部门表的查询：

```
package org.newboy.ch1.dao;
public class DepartDaoImpl extends BaseDao implements DepartDao {
	public List<Depart> getAllDepart() {
		List<Depart> list =new ArrayList<Depart>();
		String sql="select * from scott.dept";
		con = super.getCon();
		try {
			ps = super.con.prepareStatement(sql);
			super.rs = ps.executeQuery();
			while (rs.next()) {
			int dno =rs.getInt("DEPTNO");
			String dname=rs.getString("dname");
			String location=rs.getString("loc");
			Depart depart =new Depart(dno,dname,location);
			list.add(depart);	//将实体封装在集合中
			}
		} catch (SQLException e) {
			e.printStackTrace();
		} finally {
			super.closeAll(rs, ps, con);
		}
		return list;
	}
	//根据 ID 查询某个部门的信息
	public Depart getDepartById(int dno) {
		Depart depart=null;
		String sql="select * from scott.dept where dno=?";
		con = super.getCon();
		try {
			ps = super.con.prepareStatement(sql);
			ps.setInt(1, dno);
			super.rs = ps.executeQuery();
			if (rs.next()) {
			String dname=rs.getString("dname");
			String location=rs.getString("loc");
			depart=new Depart(dno, dname, location);
			}
		} catch (SQLException e) {
			e.printStackTrace();
		} finally {
			super.closeAll(rs, ps, con);
		}
		return depart;
	}
}
```

再编写一个测试类，对 DepartDaoImpl 的方法进行测试。

程序清单： DepartDaoImplTest.java

```
public class DepartDaoImplTest {
        public static void main(String[] args) {
                DepartDao departDao =new DepartDaoImpl();
                List<Depart> list=departDao.getAllDepart();
                for (Depart depart : list) {
                        //输出所有部门的名称
                        System.out.println(depart.getDname());
                }
        }
}
```

输出结果：

```
ACCOUNTING
RESEARCH
SALES
OPERATIONS
```

接下来完成对 EMP 表的增、删、改、查操作，方法和步骤同上。完整代码放在本书提供的电子资料里，请读者下载（www.hxedu.com.cn）后参考。

本章小结

本章介绍了 Java EE 的背景知识，以及 JDBC 的基本操作；介绍了本书中使用的示例程序，并且使用 JDBC 完成了该示例程序的一般步骤。在第 2 章中将介绍 JSP 和 Servlet 的相关知识。

第2章 JSP与Servlet

2.1 JSP入门

JSP技术使用Java编程语言编写类似于XML的标签和小脚本，来封装产生动态网页处理逻辑的Java语句。网页还能通过标签和小脚本访问存在于服务端的资源的应用逻辑。JSP将网页逻辑与网页设计和显示分离，支持可重用的基于组件的设计，使基于Web的应用程序开发变得迅速和容易。

Web服务器在遇到访问JSP网页的请求时，首先执行其中的程序段，然后将执行结果连同JSP文件中的HTML代码一起返回给客户。插入的Java程序段可以操作数据库、重新定向网页等，以实现建立动态网页所需要的功能。

JSP与Java Servlet一样，是在服务器端执行的，通常返回该客户端的就是一个HTML文本，因此客户端只要有浏览器就能浏览。

JSP 1.0规范的最后版本是1999年9月推出的，1999年12月又推出了JSP 1.1规范。目前主流的是JSP 2.0版本。

JSP的运行主要包括以下步骤（见图2-1）：

（1）客户端发出Request请求。

（2）JSP 容器将JSP 转译成Servlet 的源代码。

（3）将产生的Servlet源代码经过编译后，加载到内存中执行。

（4）把结果Response 响应至客户端。

当服务器上的一个JSP页面第一次被请求时，Web服务器上的JSP引擎首先将JSP页面编译成Servlet，然后执行该Servlet。该Servlet主要完成以下2项任务：

（1）把JSP页面中的HTML标记交给客户端的浏览器去解释执行。

（2）把JSP页面中的JSP指令标记、动作标记、JSP声明、代码段和表达式交给服务器去执行，并将结果送给浏览器。

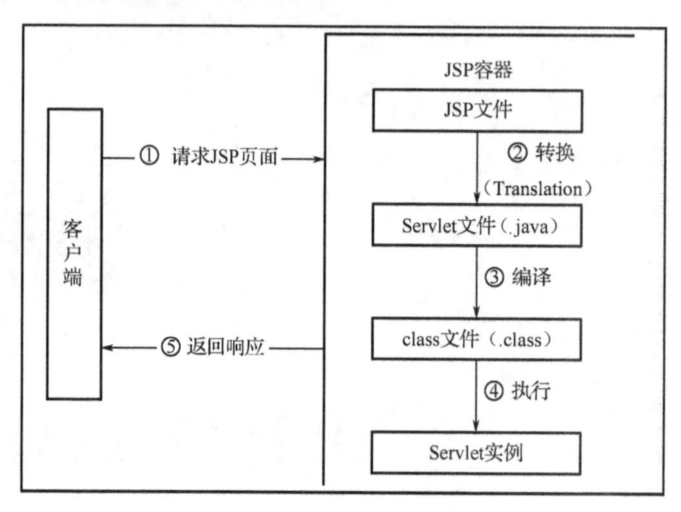

图 2-1　JSP 的运行过程

2.1.1　第一个 JSP 程序的运行

任务：在页面中显示部门信息。

首先，在项目中定义一个 Java 类，代码如下。

程序清单：Depart.java

```
public class Depart {
        private int dno;                    // 部门编号
        private String dname;               // 部门名称
        private String location;            // 部门所在地址
        //省略 getter/setter 方法
}
```

如果是普通的 Java 文件，要在本地控制台显示一个部门的信息，代码如下。

程序清单：DepartApp.java

```
public class DepartApp {
        public static void main(String[] args) {
                Depart depart=new Depart(100, "开发部", "广州");
                System.out.println("部门编号："+depart.getDno());
                System.out.println("部门名字："+depart.getDname());
                System.out.println("部门所在城市："+depart.getLocation());
        }
 }
```

但是现在的目的是将部门信息显示在远程用户的浏览器上，所以 JSP 代码如下所示。

程序清单：showDepart.jsp

```
<%@ page language="java" import="java.util.*" pageEncoding="utf-8"%>
<%@ page import="org.newboy.ch1.entity.Depart" %>
<html>
  <head><title>显示部门信息</title> </head>
  <body>
```

```
    <%
        Depart depart=new Depart(100, "开发部", "广州");
        out.println("部门编号："+depart.getDno()+"<br/>");
        out.println("部门名字："+depart.getDname()+"<br/>");
        out.println("部门所在城市："+depart.getLocation());
    %>
  </body>
</html>
```

此程序运行后，在浏览器中的访问效果如图 2-2 所示。

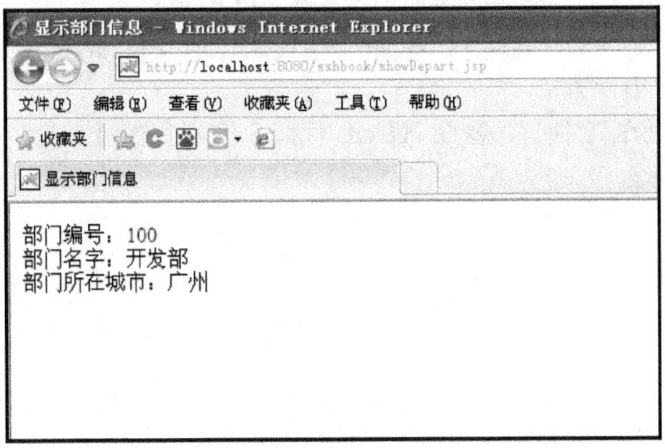

图 2-2　JSP 显示结果

通过此 JSP 文件可以看出，一个 JSP 页面是由传统的 HTML 页面标记加上 JSP 标记和嵌入的 Java 代码组成的，由以下 4 种元素组成：HTML 标记、JSP 标记、JSP 脚本和注释。

JSP 标记包括指令标记和动作标记。指令标记是为 JSP 引擎而设计的，它向 JSP 引擎发送消息，告诉引擎如何处理其余 JSP 页面；动作标记是 JSP 页面特有的标记，它告诉 Web 容器去执行某个“动作”。

JSP 脚本是 JSP 页面中插入的 Java 代码，它又可以细分为声明、代码段和表达式。

- 声明用于定义特定于 JSP 页面（Servlet 类）的变量、方法和类；
- 代码段是嵌入的 Java 语句；
- 表达式是 Java 脚本中输出语句的简化表示形式。

2.1.2　JSP 小脚本

对比 DepartApp.java 和 showDepart.jsp，在 JSP 中除了静态的 HTML 代码外，还有一段 Java 代码是用<% %>标记起来的，这段代码称为 JSP 小脚本（Scriptlet）。

```
<%
//Java 代码
 %>
```

小脚本似乎没有什么秘密，就是在<%%>标记中严格遵循 Java 的语法规则编写代码即可。但是它的神奇之处在于，一个页面的某一段小脚本，可以是某一个 Java 代码片段，只要保证最后所有小脚本中的 Java 代码组合在一起是合法的即可。

示例：

```
<body>
 <%
 for(int i=0;i<3;i++){
                out.println("i:"+i);
  %>
  <%}%>
</body>
```

以上代码可以正常运行，并在浏览器页面中输出 i 的值。

仔细观察，第一个<% %>组合中 for 循环只有左大括号{，很明显缺少了右大括号，但是可以在第二个<% } %>中补齐。

更神奇的是，可以在其中加入普通 HTML 代码，它不仅能正常运行出来，还会被 Java 代码所控制。

程序清单：for2.jsp

```
<body>
 <%
 for(int i=0;i<3;i++){
  %>
  <a href="#">超链接</a><br/>
  <% } %>
</body>
```

这段 JSP 程序会在页面中生成 3 个超链接，效果如图 2-3 所示。

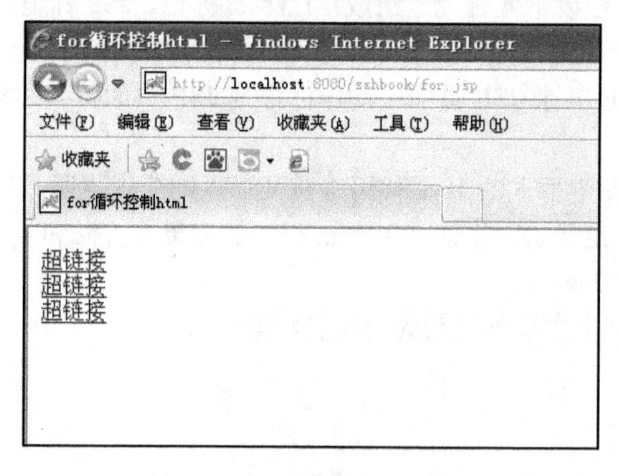

图 2-3 JSP 控制超链接

2.1.3 JSP 表达式输出结果

将前面的示例改进一下，在输出 3 个超链接的同时加入超链接的编号。此时，可以在 JSP 页面中使用<%= Java 变量 %>的方式来输出 Java 变量的值。

JSP 代码如下：

```
<body>
```

```
    <%
    for(int i=0;i<3;i++){
     %>
     <a href="#">超链接 <%=i+1 %> </a><br/>
     <% }%>
  </body>
```

JSP 表达式可以输出 JSP 小脚本中的变量和常量。以下为表达式输出的另一个例子：

```
<%@ page language="java" import="java.util.*,java.text.*" contentType="text/html; charset=utf-8" %>
<html>
      <head><title>表达式输出 2 个数的和</title></head>
      <body>
      两个数的求和结果为：
      <%
            int num1 = 4, num2 = 5;
            int result = num1+num2;
      %>
      <%=result %>
      </body>
</html>
```

2.1.4 JSP 注释

JSP 有三种注释方式，分别如下。

第一种：HTML 注释（输出注释），指在客户端查看源代码时能看见的注释。例如：

```
<!--      这是 HTML 注释.      -->
```

第二种：JSP 页面注释（隐藏注释），指注释虽然写在 JSP 程序中，但是不会发送给客户，因此在客户端查看源代码时无法看见注释。这样的注释在 JSP 编译时会被忽略。例如：

```
<%--      这是 JSP 注释      --%>
```

第三种：Java 注释，只能出现在 Java 代码区中，不允许直接出现在页面中。例如：

```
//单行注释
/*多行注释*/
```

程序清单：showDepart_2.jsp

```
<%@ page language="java" import="java.util.*" pageEncoding="utf-8"%>
<%@ page import="org.newboy.ch1.entity.Depart" %>
<html>
  <head> <title>显示部门信息</title>   </head>
  <body>
  <!-- 第一种注释，即 HTML 注释 -->
  <%-- 第二种注释，即 JSP 注释  --%>
  <%
        // 第三种注释，即 Java 注释
         Depart depart=new Depart(100, "开发部", "广州");
```

```
            out.println("部门编号："+depart.getDno()+"<br/>");
            out.println("部门名字："+depart.getDname()+"<br/>");
            out.println("部门所在城市："+depart.getLocation());
    %>
  </body>
</html>
```

2.2 JSP的内置对象

在Java语言中，所有的对象都要声明后才能使用。而在JSP中，为了方便开发者，由Web容器提前生成了几个常用的对象，可以不加声明和创建就能在JSP页面脚本（Java程序片段和Java表达式）中使用，这些对象称为内置对象，又称为隐含对象。

在JSP页面中，可以通过存取这些隐含对象实现与JSP页面和Servlet环境的相互访问。JSP页面的隐含对象就是在JSP页面中不用声明就可以使用的对象。隐含对象是JSP引擎自动创建的Java类实例，它们能与Servlet环境交互。隐含对象可以实现很多功能，如从客户端获得数据、向客户端发回数据、控制传输数据的有效域和异常处理等。下面举例说明利用隐含对象能做的事情。

（1）不必使用表达式，可以直接存取out对象来输出一些内容到客户端：

```
<% out.println("Hello"); %>
```

（2）不必直接传送参数，可以借助请求对象来取得客户端输入的参数值：

```
<% String name=request.getParameter("name"); %>
```

（3）完成页面的重定向：

```
<% response.sendRedirect("/hello.jsp" );%>
```

（4）在错误页面中显示出错信息：

```
<% String st=exception.getMessage();%>
```

JSP规范中定义了9种隐含对象，分别是request、response、session、out、application、pageContext、page、config和exception，这些对象在服务器端和客户端交互过程中分别完成不同的功能，如表2-1所示。

表2-1 JSP规范中的9种隐含对象

隐含对象	所属的类	说明
request	javax.servlet.http.HttpServletRequest	客户端的请求信息
response	javax.servlet.http.HttpServletResponse	网页传回客户端的响应
session	javax.servlet.http.HttpSession	与请求有关的会话
out	javax.servlet.jsp.JSPWriter	向客户端浏览器输出数据的数据流
application	javax.servlet.ServletContext	提供全局的数据，一旦创建就保持到服务器关闭
pageContext	javax.servlet.jsp.PageContext	JSP页面的上下文，用于访问页面属性

续表

隐含对象	所属的类	说明
page	java.lang.Object	同 Java 中的 this，即 JSP 页面本身
config	javax.servlet.servletConfig	Servlet 的配置对象
exception	java.lang.Throwable	针对错误网页，捕捉一般网页中未捕捉的异常

这里主要介绍常用的 3 种隐含对象。

1. out 对象

out 对象是一个输出流，用来向客户端输出数据。out 对象用于各种数据的输出。

其常用方法如下：

（1）out.print()：输出各种类型的数据。

（2）out.newLine()：输出一个换行符。

（3）out.close()：关闭流。

程序清单：out.jsp

```
<%@ page language="java" import="java.util.*" pageEncoding="utf-8"%>
<%@ page import="org.newboy.ch1.entity.Depart" %>
<html>
  <head> <title>显示部门信息</title> </head>
  <body>
 <%
        Depart depart=new Depart(100, "开发部", "广州");
        out.println("部门编号："+depart.getDno()+"<br/>");
        out.println("部门名字："+depart.getDname()+"<br/>");
        out.println("部门所在城市："+depart.getLocation());
   %>
  </body>
</html>
```

2. request 对象

客户端的请求信息被封装在 request 对象中，通过它才能了解到客户的需求，然后做出响应。它是 HttpServletRequest 类的实例。

request 对象具有请求域，即完成客户端的请求之前，该对象一直有效。

HTTP 是客户端与服务器之间的一种传递请求与响应信息的通信协议。在 JSP 页面中，隐含对象 request 代表的是来自客户端的请求，通过它可以查看请求参数、请求类型（GET、POST、HEAD 等）以及请求的 HTTP 头（Cookie、Referer 等）等客户端信息，它是实现 javax.servlet.HttpServletRequest 接口的类的一个实例。request 对象的方法有很多，有些是从 javax.servlet.ServletRequest 接口中继承的，这些函数与协议类型无关；有些是 javax.servlet.HttpServletRequest 中的方法，它们只支持 HTTP。从功能的角度，可以将这些方法分为以下几类。

（1）取得请求参数的方法，如表 2-2 所示。

表 2-2　取得请求参数的方法

方法	说明
String getParameter(String name)	取得 name 的参数值

续表

方　法	说　明
Enumeration getParameterNames( )	取得所有的参数名称
String [] getParameterValues(String name)	取得所有 name 的参数值
Map getParameterMap( )	取得一个参数的 Map

（2）储存和取得属性的方法，如表 2-3 所示。

表 2-3　储存和取得属性的方法

方　法	说　明
Object getAttribute(String name)	取得 request 对象的 name 属性值
void setAttribute(String name, Object o)	设定名称为 name 的属性值为 o
void removeAttribute(String name)	取消 request 对象的 name 属性
Enumeration getAttributeNames()	返回 request 对象所有属性的名称

（3）其他重要方法，如表 2-4 所示。

表 2-4　request 对象的其他重要方法

方　法	说　明
String getContentType()	取得请求数据类型
Cookie [] getCookies( )	取得与请求有关的 Cookies
int getContentLength()	取得请求数据长度
ServletInputStream getInputStream()	取得客户端上传数据的数据流
String getQueryString()	取得请求的参数字符串，HTTP 的方法必须为 GET
String getMethod()	取得 GET 或 POST 等
StringBuffer getRequestURL()	取得请求的 URL 地址
String getContextPath( )	取得 Context 路径（站点名称）
void setCharacterEncoding(String encoding)	设定编码格式，用来解决窗体传递中文的问题

request 对象其他的方法可以查阅 API。request 对象中比较常用的方法是 getParameter()、getParameterNames()、getParameterValues()和 getRequestDispatcher()。

3. response 对象

response 对象包含了响应客户请求的有关信息，但在 JSP 中很少直接用到它。它是 HttpServletResponse 类的实例。response 对象具有页面作用域，即访问一个页面时，该页面内的 response 对象只能对这次访问有效，其他页面的 response 对象对当前页面无效。

response 对象的主要方法如表 2-5 所示。

表 2-5　response 对象的主要方法

方　法	说　明
sendRedirect(String url)	把响应发送到另外一个位置进行处理
setContentType(String type)	设置响应的类型，如“html/text”
setCharacterEncoding(String charset)	设置响应的字符编码格式
addCookie(Cookie cookie)	在客户端添加一个 Cookie 对象，用于保存客户端信息

2.3 Servlet

2.3.1 Servlet的概念

Servlet 是什么？

Servlet 是运行在 Web 服务器或应用服务器上的程序，它是来自 Web 浏览器或其他 HTTP 客户端的请求和 HTTP 服务器上的数据库或应用程序之间的中间层。Servlet 初出现时被认为是一种迷人的动态网页技术。

使用 Servlet，可以收集来自网页表单的用户输入，呈现来自数据库或者其他数据源的记录，还可以动态创建网页。

Servlet 通常情况下与使用公共网关接口（Common Gateway Interface，CGI）实现的程序可以达到异曲同工的效果。但是相比于 CGI，Servlet 有以下优势：

（1）性能更好。

Servlet 在 Web 服务器的地址空间内执行。这样其没有必要再创建一个单独的进程来处理每个客户端的请求。

（2）Servlet 是独立于平台的，因为它们是用 Java 编写的。

服务器上的 Java 安全管理器执行了一系列限制，以保护服务器计算机上的资源。

（3）Servlet 是可信的。

Java 类库的全部功能对 Servlet 来说都是可用的。它可以通过 Sockets 和 RMI 机制与 Applets、数据库或其他软件进行交互。

2.3.2 Servlet的作用

Servlet 执行以下主要任务：

（1）读取客户端（浏览器）发送的显式数据，包括网页上的 HTML 表单，也可以是来自 Applet 或自定义的 HTTP 客户端程序的表单。

（2）读取客户端（浏览器）发送的隐式 HTTP 请求数据，包括 Cookies、媒体类型和浏览器能理解的压缩格式等。

（3）处理数据并生成结果。这个过程可能需要访问数据库，执行 RMI 或 CORBA 调用，调用 Web 服务，或者直接计算得出对应的响应。

（4）发送显式数据（即文档）到客户端（浏览器）。该文档的格式可以是多种多样的，包括文本文件（HTML 或 XML）、二进制文件（GIF 图像）、Excel 表格文件等。

（5）发送隐式 HTTP 响应到客户端（浏览器）。这包括告诉浏览器或其他客户端被返回的文档类型（如 HTML），设置 Cookies 和缓存参数，以及其他类似的任务。

Servlet 是运行在带有支持 Java Servlet 规范解释器的 Web 服务器上的 Java 类。

Servlet 可以使用 **javax.servlet** 和 **javax.servlet.http** 包创建，它是 Java 企业版的标准组成部分。Java 企业版是支持大型开发项目的 Java 类库的扩展版本。

这些类实现 Java Servlet 和 JSP 规范。比较通行的版本分别是 Java Servlet 2.5 和 JSP 2.1。

随着 JDK 中注解技术的流行，Servlet 3.0 中也使用了注解。这里使用更广泛的 Servlet 2.5 技术来讲解案例。

2.3.3 Servlet 的使用

可以使用 Servlet 在页面上显示一个 HTML 页面。它的对应代码如下所示。

程序清单：HelloServlet.java

```
    package org.newboy.ch2.servlet;
    public class HelloServlet extends HttpServlet {
        public void doGet(HttpServletRequest request, HttpServletResponse response)throws ServletException,
IOException {
            response.setContentType("text/html");
            PrintWriter out = response.getWriter();
            out.println("<HTML>");
            out.println("    <HEAD><TITLE>A Servlet</TITLE></HEAD>");
            out.println("    <BODY>");
            out.println(" Hello,world");
            out.println("    </BODY>");
            out.println("</HTML>");
            out.flush();
            out.close();
        }
        public void doPost(HttpServletRequest request, HttpServletResponse response)throws ServletException,
IOException {
                doGet(request,response);
        }   }
```

要想在浏览器中访问，还应在 web.xml 中部署该 Servlet 类。

```
    <!-- 定义 Servlet 类 -->
    <servlet>
      <servlet-name>HelloServlet</servlet-name>
      <servlet-class>com.newboy.ch2.servlet.HelloServlet</servlet-class>
    </servlet>
  <!-- 定义 Servlet 访问的路径 -->
    <servlet-mapping>
      <servlet-name>HelloServlet</servlet-name>
      <url-pattern>/servlet/HelloServlet</url-pattern>
    </servlet-mapping>
```

其中，<url-pattern>中的值指明了用户在浏览器中访问的地址。

部署项目到 Tomcat 中，打开浏览器，输入地址 http://localhost:8080/sshbook/servlet/HelloServlet，能得到如图 2-4 所示的结果。

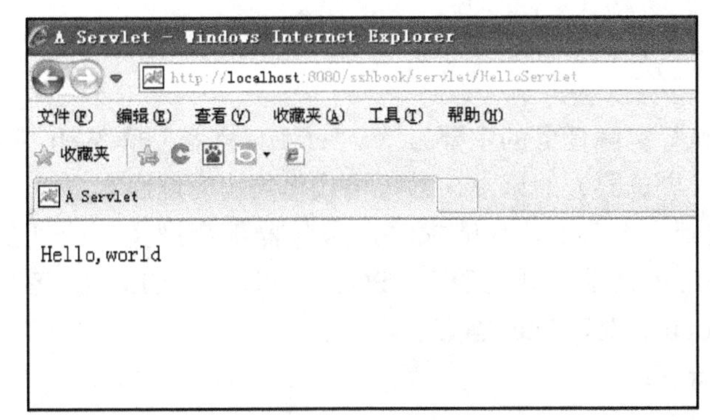

图 2-4　Servlet 的执行效果

查看此页面的 HTML 源文件，内容如下：

```
<HTML>
  <HEAD><TITLE>A Servlet</TITLE></HEAD>
  <BODY>
  Hello,world
  </BODY>
</HTML>
```

2.4　Servlet 的生命周期

Servlet 的生命周期可被定义为从创建直到毁灭的整个过程。以下是 Servlet 遵循的过程。

- Servlet 通过调用 **init ()** 方法进行初始化。
- Servlet 通过调用 **service()** 方法来处理客户端的请求。
- Servlet 通过调用 **destroy()** 方法终止（结束）。

最后，Servlet 是由 JVM 的垃圾回收器进行垃圾回收的。

以下详细讨论生命周期的方法。

2.4.1　init() 方法

init() 方法被设计成只调用一次。它在第一次创建 Servlet 时被调用，在后续每次用户请求时不再调用。因此它适用于一次性初始化。

Servlet 创建于用户第一次调用对应于该 Servlet 的 URL 时，但是也可以指定 Servlet 在服务器第一次启动时被加载。

当用户调用一个 Servlet 时，就会创建一个 Servlet 实例，每一个用户请求都会产生一个新的线程，适当的时候移交给 doGet 或 doPost 方法。init() 方法可以简单地创建或加载一些数据，这些数据将被用于 Servlet 的整个生命周期。

init()方法的定义如下：

```
public void init() throws ServletException {
  // 初始化代码...
}
```

2.4.2 service() 方法

service() 方法是执行实际任务的主要方法。Servlet 容器（即 Web 服务器）调用 service() 方法处理来自客户端（浏览器）的请求，并把格式化的响应返回客户端。

每次服务器接收到一个 Servlet 请求时，服务器都会产生一个新的线程并调用服务。service() 方法检查 HTTP 请求类型（GET、POST、PUT、DELETE 等），并在适当的时候调用 doGet、doPost、doPut、doDelete 等方法。

下面是该方法的特征：

```
public void service(ServletRequest request,
                    ServletResponse response)
      throws ServletException, IOException{
}
```

service() 方法由容器调用，service()方法在适当的时候调用 doGet、doPost、doPut、doDelete 等方法。所以，编程者不用对 service() 方法做任何动作，只需要根据来自客户端的请求类型重写 doGet() 或 doPost()方法即可。

doGet() 和 doPost() 方法是每次服务请求中最常用的方法。下面是这两种方法的特征。

1. doGet() 方法

GET 请求来自一个 URL 的正常请求，或者来自一个未指定 METHOD 的 HTML 表单，它由 doGet() 方法处理。代码如下：

```
public void doGet(HttpServletRequest request,
                  HttpServletResponse response)
    throws ServletException, IOException {
    // Servlet 代码
}
```

2. doPost() 方法

POST 请求来自一个特别指定了 METHOD 为 POST 的 HTML 表单，它由 doPost() 方法处理。代码如下：

```
public void doPost(HttpServletRequest request,
                   HttpServletResponse response)
    throws ServletException, IOException {
    // Servlet 代码
}
```

3. destroy() 方法

destroy() 方法只会被调用一次，且仅在 Servlet 生命周期结束时被调用。destroy() 方法可以让 Servlet 关闭数据库连接、停止后台线程、把 Cookie 列表或点击计数器写入磁盘中，并执行其他类似的清理活动。

在调用 destroy() 方法之后，Servlet 对象被标记为垃圾回收。Destroy()方法定义如下所示：

```
public void destroy() {
  // 终止化代码...
}
```

对应2.3.3小节的程序清单HelloServlet.java，可以看出此HTML文件源码都是由out.println()方法输出的。如果需要复杂的、动态的网页效果，通过使用Servlet来输出HTML源码的方式，开发效率就会相当低。所以Servlet技术中直接生成网页的功能被后起之秀JSP所取代。但是对于Java Web程序，Servlet依然在后台发挥着调度的重要作用。此外，在企业级Web框架中，诸如Struts 1.x、Struts 2.x、Spring MVC等都是基于Servlet的技术，所以Servlet并没有被淘汰，而是退居幕后继续发挥着作用。

2.5 JSP和Servlet的关系

Servlet技术出现要比JSP早几年。大家都知道一个JSP文件的运行要经过翻译、编译、运行3个阶段。其中，JSP文件的翻译阶段就是将一个JSP文件翻译成了一个Java文件，其实质就是一个Servlet。

以在2.1.1小节使用过的ShowDepart.jsp文件为例，在Tomcat的路径D:\Tomcat8\work\Catalina\localhost\sshbook\org\apache\jsp（其中sshbook为项目名）中，Tomcat生成了一个showDepart_jsp. java文件，具体内容如下。

程序清单：showDepart_jsp.java

```
public final class showDepart_jsp extends org.apache.jasper.runtime.HttpJspBase
    implements org.apache.jasper.runtime.JspSourceDependent {

  //为节约篇幅，省略部分代码
  public void _jspService(HttpServletRequest request, HttpServletResponse response)
        throws java.io.IOException, ServletException {
    PageContext pageContext = null;
    HttpSession session = null;
    ServletContext application = null;
    ServletConfig config = null;
    JspWriter out = null;
    Object page = this;
    JspWriter _jspx_out = null;
    PageContext _jspx_page_context = null;
      response.setContentType("text/html;charset=utf-8");
      pageContext = _jspxFactory.getPageContext(this, request, response,
                  null, true, 8192, true);
      _jspx_page_context = pageContext;
      application = pageContext.getServletContext();
      config = pageContext.getServletConfig();
      session = pageContext.getSession();
      out = pageContext.getOut();
      _jspx_out = out;
      out.write("<html>\r\n");
      out.write("  <head>\r\n");
      out.write("    <title>显示部门信息</title>\r\n");
      out.write("  </head>\r\n");
```

```
        out.write("    <body>\r\n");
          Depart depart=new Depart(100, "开发部", "广州");
          out.println("部门编号："+depart.getDno()+"<br/>");
          out.println("部门名字："+depart.getDname()+"<br/>");
          out.println("部门所在城市："+depart.getLocation());
        out.write("    </body>\r\n");
        out.write("</html>\r\n");
    }
}
```

可以看出JSP和Servlet是一个转换的关系。JSP最终还是会由Java Web引擎转换成Servlet。JSP可以直接使用HTML开发复杂的HTML页面，从而提高开发效率。

那么Servlet现在可以用来干什么呢？它主要可以处理用户发送的请求、接收表单数据、控制页面跳转，以及配合过滤器、监听器等发挥后台调度和管理功能。

下面以一个Web中常见的登录场景为例，结合JSP和Servlet来完成登录功能，以便更好地理解Servlet。

这个例子中有3个JSP文件：login.jsp，即登录页面；welcome.jsp，即登录成功后的欢迎页面；fail.jsp，即登录失败的页面。

Servlet文件LoginServlet.java用来处理login.jsp文件中用户发出的登录请求。

login.jsp程序如下：

```
<%@ page language="java" import="java.util.*" pageEncoding="UTF-8"%>
<html>
  <head> <title>登录例子</title></head>
  <body>
     <form action="LoginServlet" method="post">
          请输入您的姓名：
          <input name="uname" type="text" /><br/>
          请输入您的密码：
          <input name="upass" type="password" /><br/>
          <input type="submit" value="提交" />
     </form>
  </body>
</html>
```

LoginServlet.java代码如下：

```
public class LoginServlet extends HttpServlet {
    public void doGet(HttpServletRequest request, HttpServletResponse response)
            throws ServletException, IOException {
        String name = request.getParameter("uname");
        String pass = request.getParameter("upass");
        RequestDispatcher rd = null;// 跳转对象
        // 如果用户名为“jack”并且密码为123456，则登录成功，跳转到欢迎页面
        if ("jack".equals(name) && ("123456").equals(pass)) {
            rd = request.getRequestDispatcher("welcome.jsp");
        } else {
            rd = request.getRequestDispatcher("fail.jsp");
```

```
            }
            rd.forward(request, response);
        }
        public void doPost(HttpServletRequest request, HttpServletResponse response)
                    throws ServletException, IOException {
            doGet(request, response);
        }
}
```

LoginServlet 在 web.xml 中的配置如下：

```
<?xml version="1.0" encoding="UTF-8"?>
  <!-- 定义 Servlet -->
  <servlet>
    <servlet-name>LoginServlet</servlet-name>
    <servlet-class>org.newboy.ch2.servlet.LoginServlet</servlet-class>
  </servlet>
 <!-- 定义 Servlet 访问的路径 -->
  <servlet-mapping>
    <servlet-name>LoginServlet</servlet-name>
    <url-pattern>/LoginServlet</url-pattern>
  </servlet-mapping>
</web-app>
```

在 LoginServlet 中处理用户请求的为 doGet()方法或 doPost()方法，当用户发送请求时由 Web 容器自动分配调用。如果用户的请求方式为 post，则会自动调用 doPost()方法；如果用户的请求方式为 get，则会自动调用 doGet()方法。一般情况下，不管用户采用何种请求方式，都将采用一致的处理方式。所以在 doPost()中调用了 doGet()方法：

```
    public void doPost(HttpServletRequest request, HttpServletResponse response)
                throws ServletException, IOException {
            doGet(request, response);
    }
```

在此 Servlet 中，简化了登录模型，采用了判断用户名为 jack 和密码为 123456 的固定判断。实际的应用中一般是将用户名和密码保存在数据库中，并且密码要经过加密后再保存，不能使用明文直接保存。

2.6 Servlet 3.0 技术

Servlet 3.0 作为 Java EE 6 规范体系中的一员，随着 Java EE 6 规范一起发布。该版本在前一版本（Servlet 2.5）的基础上提供了若干新特性，用于简化 Web 应用的开发和部署。它主要有 2 个重大更新。

（1）异步处理支持。有了该特性，Servlet 线程不再需要一直阻塞，直到业务处理完毕才能再输出响应，最后才结束该 Servlet 线程。在接收到请求之后，Servlet 线程可以将耗时的操作委派给另一个线程来完成，自己在不生成响应的情况下返回容器。针对业务处理比较耗时的情况，这将大大减少服务器资源的占用，并且提高并发处理速度。

（2）新增的注解支持。该版本新增了若干注解，用于简化 Servlet、过滤器（Filter）和监听器（Listener）的声明，这使得 web.xml 部署描述文件从该版本开始不再是必选的了。

下面以 HelloServlet 为例进行说明：

```
package org.newboy.ch2;

import java.io.IOException;
import java.io.PrintWriter;

import javax.servlet.ServletException;
import javax.servlet.annotation.WebServlet;
import javax.servlet.http.HttpServlet;
import javax.servlet.http.HttpServletRequest;
import javax.servlet.http.HttpServletResponse;

@WebServlet("/helloServlet")
public class HelloServlet extends HttpServlet {

    public void doGet(HttpServletRequest request, HttpServletResponse response) throws ServletException,
IOException {
        response.setContentType("text/html");
        PrintWriter out = response.getWriter();
        out.println("<!DOCTYPE HTML PUBLIC \"-//W3C//DTD HTML 4.01 Transitional//EN\">");
        out.println("<HTML>");
        out.println("  <HEAD><TITLE>A Servlet</TITLE></HEAD>");
        out.println("  <BODY>");
        out.println("Hello Servlet 3");
        out.println("  </BODY>");
        out.println("</HTML>");
        out.flush();
        out.close();
    }

    public void doPost(HttpServletRequest request, HttpServletResponse response) throws ServletException,
IOException {

        doGet(request,response);
    }
}
```

可以看到只需要用 @WebServlet("/helloServlet")的注解，无须在 web.xml 中定义和配置就可直接在浏览器中访问。

除了@WebServlet 的 Servlet 注解之外，还有用于过滤器的@WebFilter 和用于监听器的@WebListener。大家可以自行查找相关资料进行深入学习。

2.7 过滤器

JSP 和 Servlet 中的过滤器都是 Java 类。

过滤器可以动态地拦截请求和响应，以变换或使用包含在请求或响应中的信息。

可以将一个或多个过滤器附加到一个 Servlet 或一组 Servlet 中，过滤器也可以附加到 JSP 文件和 HTML 页面上。

过滤器是可用于 Servlet 编程的 Java 类，可以实现以下目的：

（1）在客户端的请求访问后端资源之前，拦截这些请求。

（2）在服务器的响应发送回客户端之前，处理这些响应。

根据规范建议的各种类型的过滤器如下：

① 身份验证过滤器（Authentication Filters）。

② 数据压缩过滤器（Data Compression Filters）。

③ 加密过滤器（Encryption Filters）。

④ 触发资源访问事件过滤器（Filters that trigger resource access events）。

⑤ 图像转换过滤器（Image Conversion Filters）。

⑥ 日志记录和审核过滤器（Logging and Auditing Filters）。

过滤器先通过 Web 部署描述符（web.xml）中的 XML 标签来声明，再映射到应用程序的部署描述符中的 Servlet 名称或 URL 模式上。

当 Web 容器启动 Web 应用程序时，它会为在部署描述符中声明的每一个过滤器创建一个实例。

过滤器的执行顺序与在 web.xml 配置文件中的配置顺序一致，一般把 Filter 配置在所有的 Servlet 之前。

2.7.1 过滤器方法

过滤器是一个实现了 javax.servlet.Filter 接口的 Java 类。javax.servlet.Filter 接口定义了 3 个方法，如表 2-6 所示。

表 2-6 过滤器的相关方法

序号	方法与描述
1	public void doFilter (ServletRequest, ServletResponse, FilterChain); 过滤方法，完成实际的过滤操作，当客户端请求与过滤器设置的 URL 匹配时，Servlet 容器将先调用过滤器的 DoFilter 方法。FilterChain 用户访问后续过滤器
2	public void init(FilterConfig filterConfig); Web 应用程序启动时，Web 服务器将创建 Filter 的实例对象，并调用其 init 方法，读取 web.xml 配置，完成对象的初始化功能，从而为后续的用户请求做好拦截的准备工作（Filter 对象只会创建一次，init 方法也只会执行一次）。开发人员通过 init 方法的参数，可获得代表当前 Filter 配置信息的 FilterConfig 对象
3	public void destroy(); Servlet 容器在销毁过滤器实例前调用该方法，在该方法中释放 Servlet 过滤器占用的资源

2.7.2 FilterConfig 的使用

Filter 的 init()方法中提供了一个 FilterConfig 对象。

web.xml 文件配置如下：

```
<filter>
    <filter-name>LogFilter</filter-name>
    <filter-class>org.newboy.ch2.LogFilter</filter-class>
    <init-param>
        <param-name>bookname</param-name>
        <param-value>Spring 教程</param-value>
    </init-param>
    </filter>
```

在 init()方法中使用 FilterConfig 对象获取参数：

```
public void   init(FilterConfig config) throws ServletException {
    // 获取初始化参数
    String bookname= config.getInitParameter("bookname");
    // 输出初始化参数
    System.out.println("图书名称: " + bookname);
}
```

2.7.3 过滤器实例

以下是 Servlet 过滤器的实例。此实例可使读者对 Servlet 过滤器有基本的了解，并可以使用相同的概念编写更复杂的过滤器应用程序。

```
//导入必需的 Java 库
import javax.servlet.*;
import java.util.*;

//实现 Filter 类
public class LogFilter implements Filter   {
    public void   init(FilterConfig config) throws ServletException {
        //这里主要用于初始化资源或获取配置参数
    }
public void   doFilter(ServletRequest request, ServletResponse response,
 FilterChain chain) throws java.io.IOException, ServletException {
            // 这里是过滤器的核心方法

            // 输出信息
            System.out.println("你好，这是 LogFilter 过滤器");
            // 把请求传回过滤链
 chain.doFilter(request,response);
    }

public void destroy( ){
```

```
        /* 在 Filter 实例被 Web 容器从服务移除之前调用 */
    }
}
```

过滤器要起作用就必须在 web.xml 中配置好。

可以将 LogFilter 用于第 2 章定义的第一个 Servlet——HelloServlet。

先在 web.xml 中定义过滤器，再映射到一个 URL 或 Servlet，这与定义 Servlet 并映射到一个 URL 模式的方式大致相同。在部署描述符文件 **web.xml** 中为 Filter 标签创建下面的条目：

```
<?xml version="1.0" encoding="UTF-8"?>
<web-app>
<filter>
  <filter-name>LogFilter</filter-name>
  <filter-class>org.newboy.ch2.LogFilter</filter-class>
</filter>
<filter-mapping>
  <filter-name>LogFilter</filter-name>
  <url-pattern>/*</url-pattern>
</filter-mapping>
<servlet>
  <!-- 定义 Servlet -->
  <servlet>
    <servlet-name>HelloServlet</servlet-name>
    <servlet-class>org.newboy.ch2.servlet.HelloServlet</servlet-class>
  </servlet>
<!-- 定义 Servlet 访问的路径 -->
  <servlet-mapping>

<servlet-name>HelloServlet</servlet-name>


    <url-pattern>/servlet/HelloServlet</url-pattern>

</servlet-mapping>
</web-app>
```

上述的 LogFilter 将对所有的 Servlet 起作用，因为在配置中指定了/*。如果只想在少数 Servlet 上应用过滤器，则可以指定一个特定的 Servlet 路径。

现在若通过浏览器访问 HelloServlet，则会在后台服务器的控制台上看到 LogFilter 中输出的“你好，这是 LogFilter 过滤器”信息。

2.7.4 使用多个过滤器

Web 应用程序可以根据特定的目的定义若干个不同的过滤器。假设定义了两个过滤器，名称分别为 AuthenFilter 和 LogFilter，需要创建如下所述的不同映射，其余的处理与前述所讲解的大致相同。

```
<filter>
    <filter-name>LogFilter</filter-name>
    <filter-class>org.newboy.ch2.LogFilter</filter-class>
</filter>
<filter>
    <filter-name>AuthenFilter</filter-name>
    <filter-class>org.newboy.ch2.AuthenFilter</filter-class>
</filter>

<filter-mapping>
    <filter-name>LogFilter</filter-name>
    <url-pattern>/*</url-pattern>
</filter-mapping>

<filter-mapping>
    <filter-name>AuthenFilter</filter-name>
    <url-pattern>/*</url-pattern>
</filter-mapping>
```

这个配置的先后顺序也决定了过滤器运行的先后顺序，先配置的先执行。

常见的过滤器有以下 3 种：

（1）编码过滤器：在过滤器中设置编码格式，避免每个 Servlet 的重复设置。

（2）权限验证过滤器：在访问受限资源前先验证用户是否有权限访问，无权用户则直接跳转回首页，不再使用 chain.doFilter(request,response)。

（3）日志过滤器：记录用户请求和返回的 URL 信息，用于网络安全和用户行为分析。网站可以通过日志过滤器记录用户在该网站的一切行为。

过滤器的应用非常重要，本书后面介绍的 Web 框架在很多地方都用到了过滤器。

2.8 session 对象

2.8.1 session 简介

HTTP 被设计成一种无状态协议，这意味着每次客户端检索网页时，都要单独打开一个服务器连接，因此服务器不会记录下先前客户端请求的任何信息。这样做的目的主要是避免服务器跟踪每个客户端的状态，从而增加负担。但是在实际开发中，某些场合服务器需要知道客户端的信息，如哪个用户在访问当前页面，该从哪个账号中扣除费用，所以需要维持服务器端与特定的客户端的会话。

有 3 种方法可以维持客户端与服务器的会话。

1. 使用 Cookies 法

网络服务器可以指定一个唯一的 session ID 作为 Cookie 来代表每个客户端，用来识别这个客户端接下来的请求。这不是一种有效的方式，因为很多时候浏览器并不一定支持 Cookie，所以不建议使用这种方法来维持会话。

2. 隐藏表单域法

一个网络服务器可以发送一个隐藏的 HTML 表单域和一个唯一的 session ID，就像下面这样：

```
<input type="hidden" name="sessionid" value="abcdef">
```

当表单被提交时，指定的名称和值将会自动包含在 GET 或 POST 数据中。每当浏览器发送一个请求，session ID 的值就可以用来保存不同浏览器的信息。这种方式现在也经常被采用。

3. 重写 URL 法

可以在每个 URL 后面添加一些额外的数据来区分会话，服务器能够根据这些数据关联 session 标识符。

举例来说，http://localhost/test.jsp?id=abcdef，session 标识符为 id=abcdef，服务器可以用这个数据来识别客户端。

除了以上 3 种方法外，JSP 还可以利用 Servlet 提供的 HttpSession 接口识别一个用户，并存储该用户的所有访问信息。

默认情况下，JSP 允许会话跟踪，一个新的 HttpSession 对象将会自动地为新的客户端实例化。在 JSP 页面中，session 对象被 Web 容器自动生成，并可以直接使用。

session 对象的主要方法有如下 4 个。

（1）public Object getAttribute(String name)：返回 session 对象中与指定名称绑定的对象，如果不存在，则返回 null。

（2）public void setAttribute(String name, Object value)：使用指定的名称和值来产生一个对象并绑定到 session 中。

（3）public void removeAttribute(String name)：删除 session 中指定名称的对象。

（4）public void invalidate()：使 session 无效，解除与该 session 绑定的所有对象。

2.8.2 session 的应用

以下示例描述了如何使用 HttpSession 对象来获取创建时间和最后一次访问时间。这里将为 request 对象关联一个新的 session 对象，文件名为 sessionDemo.jsp。

程序清单：sessionDemo.jsp

```
<%@ page language="java" contentType="text/html; charset=UTF-8"
    pageEncoding="UTF-8"%>
<%@ page import="java.io.*,java.util.*"%>
<%
    // 获取 session 创建时间
    Date createTime = new Date(session.getCreationTime());
    // 获取最后访问页面的时间
    Date lastAccessTime = new Date(session.getLastAccessedTime());

    String title = "SSH 实例教程 2";
    Integer visitCount = new Integer(0);
    String visitCountKey ="visitCount";
    String userIDKey = "userID";
    String userID ="ABCD";
```

```
        // 检测网页是否有新的访问用户
        if (session.isNew()) {
            title = "SSH 实例教程";
            session.setAttribute(userIDKey, userID);
            session.setAttribute(visitCountKey, visitCount);
        } else {
            visitCount = (Integer) session.getAttribute(visitCountKey);
            visitCount += 1;
            userID = (String) session.getAttribute(userIDKey);
            session.setAttribute(visitCountKey, visitCount);
        }
%>

<html>
<head>
<title>Session 跟踪</title>
</head>
<body>
    <div align="center"><h1>Session 跟踪</h1></div>
    <table border="1" align="center">
        <tr bgcolor="gray">
            <th>Session 信息</th>
            <th>值</th>
        </tr>
        <tr>
            <td>Session id</td>
            <td>
                <%
                    out.print(session.getId());
                %>
            </td>
        </tr>

        <tr>
            <td>创建时间</td>
            <td>
                <%
                    out.print(createTime);
                %>
            </td>
        </tr>
        <tr>
            <td>最后访问时间</td>
            <td>
                <%
                    out.print(lastAccessTime);
                %>
```

```
                </td>
            </tr>
            <tr>
                <td>用户  ID</td>
                <td>
                    <%
                        out.print(userID);
                    %>
                </td>
            </tr>
            <tr>
                <td>访问次数</td>
                <td>
                    <% out.print(visitCount); %>
                </td>
            </tr>
        </table>
</body>
</html>
```

在浏览器中的输出结果如图 2-5 所示。

localhost:8080/sshbook_2/ch2/sessionDemo.jsp

Session 跟踪

Session 信息	值
Session id	E9B6F98B71F4C53631F42F6D53DEAA84
创建时间	Thu Jul 26 18:35:16 CST 2018
最后访问时间	Thu Jul 26 18:35:16 CST 2018
用户 ID	ABCD
访问次数	0

图 2-5　session 运行结果

第一次访问时的结果如图 2-5 所示。此时访问次数为 0，再次访问会累加次数。如果关闭浏览器或页面 30min 内无访问，则 session 自动过期。经常碰到类似情况，如 Web 页面邮箱登录后一段时间内没有操作，就会自动跳出并要求重新登录，这就是 session 过期了。session 对象在登录场景、权限检测场景中使用非常频繁。

初学者最容易迷惑什么时候用 request 对象、什么时候用 session 对象来保存数据。

它们的主要区别介绍如下。

（1）request 对象的生命周期只在一次请求中有效。session 对象是在多次请求中有效，只要请求不丢失，那么该次会话都有效，一次会话可能包含多次请求。所以，session 的生命周期更长一些。

（2）JSP 中 session 的默认有效超时时间是 30min，30min 内无新请求则自动超时。

本章小结

本章先介绍了 JSP 的核心对象和它们的主要方法，以及 Servlet 的基本使用和 Servlet 的生命周期，然后介绍了 JSP 和 Servlet 之间的深层关系，最后介绍了过滤器的知识点和 session 对象的使用。

第3章 EL和JSTL

在 JSP 中输出 Java 类变量或常量的值到客户端有两种方式：第一种方式是使用 JSP 的内置对象——out 对象；第二种方式是使用 JSP 的输出表示式<%= %>。但是深入使用后就会发现其中的不便之处。

例如，有一个部门类 Depart，属性如下：

```
public class Depart {
      private int dno;                      // 部门编号
      private String dname;                 // 部门名称
      private String location;              // 部门所在地址
    public String getDname() {
            return dname;
      }
    // 省略其他属性的 getter/setter 方法和构造方法
}
public class Emp    {
      private Depart dept;                  // 部门对象，多对一的关系
      private Integer empno;                // 员工编号
    public Dept getDept() {
            return this.dept;
      }
// 省略其他属性的 getter/setter 方法和构造方法
}
```

如果要在页面中显示一个员工对象 emp 所在的部门名称，则必须使用<%=emp.getDept().getDname()%>这种方式才能完成。怎样才能用更简洁的方式达到目的呢？JSP 标准委员会的成员考虑到了，即使用表达式语言（Expression Language，EL）和 JSP 标准标签库（JSP Standard Tag Library，JSTL）来达到简化 JSP 页面输出和控制的目的。其终极目标是在 JSP 页面中尽可能不使用 Java 代码。

EL 语法很简单，其最大特点就是使用方便。

接下来介绍 EL 的主要语法结构，使用 EL 完成如下功能：

```
<%=emp.getDept().getDname()%>
```

EL 语法如下：

```
${ emp.dept.dname }
```

所有 EL 都是以${为起始、以}为结尾的。

如果该 emp 对象存放在 session 中，则使用传统的 JSP 小脚本必须经过如下形式的转换过程：

```
<%
  Emp emp=(Emp)session.getAttribute("emp");
%>
```

而使用 EL 表达式可以直接完成从内置对象中取值输出的过程：

```
${ sessionScope.emp.dept.dname }
```

两相比较之下，EL 的语法比传统 JSP 小脚本和表达式更为方便、简洁。

```
.与[ ]运算符
```

EL 提供了 .和[ ]两种运算符来导航数据。下列两者所代表的意思是一样的：

```
${sessionScope.user.sex}等于${sessionScope.user["sex"]}
```

.符号和[ ]符号也可以同时混合使用，例如：

```
${sessionScope.emps[0].empno}
```

回传结果为 emps 数组中第 1 个员工的编号。

但以下两种情况中，两者会有差异：

（1）当要存取的属性名称中包含一些特殊字符，如.或–等并非字母或数字的符号时，就一定要使用[ ]。例如，${user.My-Name }是不正确的方式，应当改为${user["My-Name"] }。

（2）下面来考虑下列情况：

```
${sessionScope.user[data]}
```

此时，data 是一个变量，假若 data 的值为“sex”，则上述的例子等价于：

```
${sessionScope.user.sex}；
```

假设 data 的值为“name”，则其等于${sessionScope.user.name}。因此，当要动态取值时，可以用上述的方法来实现，但.运算符无法做到动态取值。

3.1　EL 内置对象

EL 存取变量数据的方法很简单，如${username}，它的意思是取出某一范围中名称为 username 的变量。因为并没有指定哪一个范围的 username，所以其默认值会先从 page 范围内查找，假如找不到，再依次到 request、session、application 范围中查找。当在任何一个范围内找到了 username，则直接回传，不再继续找下去；如果全部的范围都没有找到，则回传 null。当然，EL 表达式还会做出优化，页面上显示空白，而不是输出 null。如表 3-1 所示是 JSP 中内置对象和 EL 内置对象的对应关系。

表 3-1 JSP 内置对象和 EL 内置对象的对应关系

JSP 内置对象的名称	EL 内置对象的名称
page	pageScope
request	requestScope
session	sessionScope
application	applicationScope

也可以指定要取出哪一个范围的变量，如表 3-2 所示。

表 3-2 变量范例

范　例	说　明
${pageScope.uname}	取出 page 范围内的 uname 变量
${requestScope.uname}	取出 request 范围内的 uname 变量
${sessionScope.uname}	取出 session 范围内的 uname 变量
${applicationScope.uname}	取出 application 范围内的 uname 变量

JSP 有 9 个隐含对象，而 EL 也有自己的隐含对象。EL 隐含对象总共有 11 个，如表 3-3 所示。

表 3-3 EL 隐含对象

隐 含 对 象	说　明
pageContext	javax.servlet.ServletContext 表示此 JSP 的 pageContext
pageScope	取得 page 范围的属性名称所对应的值
requestScope	取得 request 范围的属性名称所对应的值
sessionScope	取得 session 范围的属性名称所对应的值
applicationScope	取得 application 范围的属性名称所对应的值
param	同 request.getParameter(String name)。回传 String 类型的值
paramValues	同 request.getParameterValues(String name)。回传 String[]类型的值
header	同 request.getHeader(String name)。返回 String 类型的值
headerValues	同 request.getHeaders(String name)。返回 String[]类型的值
cookie	同 request.getCookies()
initParam	同 request.getInitParameter(String name)。返回 String 类型的值

如表 3-4 所示是 EL 表达式的样例，这些样例可以在 Tomcat 自带的例子中找到。

表 3-4　EL 表达式样例

EL 表达式	运行结果
${1}	1
${1 + 2}	3
${1.2 + 2.3}	3.5
${21 * 2}	42
${3/4}	0.75
${3 div 4}	0.75
${3/0}	Infinity
${10%4}	2
${10 mod 4}	2
${(1==2) ? 3:4}	4

如表 3-5 所示是比较运算符的例子。

表 3-5　比较运算符的例子

EL 表达式	结　果
${1 < 2}	true
${1 lt 2}	true
${4.0 >= 3}	true
${4.0 ge 3}	true
${4 <= 3}	false
${4 le 3}	false
${100.0 == 100}	true
${100.0 eq 100}	true
${(10*10) != 100}	false
${(10*10) ne 100}	false

在表 3-5 中，<和 lt 是等价的。详细说明如下。

（1）Less-than (< or lt)：小于。

（2）Greater-than (> or gt)：大于。

（3）Less-than-or-equal (<= or le)：小于等于。

（4）Greater-than-or-equal (>= or ge)：大于等于。

（5）Equal (== or eq)：等于。

（6）Not Equal (!= or ne)：不等于。

当然，EL 表达式的主要作用在于简化输出，如果有循环和条件判断等还必须使用 JSP 小脚本来实现，所以要借助于 JSP 标签库技术来替代 JSP 脚本元素。

3.2　JSP 标准标签库

JSP 定制标签由 Web 服务器端一个特殊的 Java 类来处理，该类称为 Tag Handler（标签处理器）。Sun 公司定制了一套常用的标签库，称为 JSP 标准标签库。在 MyEclipse 中，如果创建的是 J2EE 1.4 项目，则要手动添加 JSTL 的 JAR 包，方法如图 3-1 所示。

图 3-1　向 J2EE 1.4 项目中添加 JSTL

而 JSTL 已成为 Java EE 5.0 标准的一部分，无须再额外添加。JSTL 中包含 5 个部分，其中核心标签库和函数标签库使用最频繁。接下来将详细介绍这两个标签库。

3.2.1　核心标签库

要使用核心标签库，必须先在 JSP 页面中导入，方法如下：

```
<%@ taglib uri="http://java.sun.com/JSP/jstl/core" prefix="c"%>
```

JSTL 核心标签库的标签共有 13 个，从功能上可分为 4 类：

（1）表达式控制标签：out、set、remove、catch。

（2）流程控制标签：if、choose、when、otherwise。

（3）循环标签：forEach、forTokens。

（4）URL 操作标签：import、url、redirect。

以下先从循环标签来体验标签库的强大之处。

程序清单：cforeach.jsp

```
<%@ page contentType="text/html;charset=utf-8"%>
<%@ taglib prefix="c" uri="http://java.sun.com/JSP/jstl/core"%>
```

```
<html> <head><title>JSTL: -- forEach 标签实例</title></head><body>
        <%   List cityList=new ArrayList();
        cityList.add("北京");
        cityList.add("上海");
        cityList.add("广州");
        cityList.add("深圳");
        request.setAttribute("cityList",cityList);
    %>
        输出城市列表：<br/>
        <c:forEach var="city" items="${cityList}">
                ${city}<br/>
        </c:forEach>
    </body>
</html>
```

以上程序首先使用小脚本在 JSP 的 request 域中保存了一个 ArrayList 集合对象，此对象中包含了 4 个城市名称。

如果使用传统的小脚本形式，那么页面中应该使用如下的形式来输出：

```
<% List clist= (List)request.getAttribute("cityList");
            for(int i=0;i<clist.size();i++){
                    out.println(clist.get(i)+"<br/>");
            }  %>
```

将以上代码和 cforeach.jsp 对比，很明显，使用 JSTL+EL 可以很好地简化代码。

下面依次来介绍 JSTL 中核心标签库的用法。

1. <c:out>

它用来显示数据对象（字符串、表达式）的内容或结果。使用 Java 脚本的方式：

```
<% out.println("hello") %>  <% =表达式 %>
```

使用 JSTL 标签：

```
<c:out value="字符串">
```

例如：

```
<body>
  <c:out value="hello" />
</body>
```

乍一看，此标签的作用似乎不大，因为输出完全用 EL 来完成。但是<c:out> 提供了两个标签属性作为参数，可以完成默认值和对特殊字符进行转义的功能。

2. <c:set>

它用于将变量存取于 JSP 范围中或 JavaBean 属性中。示例如下，首先定义 User.java 类。

程序清单：User.java

```
package org.newboy.news.bean;
public class User {
        private String uid;
```

```
        private String uname;
        private String upwd;
//省略 getter/setter 方法
}
```

再在 cset.jsp 中使用 set 标签。

程序清单：cset.jsp

```
<%@ page language="java" import="java.util.*" pageEncoding="UTF-8"%>
<%@ page import="org.newboy.news.bean.User" %>
<%@ taglib uri="http://java.sun.com/JSP/jstl/core" prefix="c"%>
<html>
  <head> <title><c:set>标签例子</title> </head>
  <body>
    <%
    User user = new User();
    request.setAttribute("user", user);
    %>
    <c:set target="${user}" property="uname" value="jack"/>
    用户名：<c:out value="${user.uname}" default="无用户名"></c:out>
  </body></html>
```

浏览器输出结果如图 3-2 所示。

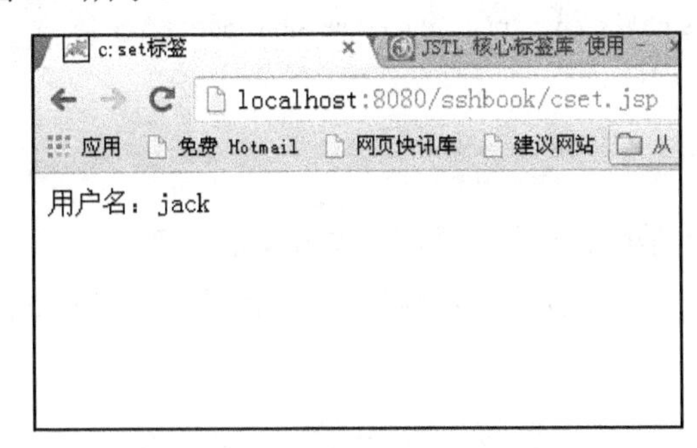

图 3-2 <c:set>标签的输出结果

```
<c:set target="${user}" property="uname" value="jack"/>
```

此语句的作用就是将名为 user 的对象的 uname 属性赋值为 jack。

3. <c:remove> 删除变量标签

它主要用来从指定的 JSP 范围内移除指定的变量。使用方法类似，下面只给出语法：

```
<c:remove var="变量名" [scope="page|request|session|application"]></c:remove>
```

以下是 set 标签和 remove 标签的例子。

```
<%@ page language="java" import="java.util.*" pageEncoding="UTF-8"%>
<%@ taglib uri="http://java.sun.com/jsp/jstl/core" prefix="c"%>
<html>
  <head> <title>使用 JSTL 设置变量</title> </head>
  <body>
          <!-- 设置之前应该是空值 -->
```

```
        设置变量之前的值：msg=<c:out value="${msg}" default="null"/><br>
        <!--为变量 msg 设定值 -->
        <c:set var="msg" value="Hello ACCP!" scope="page"></c:set>
        <!-- 此时 msg 的值应该是上面设置的“已经不是空值了” -->
        设置新值以后：msg=<c:out value="${msg}"></c:out><br>
        <!-- 把 msg 变量从 page 范围内移除-->
        <c:remove var="msg" scope="page"/>
        <!-- 此时 msg 的值应该显示为 null -->
        移除变量 msg 以后：msg=<c:out value="${msg}" default="null"></c:out>
    </body>
</html>
```

4. <c:catch>

它用来处理 JSP 页面中产生的异常，并存储异常信息：

```
<c:catch var="name1">
```

容易产生异常的代码：

```
</c:catch>
```

如果抛出异常，则异常信息保存在变量 name1 中。

5. <c:if>条件标签

```
<c:if test="条件 1" var="name" [scope="page|request|session|application"]>
```

内容：

```
</c:if>
```

其中，var 是将 test 的结果布尔值真或假保存在 var 变量中。

如果 test 判断条件的结果为真，则执行标签体的内容，否则不执行。

程序清单：cif.jsp

```
<body>
 <c:if test="${1 lt 2}"    var="result1">
 hello
 </c:if>
  <c:if test="${2 lt 1}" var="result2">
 bye
 </c:if>
 <c:if test="${10 eq 2*5}" var="result3">
 10 等于 2*5
 </c:if>
 <hr>
 结果 1:${result1 }<br>
 结果 2:${result2 }<br>
 结果 3:${result3 }<br>
</body>
```

其运行结果如图 3-3 所示。

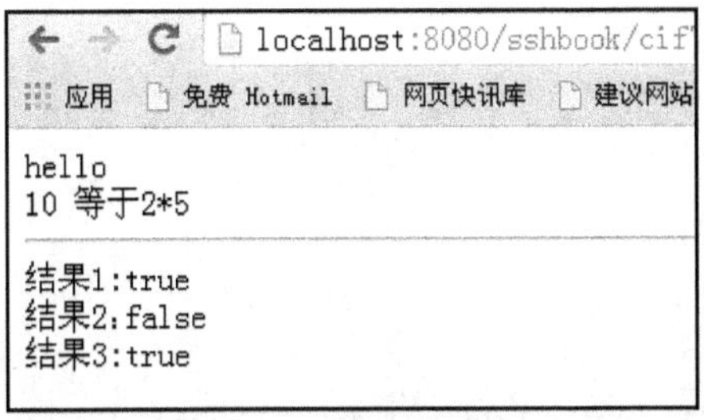

localhost:8080/sshbook/cif
应用 免费 Hotmail 网页快讯库 建议网站

hello
10 等于2*5

结果1:true
结果2:false
结果3:true

图 3-3 运行结果

6. <c:choose> <c:when> <c:otherwise>

它类似于 Java 程序中的 switch-case 的多分支选择结构。三个标签通常嵌套使用，第一个标签在最外层，最后一个标签在嵌套中只能使用一次。

示例 cchoose.jsp：

```
<body>
        <%  session.setAttribute("score", 70); %>
            <c:choose>
            <c:when test="${score>60}">及格</c:when>
<c:when test="${score<60}">不及格</c:when>
<c:otherwise>踩线</c:otherwise>
</c:choose>
</body>
```

最后输出的结果为“及格”。

7. <c:forEach> 迭代标签

语法：

```
<c:forEach var="name" items="Collection" varStatus="statusName" begin="begin" end="end"
step="step"></c:forEach>
```

它根据循环条件遍历集合 Collection 中的元素。var 用于存储从集合中取出的元素；items 指定要遍历的集合；varStatus 用于存放集合中元素的信息。varStatus 一共有 4 种状态属性，下面举例说明。

先定义一个 Student.java：

```
package org.newboy.news.bean;
public class Student {
    private String sname;
    private int age;
// 省略 getter/setter 方法
    }
```

程序清单：cforeach2.jsp

```
<%
// 模拟在 Servlet 中放入的值
List list = new ArrayList();
Student s1 = new Student("jack", 20);
```

```
            Student s2 = new Student("rose", 18);
            Student s3 = new Student("marry", 19);
            list.add(s1);
            list.add(s2);
            list.add(s3);
            session.setAttribute("stulist", list);
    %>
      <c:forEach var="s" items="${stulist}" begin="0" end="2" step="1">
        ${s.sname }:${s.age }<br />
      </c:forEach>
            </body>
```

此 forEach 使用了 begin 属性、end 属性及 step 属性，分别代表集合的起始位置、结束位置和类似索引下标每次增长的步长值。

forEach 遍历的结果如图 3-4 所示。

图 3-4　forEach 遍历的结果

如果遍历的集合是一个 Map，那么应该采用如下方式，详见程序清单 foreachMap.jsp。

程序清单：foreachMap.jsp

```
    <body>
            <%
                    Map map = new HashMap();
                    map.put("jack", "杰克");
                    map.put("rose", "罗斯");
                    session.setAttribute("stumap", map);
            %>
            <c:forEach var="stu" items="${sessionScope.stumap}">
          ${stu.key }:${stu.value }<br />
            </c:forEach>
        </body>
```

<c:forTokens> 用于浏览字符串，并根据指定的字符串截取字符串。

语法：

```
    <c:forTokens items="stringOfTokens" delims="delimiters" [var="name" begin="begin" end="end" step="len"
varStatus="statusName"]></c:forTokens>
```

示例如下：

```
    <c:forTokens items="135-1811-1809" delims="-" var="t">
```

```
        <c:out value="${t}"></c:out><br/>
</c:forTokens>
```

ForTokens 的运行结果如图 3-5 所示。

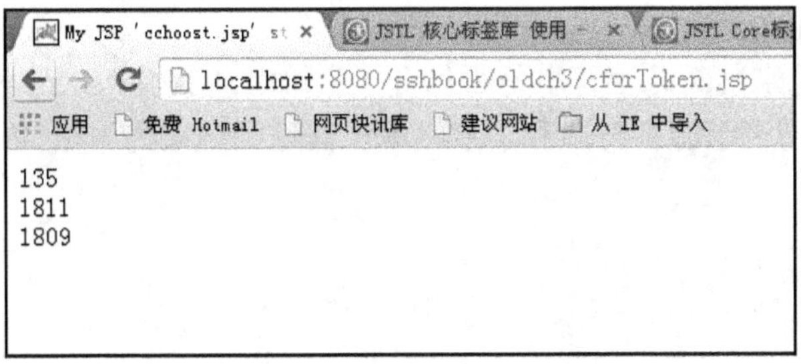

图 3-5　forTokens 的运行结果

可以看出其功能类似于 JDK 中 String 类的 split()方法，即将一个字符串根据指定的分隔符分解成若干个子串。

以上介绍的是核心标签库的常用标签。

3.2.2　函数标签

要使用函数标签，首先要导入函数标签库。

语法：

```
<%@ taglib   uri="http://java.sun.com/JSP/jstl/functions" prefix="fn" %>
```

以下的例子都必须在页首引入函数标签库才能执行。

注意：函数标签的用法都是以 fn:开始的，这有别于核心标签库的用法。

1. 长度函数：fn:length

在页面中经常需要求出集合中元素的个数，可是 java.util.Collection 接口定义的 size 方法却不是一个标准的 JavaBean 属性方法（没有 get/set 方法），因此无法通过 EL 表达式“${collection.size}”来获取，要用 fn:length 函数才能解决这个问题。

程序清单：fnlength.jsp

```
<%@ page language="java" import="java.util.*" pageEncoding="utf-8"%>
<%@taglib uri="http://java.sun.com/JSP/jstl/functions" prefix="fn"%>
<html>
    <head><title>fn:length 用法</title></head>
    <body>
        <%
            List list = new ArrayList();
            list.add("beijing");
            list.add("guangzhou");
            list.add("shanghai");
            session.setAttribute("list", list);
        %>
        list 的元素个数：${ fn:length(list)}
    </body>
```

```
</html>
```

显示结果为“list 的元素个数：3”。

剩余的 fn 函数都是字符串处理函数，它们都可以在 String 类中找到相似功能的方法。

2. 判断函数：fn:contains

fn:contains 函数用来判断源字符串是否包含子字符串。它包括 string 和 substring 两个参数，都是 String 类型，分别表示源字符串和子字符串。其返回结果为一个 boolean 类型的值。下面来看一个示例。

```
${fn:contains("ABC", "a")}
${fn:contains("ABC", "A")}
```

前者返回 false，后者返回 true。

3. 判断函数：fn:containsIgnoreCase

fn:containsIgnoreCase 函数与 fn:contains 函数的功能差不多，唯一的区别是，fn:containsIgnoreCase 函数对子字符串的包含比较忽略大小写。它与 fn:contains 函数相同，包括 string 和 substring 两个参数，并返回一个 boolean 类型的值。下面来看一个示例。

```
${fn:containsIgnoreCase("ABC", "a")}
${fn:containsIgnoreCase("ABC", "A")}
```

前者和后者都会返回 true。

4. 词尾判断函数：fn:endsWith

fn:endsWith 函数用来判断源字符串是否符合一连串的特定词尾。它与 fn:startsWith 函数相同，包括 string 和 subffx 两个参数，并返回一个 boolean 类型的值。下面来看一个示例。

```
${fn:endsWith("ABC", "bc")}
${fn:endsWith("ABC", "BC")}
```

前者返回 false，后者返回 true。

5. 字符匹配函数：fn:indexOf

fn:indexOf 函数用于取得子字符串与源字符串匹配的开始位置，若子字符串与源字符串中的内容没有匹配成功，则返回-1。它包括 string 和 substring 两个参数，返回结果为 int 类型。下面来看一个示例。

```
${fn:indexOf("ABCD","aBC")}
${fn:indexOf("ABCD","BC")}
```

前者由于没有匹配成功，所以返回 -1；后者匹配成功，将返回位置的下标，为 1 。

6. 分隔符函数：fn:join

fn:join 函数允许为一个字符串数组中的每一个字符串加上分隔符，并连接起来。下面来看一个示例。

```
<%
        String[] names = { "jack", "rose", "mary" };
        session.setAttribute("names", names);
%>
    ${fn:join(names,"-") }
```

定义数组并将其放置到 session 中，然后通过 session 得到该字符串数组，使用 fn:join 函数并传入分隔符“ ;”，得到的结果为“jack;rose;mary”。

7. 替换函数：fn:replace

fn:replace 函数允许为源字符串做替换的工作。下面来看一个示例。

```
${fn:replace("ABC","A","B")}
```

将 ABC 字符串替换为 BBC，在 ABC 字符串中用 B 替换了 A。

8. 分隔符转换数组函数：fn:split

fn:split 函数用于将一组由分隔符分隔的字符串转换成字符串数组。下面来看一个示例。

```
${fn:split("A,B,C", ", ")}
```

将“A,B,C”字符串转换为数组 {A,B,C} 。

9. 字符串截取函数：fn:substring

fn:substring 函数用于截取字符串，它的功能类似于 String 类的 substring()。下面来看一个示例。

```
${fn:substring("ABC","1","2")}
```

其截取结果为 B。

10. 空格删除函数：fn:trim

fn:trim 函数将删除源字符串中结尾部分的“空格”，以产生一个新的字符串。它只有一个 string 参数，并返回一个 String 类型的值。下面来看一个示例。

```
${fn:trim("AB C ")}D
```

转换的结果为 AB CD。注意，它将只删除词尾的空格而不是全部空格，因此 B 和 C 之间仍然留有一个空格。

11. 词头判断函数：fn:startsWith

fn:startsWith 函数用来判断源字符串是否符合一连串的特定词头。

它除了包含一个 string 参数之外，还包含一个 subffx 参数，表示词头字符串，而且同样是 String 类型。该函数返回一个 boolean 类型的值。下面来看一个示例。

```
${fn:startsWith ("ABC", "ab")}
${fn:startsWith ("ABC", "AB")}
```

前者返回 false，后者返回 true。

本章小结

本章介绍了表达式语言（EL）及 JSTL 的核心标签库和函数标签库。它们都是用来在 JSP 页面中取代小脚本的技术。在第 4 章中将会介绍 Ajax 实用技术。

第4章 Ajax实用技术

学习本章之前，我们假设读者已经有了一定的 JavaScript 基础。

笔者喜欢玩一款微软的“帝国时代”游戏，相信读者也有玩过的，这是一款比较老的游戏，从黑暗时代→封建时代→城堡时代→帝王时代，每进入一个时代，所有的兵种和建筑就会强大很多。Ajax（Asynchronous JavaScript And XML）的引入是 Web 2.0 的一个重要组成部分，也是 Web 1.0 到 Web 2.0 的一个重要升级，功能强大了不少。

传统 Web 服务器端的应用程序是一种串行操作。客户在浏览器地址栏中输入网站名称或单击一个超链接后，接下来将等待服务器的响应。在浏览器的状态栏中看到的是进度条在变动，而浏览器屏幕上是一片空白，直到服务器响应回来为止，如图 4-1 所示。

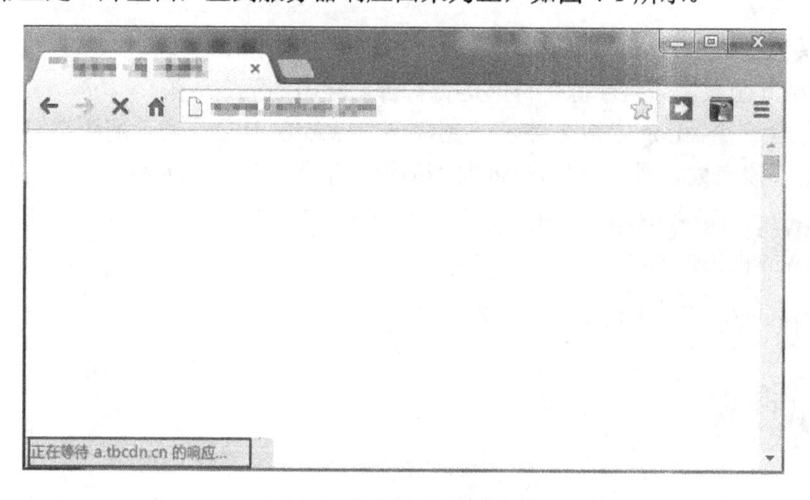

图 4-1　浏览器响应的效果

此时，用户所能做的可能就是看着屏幕等待，如果网速慢或服务器访问人数多，则等待的时间会更长。这种串行操作一直伴随访问网站的全部过程，即发出一个请求，服务器响应，再发出一个请求，服务器再响应，用户等服务器，服务器等用户，如此周而复始。

4.1　Ajax 简介

Ajax 的出现改变了这种局面，它可以将这种串行操作变成并行操作，即用户发送请求数据以后，不用等服务器响应回来，依然可以在客户端浏览器上进行正常的操作，而一旦服务器数据响应回来以后，会告诉浏览器："请求的数据回来了，该你处理了！"而这一切都是在后台进行操作的，不会影响用户的正常操作。

Ajax 数据的发送和接收服务器的响应都是通过 JavaScript 进行的，它在以下 3 个方面优于原来的传统 Web 应用。

（1）提升用户体验，减少用户等待时间。

（2）提升操作效率，因为浏览器与服务器是并行操作的，可各自同时做自己的工作。

（3）使网页从服务器请求少量的信息，而不是更新整个页面，有效减少了带宽的占用。

4.2　Ajax 技术

Ajax 到底是什么？又是怎么实现的？下面来详细了解一下。

Ajax 由 HTML、JavaScript 技术、DHTML 和 DOM（文档对象模型）组成。

下面是 Ajax 应用程序所用到的基本技术。

（1）HTML 用于建立 Web 应用程序的表示层，如表单、表格等。

（2）JavaScript 代码是运行 Ajax 应用程序的核心代码，用于客户端与服务器端的通信，发送请求→接收响应→更新表示层结果。其中，最核心的是 XMLHttpRequest 对象。

（3）DHTML 或 Dynamic HTML 用于动态更新表单，用于服务器端返回数据以后动态更新浏览器上的数据或表单内容。

（4）DOM 用于处理 HTML 结构和服务器返回的 XML、字符串数据或者 JSON 数据。

通过这些技术可以发现，没有一样技术是全新的，而是新瓶装上了旧酒，不过这些旧酒已变得更加香醇。

4.2.1　判断用户是否存在

本小节先把要做的实例提出来，通过实例一边做一边讲技术。技术要点讲完，实例也就做出来了，最后会给出完整的代码，效果如图 4-2 所示。

图 4-2　Ajax 运行效果

这个实例也是大家见过最多的。在网站注册的时候，输入一个注册用户名，如果用户名已经存在，则会提示“用户名已经存在，请换一个名字”；如果不存在，则提示“恭喜你，用户名可以使用”。这就是用 Ajax 来实现的，它是怎么实现的呢？先看看最终在 MyEclipse 中创建的工程，工程结构如图 4-3 所示。

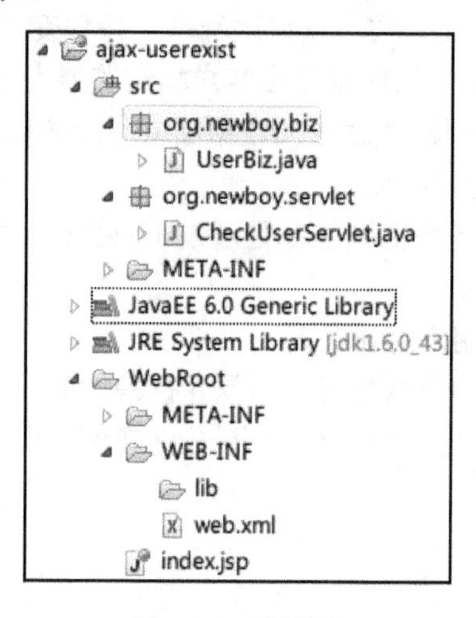

图 4-3　工程结构

4.2.2　创建 XMLHttpRequest 对象

XMLHttpRequest 是 Ajax 的核心对象，由它发送用户请求和处理后面的所有工作，所以要先创建这个对象。

其实，JavaScript 很早就有 XMLHttpRequest 了，但一直没有被人重视起来。后来因为有了 Ajax 才发现原来它很有用。既然是 JavaScript 对象，那么只要一句话就可以得到这个对象：

```
var xmlHttpRequest= new XMLHttpRequest();
```

可是现实情况有点儿不同，因为有了 IE 浏览器。除了 IE 浏览器之外，只要符合 W3C 规范的浏览器都支持这种写法以得到这个对象。但因为 IE 是微软公司的产品，要得到这个对象有些麻烦，要这样写：

```
var xmlHttpRequest = new ActiveXObject("Microsoft.XMLHTTP");
```

在 IE 浏览器中，这是以一个 ActiveX 对象的形式存在的。当然，如果是早期的 IE 版本，还有另外一种写法：

```
var xmlHttpRequest = new ActiveXObject("Msxml2.XMLHTTP");
```

但可喜的是，从 IE 7 开始也支持最上面的一种写法了。下面写出了比较完整又适度精简的 JavaScript 代码：

```
function createXmlHttpRequest() {
    //如果是 IE 浏览器，则用这种方法创建，否则使用下面的方法创建
    if(window.ActiveXObject){
        return new ActiveXObject("Microsoft.XMLHTTP");
    }else if(window.XMLHttpRequest){
```

```
            return new XMLHttpRequest();
        }
    }
```

创建好 XMLHttpRequest 核心对象以后，就迈出了 Ajax 的第一步，也是最重要的一步。

4.2.3 使用 JavaScript 发送异步请求

有了 XMLHttpRequest 核心对象之后，来了解一下这个对象有哪些方法、属性事件。

1. 常用方法

XMLHttpRequest 的常用方法如表 4-1 所示。

表 4-1 XMLHttpRequest 的常用方法

方 法 名	说 明
Open(method,URL,async)	打开与服务器的连接，method 参数指定请求的 HTTP 方法，典型的值是 GET 或 POST，URL 参数指定请求的地址，async 参数指定是否使用异步请求，其值为 true 或 false
send(content)	发送请求，content 参数指定请求的参数（get 方法设置为 null)
setRequestHeader (header,value)	设置请求的开头信息（get 方法可省略）

2. 事件

在 JavaScript 中，所有 on 开头的都是事件，注意字母全部为小写。

```
onreadystatechange=指定回调函数名称
```

这行语句的作用为：当准备状态发生变化时，运行指定的回调函数。因为请求是通过 XMLHttpRequest 发送的，那么怎么知道请求发送结束了或是请求开始了？通过这个事件，就能得知请求和响应的状态是否发生变化。至于变化成了什么状态，就要看 readyState 属性值，由它的值可以知道当前的状态。

3. 常用属性

（1）readyState: XMLHttpRequest 的状态信息，如表 4-2 所示。

表 4-2 状态信息

状 态 码	说 明
0	XMLHttpRequest 对象没有初始化
1	XMLHttpRequest 对象请求开始
2	XMLHttpRequest 对象请求结束
3	XMLHttpRequest 对象响应开始，还没有结束
4	XMLHttpRequest 对象响应结束

状态码也很好记，0 表示未初始化；1 到 4 分别表示请求开始、请求结束、响应开始、响应结束。

（2）status：服务器端 HTTP 返回的常用状态码，如表 4-3 所示。

表 4-3 常用状态码

状 态 码	说 明
200	服务器响应正常
400	无法找到请求的资源
403	没有访问权限
404	访问的资源不存在
500	服务器内部错误

这些内容在 JSP 的开发文档中介绍得很全面，这里只列出了常用的几个。

现在我们可以知道，只要 readyState 的属性值等于 4，而 status 的属性值等于 200，就表示服务器正常响应结束。这也是在代码中判断 Ajax 响应结束并正常返回的条件。所以回调函数中一定有以下语句：

```
if (xmlHttpRequest.readyState == 4 && xmlHttpRequest.status == 200)
```

现在再来讲解“判断用户是否存在”的例子，这个例子的 HTML 代码很简单，内容如下：

```
<body>
    用户名:
    <input type="text" id="uname" name="uname" onblur="checkUserExists()" />
    <span id="msg"></span>
</body>
```

其只有一个文本框、一个 span，文本框设置了失去焦点就运行 checkUserExists()的事件；span 的作用是显示提示、操作是否成功等信息。

下面看 checkUserExists()代码的写法（重要的代码都加了注释）。

```
// 判断用户是否存在的方法
function checkUserExists() {
    // 通过 ID 得到 span 对象
    var msg = document.getElementById("msg");
    // 通过 ID 得到用户的文本框对象
    var uname = document.getElementById("uname");
    if (uname.value=="") {
        msg.innerHTML = "用户名不能为空";
        uname.focus();
        return;
    }
    // 发送请求到服务器，判断用户名是否存在
    var url = "UserServlet";
    // 对汉字等特殊字符进行编码
    var param = "uname=" + encodeURIComponent(uname.value);
    // 创建 XmlHttpRequest 对象
    xmlHttpRequest = createXmlHttpRequest();
    // 设置回调函数
    xmlHttpRequest.onreadystatechange = callBack;
    //POST 打开请求
```

```
        xmlHttpRequest.open("POST", url, true);
        // 设置请求的内容类型，如果使用 GET 方法发送请求，则此句可以省略
        xmlHttpRequest.setRequestHeader("Content-type","application/x-www-form-urlencoded");
        // 发送请求和参数
        xmlHttpRequest.send(param);
    }
```

不要被这些代码吓倒，以后把这些代码修改一下即可使用，只要修改请求地址 URL 和参数 param 即可，如果是多个参数，就用&隔开，例如：

```
var param = "uname=" + encodeURIComponent(uname.value);
```

如果有参数 age=35 和 sex=female，则就写成：

```
var param = "uname=" + encodeURIComponent(uname.value) + "&age=35&sex=female";
```

如果参数可能包含汉字或特殊符号，则加上 encodeURIComponent()函数。下面来看服务器端的代码。

4.2.4 服务器端 Servlet 的代码

```
package org.newboy.servlet;
/* 检查用户是否存在 Servlet  */
public class CheckUserServlet extends HttpServlet {
    // 业务类
    UserBiz userBiz = new UserBiz();
    public void doGet(HttpServletRequest request, HttpServletResponse response)
            throws ServletException, IOException {
        // POST 方法汉字解码
        request.setCharacterEncoding("utf-8");
        response.setContentType("text/html;charset=UTF-8");
        // 得到客户端提交的用户名参数
        String uname = request.getParameter("uname");
        PrintWriter out = response.getWriter();
        // 调用业务进行判断，如果用户存在，则向浏览器返回字符串 true，否则输出 false
        out.print(userBiz.isUserExist(uname));
        out.flush();
        out.close();
    }
    public void doPost(HttpServletRequest request, HttpServletResponse response)
            throws ServletException, IOException {
        this.doGet(request, response);
    }
}
```

以上 Servlet 代码并没有什么特别之处，与前面的介绍大同小异，只是没有了页面跳转的代码，这也是 Ajax 技术的一个特点，即页面是局部刷新的，而不是刷新整个页面，这样，服务器端就不必页面跳转，节省了网络的流量和带宽。

注意，Servlet 需要在 web.xml 中进行如下配置：

```
<servlet>
    <description>判断用户是否存在</description>
    <servlet-name>UserServlet</servlet-name>
    <servlet-class>org.newboy.servlet.CheckUserServlet</servlet-class>
</servlet>
<servlet-mapping>
    <servlet-name>UserServlet</servlet-name>
    <url-pattern>/UserServlet</url-pattern>
</servlet-mapping>
```

上面的代码中有 **UserBiz userBiz = new UserBiz()**，这是业务逻辑。代码如下：

```
package org.newboy.biz;
// 用户的业务类
public class UserBiz {
    /**
     * 判断用户名是否存在
     * @param uname 用户名，@return 存在则返回 true
     */
    public boolean isUserExist(String uname) {
        // 如果用户名填写的是“刘波”，则用户存在，否则不存在
        if("刘波".equals(uname)) {
            return true;
        }
        else {
            return false;
        }
    }
}
```

这里的业务类代码本应该到数据库中查询用户名是否存在，学过 JDBC 的读者可以使用 JDBC，后面章节可以使用 Hibernate。这里简化了，并没有查询数据库，但不影响运行这段代码。这里特意使用了汉字，可以顺带检验汉字是否有乱码现象。另外，笔者把用户名“刘波”写在前面的好处是，如果写成 uname.equals("刘波")，则有一个隐藏的漏洞，当 uname 为 null 的时候，会报 NullPointerException 异常，而这样写就不会有漏洞。

从服务器正常响应回来以后，需要知道服务器返回了什么数据，就要用到下面两个属性。

1. responseText：获得响应的文本内容

这是直接将服务器端的数据以字符串形式返回，而无论在服务器端是什么类型。例如，在服务器上本来返回了一个整型的 6，或者布尔类型的 false，但在这个属性中得到的却是 6 和 false，所以使用的时候还需要在 JavaScript 中进行类型转换。而 JavaScript 又是弱类型语言，不会报错，这点要尤其注意。

其实目前服务器端都是以字符串的形式返回的，但当返回大量数据的时候，如果直接使用字符串，在客户端处理会是一个痛苦的过程，所以 JSP 也提供了另一个属性。

2. responseXML：获得响应的 XML 文档对象

在服务器端，当需要返回的数据量比较大时，可以以一个 XML 格式的文件返回客户端浏览器，再通过 responseXML 得到 XML 文档对象。但这需要在客户端通过 JavaScript 进行大量的 DOM 代码解析，也是件比较痛苦的事情。

正因为如此，现在比较流行的做法是返回 Json 对象。Json 对象其实还是 responseText 属性返回接收的字符串，这是比较好的一种做法。

前面的例子已经从服务器端返回了字符串，或者是“true”或者是“false”。接下来，浏览器端该如何处理呢？

4.2.5 回调函数的处理

```
// 回调函数
function callBack() {
        var msg = document.getElementById("msg");
        if (xmlHttpRequest.readyState == 4) {
                if (xmlHttpRequest.status == 200) {
                        var data = xmlHttpRequest.responseText;
                        // 注意，这里服务器虽然是 boolean 类型，但返回到客户端的都是字符串类型
                        if (data == "true") {
                                msg.innerHTML = "用户名已经存在";
                                document.getElementById("uname").select();
                        } else {
                                msg.innerHTML = "恭喜你，用户名可以注册";
                        }
                }
        }
}
```

前面的 checkUserExists()方法中有以下代码：

```
xmlHttpRequest.onreadystatechange = callBack;
```

它指的就是当 XMLHttpRequest 对象状态发生变化的时候调用这个回调函数，注意 callBack 后面是没有括号的，很多初学者容易犯这个错误。用属性 responseText 接收客户端返回的字符串，然后根据字符串“true”或“false”，在 ID 为 msg 的 span 中输出最后的结果。注意不要将 data=="ture"写成 data==true。

4.2.6 更新客户端显示

当正确地接收到服务器端的数据时，就可以更新浏览器上的用户界面了：msg.innerHTML = "恭喜你，用户名可以注册"。它就是根据服务器端返回的结果，动态更新页面的内容。

实际开发过程中可能会更复杂。因为要动态更新页面的 DOM 元素，还需要系统地学习 JavaScript 中 DOM 的操作，也是一个相对复杂的过程。但后面会介绍 jQuery JavaScript 框架，可以大大减少代码量，并减轻工作量，运行效果如图 4-4 所示。

图 4-4　运行效果

4.2.7　进一步完善

前面如果代码没有输入错误，则能正常运行了。这里推荐读者使用 Google 的 Chrome 浏览器作为调试开发工具。这是一个不错的工具，基本上能解决大部分浏览器 JavaScript 代码错误的问题。至于服务器端的调试，使用 MyEclipse 即可。Ajax 的调试对于初学者来说是有一定难度的，既涉及服务器端 Java 代码的调试，又涉及浏览器端 JavaScript 脚本的调试。Chrome 浏览器的调试工具如图 4-5 所示。

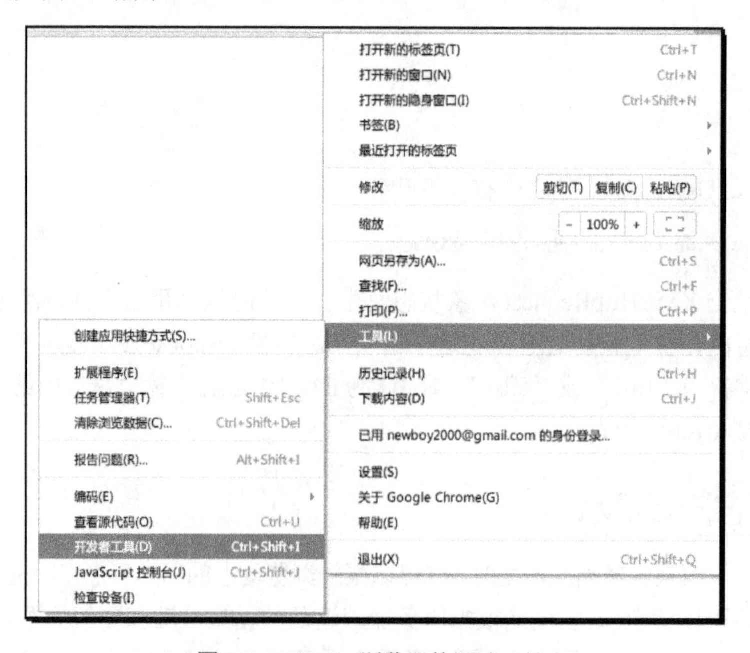

图 4-5　Chrome 浏览器的调试工具

前面的代码有一个小问题，即当服务器端处理时间比较长时，就会长时间处于第一张图的空白状态。下面来模拟一下情景，修改 UserBiz 类的代码：

```
/** 判断用户名是否存在 */
public boolean isUserExist(String uname) {
    // 加入服务器端延时的代码
    try {
        Thread.sleep(3000);
    } catch (InterruptedException e) {
        e.printStackTrace();
    }
    if ("刘波".equals(uname)) {
        return true;
    } else {
        return false;
    }
}
```

其中，Thread.sleep(3000);表示当前线程休眠3000ms，即3s，再继续运行。此时，客户端浏览器就会出现等待的现象。能不能做得人性化一点？当服务器操作时间长的时候，会在文本框后面出现“请稍候…”的文字效果，如图4-6所示，这当然是可以的。

图 4-6　出现提示效果

前面在介绍XMLHttpRequest对象的readyState属性时，只有属性值等于4的时候，服务器才响应结束，如果不等于4，则表示服务器的操作还没有回来，所以可以修改JavaScript代码如下：

```
// 回调函数
function callBack() {
    var msg = document.getElementById("msg");
    // 清空 span 原有的内容
    msg.innerHTML = "";
    // 如果不等于 4，则显示“请稍候”
    if (xmlHttpRequest.readyState == 4) {
        if (xmlHttpRequest.status == 200) {
            var data = xmlHttpRequest.responseText;
            // 注意，这里服务器端虽然是 boolean 类型，但是返回到客户端的都是字符串类型
            if (data == "true") {
                msg.innerHTML = "用户名已经存在";
                document.getElementById("uname").select();
            } else {
                msg.innerHTML = "恭喜你，用户名可以注册";
            }
        }
    }
    else {
        msg.innerHTML = "请稍候...";
    }
}
```

所以 index.jsp——页面的完整代码如下，而其他 UserServlet、UserBiz 参照前面的代码即可。

程序清单： index.jsp

```
<%@ page language="java" pageEncoding="UTF-8"%>
<html>
<head>
<title>用户注册页面</title>
<script type="text/javascript">
        var xmlHttpRequest;
        //建立 XMLHttpRequest()对象
        function createXmlHttpRequest() {
                if (window.ActiveXObject) {
                        return new ActiveXObject("Microsoft.XMLHTTP");
                } else if (window.XMLHttpRequest) {
                        return new XMLHttpRequest();
                }
        }

        //判断用户是否存在的方法
        function checkUserExists() {
                //通过 ID 得到 span 对象
                var msg = document.getElementById("msg");
                //通过 ID 得到用户的文本框对象
                var uname = document.getElementById("uname");
                if (uname.value == "") {
                        msg.innerHTML = "用户名不能为空";
                        uname.focus();
                        return;
                }
                //发送请求到服务器，判断用户名是否存在
                var url = "UserServlet";
                //对汉字等特殊字符进行编码
                var param = "uname=" + encodeURIComponent(uname.value);
                //创建 XmlHttpRequest 对象
                xmlHttpRequest = createXmlHttpRequest();
                //设置回调函数
                xmlHttpRequest.onreadystatechange = callBack;
                //POST 打开请求
                xmlHttpRequest.open("POST", url, true);
                //设置请求的内容类型，如果使用 GET 方法发送请求，则此句可以省略
                xmlHttpRequest.setRequestHeader("Content-type",
                                "application/x-www-form-urlencoded");
                //发送请求和参数
                xmlHttpRequest.send(param);
        }
```

```
    //回调函数
    function callBack() {
        var msg = document.getElementById("msg");
        //清空 span 原有的内容
        msg.innerHTML = "";
        //如果不等于 4，则显示“请稍候”
        if (xmlHttpRequest.readyState == 4) {
            if (xmlHttpRequest.status == 200) {
                var data = xmlHttpRequest.responseText;
                //注意，这里服务器端虽然是 boolean 类型，但是返回到客户端的都是字符串类型
                if (data == "true") {
                    msg.innerHTML = "用户名已经存在";
                    document.getElementById("uname").select();
                } else {
                    msg.innerHTML = "恭喜你，用户名可以注册";
                }
            }
        } else {
            msg.innerHTML = "请稍候...";
        }
    }
</script>
</head>
<body>
    用户名:
    <input type="text" id="uname" name="uname" onblur="checkUserExists()" />
    <span id="msg"></span>
</body>
</html>
```

这样，整个实例就基本上介绍完了，通过这个实例，大家能对 Ajax 有个很好的入门。进入 Ajax 大门以后就万变不离其宗了。这也是最原始、最基本的 Ajax 代码的写法。

4.3 JSON 对象

在上一节的实例中从服务器端返回的是少量的字符串数据，如果需要从服务器端得到大量的表格数据显示在网页上，处理起来就会比较麻烦。如果还用单一的字符串处理，就会是一个痛苦的过程。以前的做法是使用 responseXML 属性返回一个 XML 文件，但浏览器使用 JavaScript 解析 XML 文件也需要编写大量的代码，所以目前比较流行的做法是使用 JSON 对象。

4.3.1 JSON 对象的定义

JSON（JavaScript Object Notation，JS 对象简谱）是一种轻量级的数据交换格式。当从服务器端返回大量的字符串数据，而且是 POJO 类的数据封装时，JSON 对象中表示：

```
[{
```

```
    name:"Michael",
    email:"17bity@gmail.com",
    homepage:"http://www.jialing.net"
  },{
    name:"John",
    email:"john@gmail.com",
    homepage:"http://www.jobn.com"
  },{
    name:"Peggy",
    email:"peggy@gmail.com",
    homepage:"http://www.peggy.com"
  }]
```

这段 JSON 代码表示了三个人的信息，三个人的属性是 name、email 和 homepage，用 { } 括起来代表一个对象，属性之间用逗号隔开，属性名与属性值之间用冒号隔开，对象与对象之间用逗号隔开，如果是多个对象，则是一个数组，在 JavaScript 中用[ ]括起来代表一个数组。

4.3.2 JSON 完整的格式

对象是属性、值对的集合。一个对象开始于{，结束于}。每一个属性名和值间用:提示，属性间用，分隔，如图 4-7 所示。

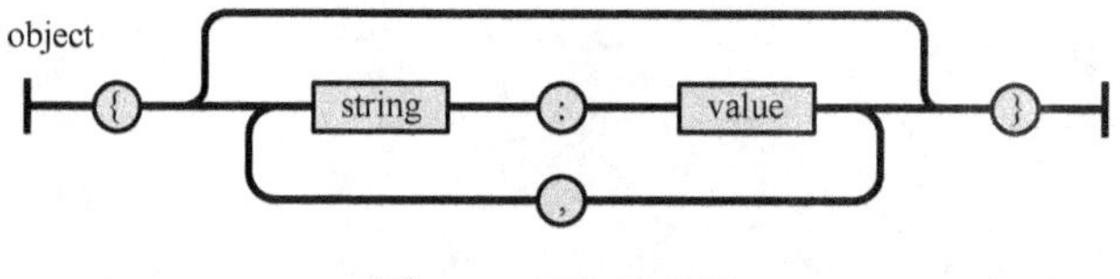

图 4-7 对象的表示

数组是有顺序的值的集合。一个数组开始于[，结束于]，值之间用,分隔，如图 4-8 所示。

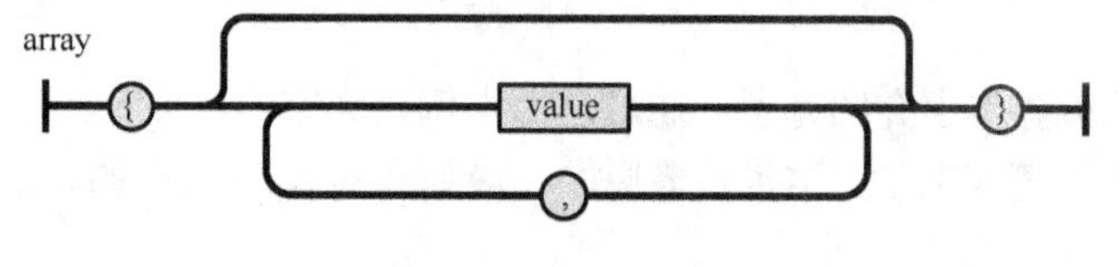

图 4-8 数组的表示

值可以是引号里的字符串、数字、true、false、null，也可以是对象或数组。这些结构都能嵌套。

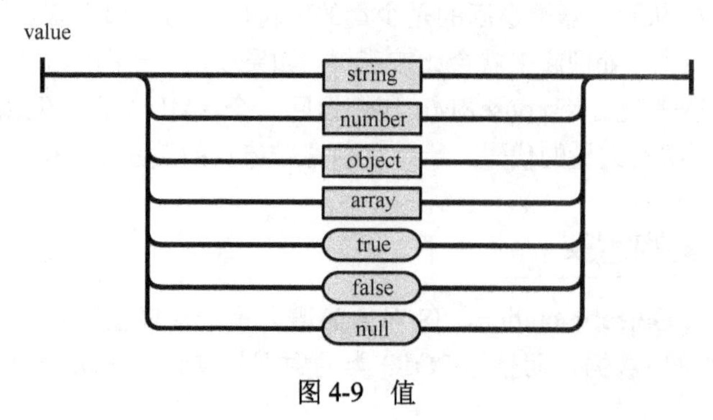

图 4-9 值

字符串的定义和 Java 基本一致，如图 4-10 所示。

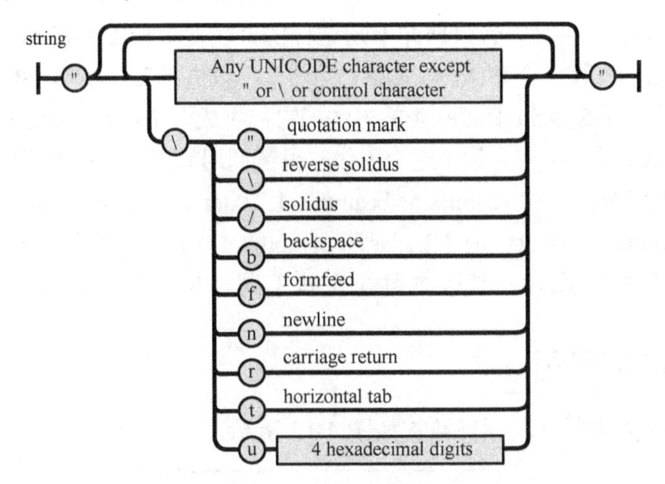

图 4-10　字符串的定义

数字的定义也和 Java 基本一致，如图 4-11 所示。

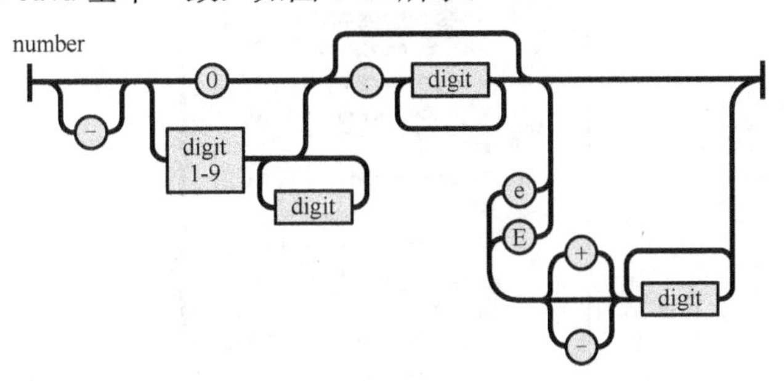

图 4-11　数字的定义

总之，JSON 数据可以让我们处理服务器端的数据更加轻松。下面来看案例，从服务器端查询员工信息列表，并显示在网页上，运行效果如图 4-12 所示。

编号	姓名	性别	工资	部门	操作
1000	刘波	男	5000	技术部	删除
1010	易慧妮	女	8200	销售部	删除
1020	刘宇轩	男	7500	工程部	删除

图 4-12　运行效果

那么，从服务器端返回的 JSON 字符串就应该是这样的：

```
[{
    "depart" : "技术部",   "id" : 1000,  "name" : "刘波",    "salary" : 5000,   "sex" : true
},{
    "depart" : "销售部",   "id" : 1010,  "name" : "易慧妮",  "salary" : 8200,   "sex" : false
},{
    "depart" : "工程部",   "id" : 1020,  "name" : "刘宇轩",  "salary" : 7500,   "sex" : true
```

```
}]
```

但实际上，从数据库中得到的数据并不是这样的，往往类似 List<Employee>的集合，怎样把 List<Employee>转换成所需的 JSON 格式呢？当然，可以进行 List 循环，把所有的 Employee 属性读取出来，并用 String 或 StringBuffer 类的方法把它们拼成一个字符串返回，这也是可以的，但这种方法太麻烦。Java 中已经有人做了这个工作，只需调用第三方的几个组件包。JAR 库的名称如下：json-lib-2.2.3-jdk15.jar、commons-beanutils-1.7.0.jar、commons-lang-2.3.jar、commons-logging-1.1.1.jar、commons-collections-3.2.1.jar 和 ezmorph-1.0.3.jar。这些包可以从网上下载，搜索“Java JSON 包”即可找到。其版本可能有些不同，但不影响使用。

4.3.3 开发 JSON 案例

在 MyEclipse 中搭建项目，项目结构如图 4-13 所示。

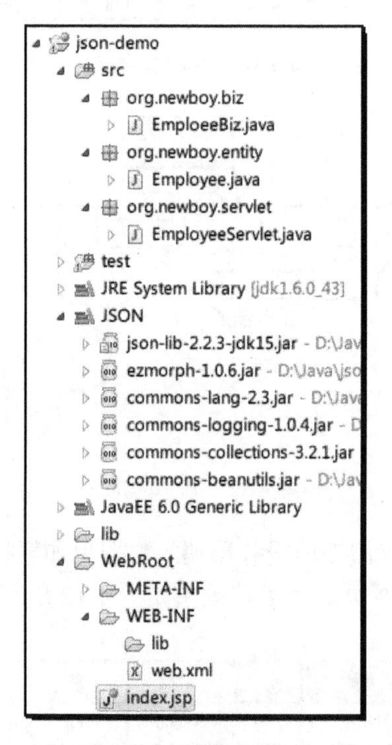

图 4-13 项目结构

此项目分成三个包结构，一个业务层 org.newboy.biz，一个实体类包 org.newboy.entity，一个 Servlet 包 org.newboy.servlet，页面只有一个——index.jsp。

先从业务代码开始，类名为 EmployeeBiz.java。这里没有访问数据库，实际应用中可以用 JDBC 或 Hibernate 加载数据库中的数据。

```
/**
 * 员工实体类
 */
public class Employee implements java.io.Serializable {
    private Integer id;                    //主键
    private String name;                   //姓名
```

```
        private String depart;                  //部门
        private Double salary;                  //工资
        private Boolean sex;                    //性别
        //无参构造方法
        public Employee() {
        }
        //全参构造方法
        public Employee(Integer id, String name, String depart, Double salary, Boolean sex) {
                super();
                this.id = id;
                this.name = name;
                this.depart = depart;
                this.salary = salary;
                this.sex = sex;
        }
        getter/setter 方法省略
}
/**
 * 员工的业务类
 */
public class EmployeeBiz {
        /*得到所有的员工信息*/
        public List<Employee> getAllEmployees() {
                ArrayList<Employee> emps = new ArrayList<Employee>();
                emps.add(new Employee(1000, "刘波", "技术部", 5000d, true));
                emps.add(new Employee(1010, "易慧妮", "销售部", 8200d, false));
                emps.add(new Employee(1020, "刘宇轩", "工程部", 7500d, true));
                return emps;
        }
}
```

接下来在 Servlet 中调用 EmployeeBiz，其中有一条语句很重要：

```
JSONArray.fromObject(employees)
```

把 List 对象转换成 JSON 数组对象，用 out.print()即可将转换好的 JSON 字符串输出到浏览器端，供客户端使用。此语句要用到前面的第三方 JAR 包才可以调用，否则代码会报错。加载第三方包可以参考图 4-14，在项目名上右击，弹出快捷菜单。

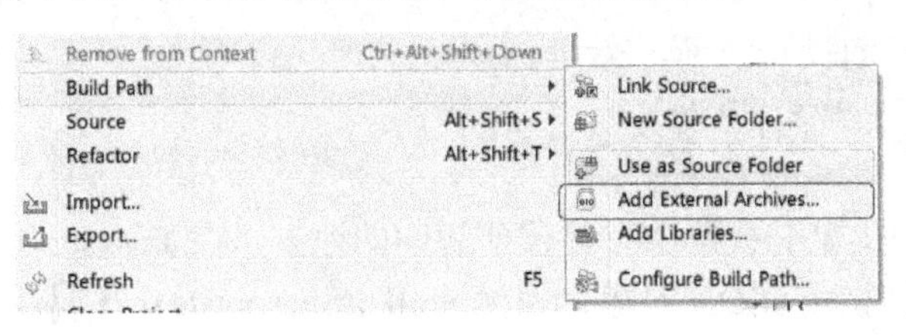

图 4-14　快捷菜单

EmployeeServlet.java 的代码如下：

```
package org.newboy.servlet;
```

```
/**员工的 Servlet*/
public class EmployeeServlet extends HttpServlet {
    //调用业务类
    EmployeeBiz employeeBiz = new EmployeeBiz();
    /*请求处理*/
    public void service(HttpServletRequest request, HttpServletResponse response)
            throws ServletException, IOException {
        response.setContentType("text/html;charset=utf-8");
        request.setCharacterEncoding("utf-8");
        String act = request.getParameter("act");
        if (act == null || "loadAll".equals(act)) {
            this.loadAll(request, response);
        }
    }

    /*加载所有的员工信息*/
    private void loadAll(HttpServletRequest request, HttpServletResponse response)
            throws IOException {
        PrintWriter out = response.getWriter();
        List<Employee> employees = employeeBiz.getAllEmployees();
        //调用 JSON 的库，将 Java 的 List 对象转换成 JSON 对象
        out.print(JSONArray.fromObject(employees));
        //在控制台上输出结果
        System.out.println(JSONArray.fromObject(employees));
        out.flush();
        out.close();
    }
}
```

本来可以直接在 service 方法中编写 Ajax 的代码，但这种写法多带了一个 act 参数，这样可以在一个 Servlet 中处理多种操作，在实际应用中可以把相关的操作写在一个 Servlet 中，减少 Servlet 类的数量，也便于代码的维护和管理。Servlet 在 web.xml 中的配置如下：

```
<servlet>
    <servlet-name>EmployeeServlet</servlet-name>
    <servlet-class>org.newboy.servlet.EmployeeServlet</servlet-class>
</servlet>
<servlet-mapping>
    <servlet-name>EmployeeServlet</servlet-name>
    <url-pattern>/employee</url-pattern>
</servlet-mapping>
```

最后来看 JSP 代码，JSP 代码中有些需要说明的地方，在 JavaScript 中有一个函数 eval()，它的作用是将字符串转换成 JSON 对象，因为 xmlHttp.responseText 属性返回的依然是字符串，所以在 JavaScript 中解析前要调用 eval()方法将其转换成 JSON。完整代码如下：

```
<%@ page language="java" contentType="text/html; charset=UTF-8" pageEncoding="UTF-8"%>
<html xmlns="http://www.w3.org/1999/xhtml">
<head>
```

```
<meta http-equiv="Content-Type" content="text/html; charset=UTF-8" />
<title>JSON 显示</title>
<style type="text/css">
* {
    font: 12px/15px Arial;
}
th,td {
    height: 28px;
    text-align: center;
}
</style>
<script type="text/javascript">
    var xmlHttp;
    //自定义一个方法，代替 document.getElementById
    function $(id) {
        return document.getElementById(id);
    }
    //建立 Xml HttpRequest 对象
    function createXmlHttpRequest() {
        if (window.ActiveXObject) { //IE 浏览器
            return new ActiveXObject("Microsoft.XMLHTTP");
        } else { //其他浏览器
            return new XMLHttpRequest();
        }
    }
    //Ajax 中使用 POST 方法提交数据
    function loadEmployee() {
        xmlHttp = createXmlHttpRequest();
        xmlHttp.open("post", "employee", true);
        xmlHttp.setRequestHeader("content-type", "application/x-www-form-urlencoded");
        //设置回调函数
        xmlHttp.onreadystatechange = employeeCallBack;
        xmlHttp.send("act=loadAll");
    }
    //回调函数
    function employeeCallBack() {
        if (xmlHttp.readyState == 4) {
            if (xmlHttp.status == 200) {
                //服务器端返回字符串类型，转换成 JSON 对象
                var employees = eval(xmlHttp.responseText);
                //循环动态生成表格
                for (var i = 0; i < employees.length; i++) {
                    //在第一行之后插入
                    var row = $("tabEmployee").insertRow(i + 1);
                    //每格加入一个属性
                    row.insertCell(0).innerHTML = employees[i].id;
                    row.insertCell(1).innerHTML = employees[i].name;
                    //如果属性值为 true，则显示男，否则显示女
```

```
                    row.insertCell(2).innerHTML = (employees[i].sex == true) ? "男": "女";
                    row.insertCell(3).innerHTML = employees[i].salary;
                    row.insertCell(4).innerHTML = employees[i].depart;
                    row.insertCell(5).innerHTML = "<input type='button' value='删除'/>";
                }
            }
        }
    }
    //在窗体加载后调用 loadEmployee 方法，注意后面没有括号
    window.onload = loadEmployee;
</script>
</head>
<body>
    <table id="tabEmployee" border="1" align="center" width="500" cellspacing="0">
        <tr bgcolor="lightgray">
            <th>编号</th>
            <th>姓名</th>
            <th>性别</th>
            <th>工资</th>
            <th>部门</th>
            <th>操作</th>
        </tr>
    </table>
</body>
</html>
```

有关 JSON 的案例就介绍到这里，读者可以在计算机上把案例抄写一遍，学编程的方法有很多，刚开始时，笔者也是以模仿抄写别人的代码为主，等熟悉了，就可以开始编写自己的代码。

在现在的 Web 富互联网应用（Rich Internet Applications，RIA）中，Ajax 是主要的开发技术之一，可以说，在 Web 2.0 的时代，没有 Ajax 的服务器应用程序是没有太多生命力的。也希望读者通过本章的学习对 Ajax 的开发有一个了解，如果想进一步学习 Ajax，建议大家系统地学习一下 JavaScript，如果想进一步提高开发效率，还可以了解 jQuery 等框架。

本章小结

本章向大家介绍了 Ajax 的基本应用。第 5 章将进入 Struts 2 框架的学习，难度会有所提高，建议大家花更多的时间上机练习。

第5章 Struts 2 入门

目前，基于 Web 的 MVC 框架非常多，发展也很快，如 JSF、Struts 1、Struts 2 和 Spring MVC 等。除了这些有名的 MVC 框架外，还有一些边缘团队的 MVC 框架也很有借鉴意义。对于企业实际使用 MVC 框架而言，框架的稳定性应该是最值得考虑的问题。一个刚刚起步的框架可能本身存在一些隐藏的问题，所以推荐使用成熟、稳定的框架。

与 Struts 1 相比，Struts 2 有很多革命性的改进，但它并不是新发布的全新框架，而是在另一个有名的框架——WebWork 基础上发展起来的。从某种程度上讲，Struts 2 没有继承 Struts 1 的血统，而是继承了 WebWork 的血统，或者说，WebWork 衍生了 Struts 2。因为 Struts 2 是 WebWork 的升级，而不是一个全新的框架，其在稳定性、性能等各方面有良好的基础，它还吸收了 Struts 1 和 WebWork 两者的优势，因此 Struts 2 是一个非常值得学习和使用的框架。

5.1 MVC 设计模式

MVC 并不是 Java 语言所特有的设计思想，也并不是 Web 应用所特有的思想，它是面向对象程序设计语言都应该遵守的规范。

MVC 模式最初被提出来是用来构建用户界面的，M 代表模型，V 代表视图，C 代表控制器。MVC 的目的是增加代码重用率，减少数据表达、数据描述和应用操作的耦合度，同时使软件的可维护性、可修复性、可扩展性、灵活性及封装性得到提高。

MVC 设计模式由以下 3 部分构成。

（1）模型：应用对象，处理业务逻辑，没有界面。

（2）视图：屏幕上的显示，从服务器流向客户端的数据。

（3）控制器：定义用户界面对用户的输入的响应方式，负责把用户的请求转化为对模型的操作。

三者之间的关系如图 5-1 所示。

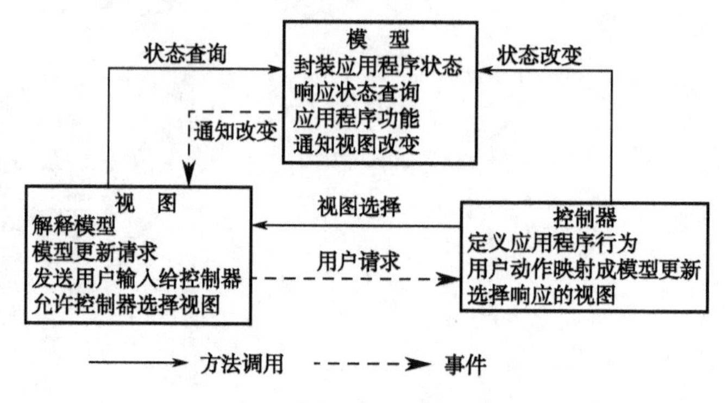

图 5-1　MVC 设计模式的组成

在经典的 MVC 模式中，事件由控制器处理，控制器根据事件的类型改变模型或视图。具体地说，每个模型对应一系列的视图列表，这种对应关系通常采用注册来完成，也就是把多个视图注册到同一个模型中，当模型发生改变时，模型向所有注册过的视图发送通知，接下来，视图从对应的模型中获得信息，然后完成视图显示的更新。

概括起来，MVC 有如下特点。

（1）多个视图可以对应一个模型。按 MVC 设计模式，一个模型对应多个视图，可以减少代码的复制及代码的维护量，一旦模型发生改变，也易于维护。

（2）模型返回的数据与显示逻辑分离。模型数据可以应用任何显示技术，例如，使用 JSP 页面或直接生成 Excel 文档等。

（3）应用被分隔为三层，降低了各层之间的耦合，提高了应用的可扩展性。

（4）控制层的概念也很有效，由于其不同的模型和不同的视图组合在一起，完成了不同的请求。因此，控制层可以说是包含了用户请求权限的概念。

（5）MVC 更符合软件工程化管理的思想。不同的层各司其职，每一层的组件具有相同的特征，有利于通过工程化和工具化产生管理程序代码。

在 Java Web 应用开发中，使用 JSP 和 Servlet 可以方便地实现 MVC 模式，MVC 架构流程如图 5-2 所示。它集成了 JSP 和 Servlet，利用了两种技术的优势，JSP 负责视图层，而 Servlet 负责执行高度任务。

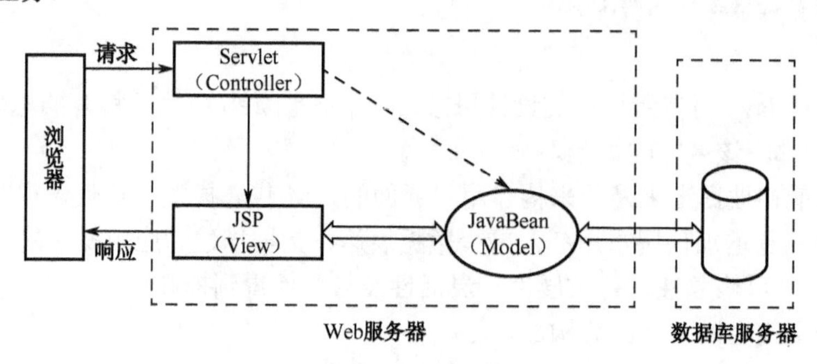

图 5-2　MVC 架构流程

Servlet 做控制器，负责处理请求和产生 JSP 要使用的 JavaBean 和对象，以及根据客户的请求决定下一步定向到哪一个 JSP 页面。JSP 视图可以通过直接调用方法或使用 JSTL、EL 等标签和表达式语言得到 JavaBean 的数据。

这种设计模式彻底实现了表示与内容的分离，使得开发团队的分工更加明确。事实上，Web 应用程序越复杂，MVC 设计模式越能表现出自身的优越性。

5.2 做一个简易的 MVC 框架

在学习 Struts 2 之前，构建一个基于 MVC 设计模式的 MVC 框架。下面以用户登录的业务为例，简易 MVC 框架结构流程如图 5-3 所示。开发这样一个简易的 MVC 框架对初学者理解 Struts 2 有很大的帮助。

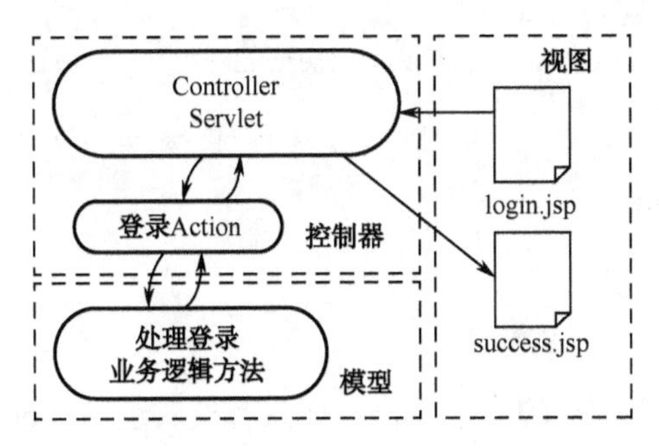

图 5-3　简易 MVC 框架结构流程

其实，所有的 MVC 框架都是以 Controller（控制器）为核心的。因此，Controller 的设计至关重要。图 5-3 显示出该框架的 Controller 由两部分组成：中央控制器 Servlet 和业务控制器 Action（接口）。这里要注意的是，模型和视图仍然是传统的 JavaBean 和 JSP 页面。

用户所有的请求都会统一发送给中央控制器（可基于 Servlet 或 Filter 实现）处理，在整个框架中 Controller 只有一个。Action 是一个接口，用于处理具体的业务请求，如登录业务。Controller 接收用户请求后，会根据请求的路径再分发给相应的处理业务请求的 Action。此后，Action 调用模型层，完成业务操作，获取操作的结果，最后将结果返回给视图。

5.2.1 定义 Action 接口

Action 接口中只定义了一个 execute 方法，传入了 request 和 response 两个参数，返回字符串类型的数据，表示执行完操作后要跳转的页面，该接口属于框架组件。

```
public interface Action {
/**
* 接收用户请求
 * @return 转发的页面地址
 */
public String execute(HttpServletRequest request,
      HttpServletResponse response);


}
```

编写登录 Action，代码如下。

```
public class LoginAction implements Action {
```

```
public String execute(HttpServletRequest request,
        HttpServletResponse response) {
    //获取提交参数
    String username = request.getParameter("username");
    String password = request.getParameter("password");
    //调用模型层
    UserService userService = new UserService();
    boolean result = userService.login(username, password);
    //判断用户是否存在
    if (result) {
        //保存用户信息到 session 中
        request.getSession().setAttribute("user", username);
        return "success.JSP";
    } else {
        return "login.JSP";
    }
}
}
```

每个 Action 类表示用户请求的一个操作，而且都要实现 Action 接口，在一个应用中会有多个 Action 实例。该 Action 实例用于调用获取用户提交参数并调用模型层，然后跳转到相应的视图页面。

5.2.2 开发 Controller 类

```
public class Controller extends HttpServlet {
    //在 Servlet 初始化阶段存放 Action 实例
    private Map<String, Action> actionMap = new HashMap<String, Action>();

    @Override
    public void init(ServletConfig config) throws ServletException {
        //获取所有初始化参数的名称
        Enumeration enumeration = config.getInitParameterNames();
        while (enumeration.hasMoreElements()) {
            //参数名称
            String paramName = (String) enumeration.nextElement();
            // Action 的包名和类名
            String paramValue = config.getInitParameter(paramName);
            try {
                Class clz = Class.forName(paramValue);
                //通过 Java 反射在运行过程中实例化各个 Action
                Action action = (Action) clz.newInstance();
                //把 Action 实例存入 map
                actionMap.put(paramName, action);
            } catch (Exception e) {
                e.printStackTrace();
            }
```

```
            }
        }

        public void service(HttpServletRequest request, HttpServletResponse response)
                throws ServletException, IOException {
            response.setContentType("text/html;charset=UTF-8");
            request.setCharacterEncoding("UTF-8");
            //获取请求路径
            String reqPath = request.getRequestURI();
            //从请求路径中截取出 action 的访问名，即在 web.xml 中定义的初始化名称
            //请求后缀统一用 action，故把 action 截取掉
            reqPath = reqPath.substring(reqPath.lastIndexOf("/")+1, reqPath.length() - 7);
            //通过请求路径，分发到不同的 action
            Action action = this.actionMap.get(reqPath);
            //处理用户业务请求，返回跳转的视图页面
            String path = action.execute(request, response);
            //转发视图
            request.getRequestDispatcher(path).forward(request, response);
        }
    }
```

Controller 是一个 Servlet 类，集中接收用户的请求，首先根据请求路径找到要被执行的 Action，然后调用 Action 的 execute 方法，最后跳转至 execute 方法返回的视图页面。

Controller 类还需要在 web.xml 中配置，如下所示：

```
<servlet>
    <servlet-name>Controller</servlet-name>
    <servlet-class>cn.mvc.struts.framework.Controller</servlet-class>
    <!-- 1.处理加法运算的 Action -->
    <init-param>
        <param-name>add</param-name>
        <param-value>cn.mvc.test.web.AddAction</param-value>
    </init-param>
    <!-- 2.处理登录业务的 Action -->
    <init-param>
        <param-name>login</param-name>
        <param-value>cn.mvc.test.web.LoginAction</param-value>
    </init-param>
</servlet>
<!-- 统一请求路径为 action-->
<servlet-mapping>
    <servlet-name>Controller</servlet-name>
    <url-pattern>*.action</url-pattern>
</servlet-mapping>
```

Controller 类是一个中央控制器，需要统一访问入口，凡是以.action 结尾的请求会先转至 Controller 中做处理。此外，Controller 中还有两个<init-param>初始化参数配置，意味着本应用有两个 Action 实例。其中，<param-name>表示 Action 访问名，<param-value>表示 Action 的全

限定类名，初始化参数配置非常重要，用于中央控制器的初始化阶段，使用 Java 的反射技术进行实例化 Action 操作。

5.2.3 视图页面

本应用有两个视图页面，分别是 login.jsp 和 success.jsp，代码如下：

```
<body>
<h1>用户登录</h1>
<form action="login.action" method="post">
    <div>用户名：  <input name="username" type="text"/></div>
    <div>密  码：  <input name="password" type="password" /></div>
    <input type="submit" value="提交" />
</form>
</body>
```

login.jsp 页面<form>表单的 action 属性为 login.action，凡是以.action 为后缀的请求首先会提交至 Controller 中央控制器中，login 是访问名，和 web.xml 配置的初始化参数名<init-param>一致。

```
<body>
    <h1>登录成功</h1>
    <div>欢迎您，${sessionScope.user}</div>
</body>
```

success.jsp 是登录成功的页面，显示 session 作用域的用户名。本示例如果登录失败，则将跳转至原 login.jsp 页面。

学习完上面的简易 MVC 自定义框架，大家应对 MVC 框架的结构更加清晰了，这样也更有利于理解 Struts 2 框架。其实，该简易 MVC 框架也是 Struts 2 的一个雏形。

5.3 快速实现一个 Struts 2 应用

在以往很长一段时间内，Struts 1 是所有 MVC 框架中无可置疑的胜利者，不管是市场占有率，还是所拥有的开发人群，Struts 1 都拥有其他 MVC 框架不可比拟的优势。Struts 1 的成功得益于它丰富的文档、活跃的开发群体。此外，Struts 1 是世界上第一个发布的 MVC 框架，也许这是它得到如此广泛拥戴的主要原因。

Struts 1 框架是在 Model 2 的基础上发展起来的，完全是基于 Servlet API 的，所以在 Struts 1 的业务逻辑控制器内充满了大量的 Servlet API。这种过分依赖于 Servlet API 的设计是一种侵入式的设计，其最大的弱点在于，一旦系统需要重构，这些 Action 将完全没有利用价值。正是因为 Struts 1 与 JSP/Servlet 耦合非常紧密，导致了许多不可避免的缺陷，随着 Web 应用的逐渐扩大，这些缺陷逐渐变成了制约 Struts 1 发展的重要因素，这也是 Struts 2 出现的原因。

相对于 Struts 1 的先天性不足而言，WebWork 则显得更加优秀，它采用了一种更加松耦合的设计，让系统的 Action 不再与 Servlet API 耦合。 Struts 2 以 WebWork 优秀的设计思想为核心，吸收了 Struts 1 的部分优点，建立了一个兼容 WebWork 和 Struts 1 的 MVC 框架，Struts 2 的目标是让原来使用 Struts 1、WebWork 的开发人员，都可以顺利转换到使用 Struts 2 框架。

5.3.1 引入 Struts 2 类库

进入 Struts 2 的官网，网址是 http://struts.apache.org。本书使用的 Struts 2 版本是 2.3.15.1。下载完全资源包 struts-2.3.15.1-all.zip，解压之后其有如下主要目录。

（1）apps 目录下包括官方提供的 Struts 2 应用示例，为开发者提供了很好的参照。

（2）docs 目录下是官方提供的 Struts 2 文档，可以通过 index.html 进行访问，其中包括 Struts 2 API、Struts 2 Tag、Tutorials 等内容。

（3）lib 目录下是 Struts 2 的发行包及其依赖包。

（4）src 目录下是 Struts 2 项目的该版本对应的源代码。

新建一个 Java Web 项目后，将 Struts 2 框架所需的基础 JAR 文件添加到项目的 lib 目录下，Struts 2 的基础 JAR 包如下：

（1）Struts 2-core-xxx.jar：Struts 2 框架的核心类库。

（2）xwork-core-xxx.jar：XWork 类库，Struts 2 的构建基础。

（3）ognl-xxx.jar：Struts 2 使用的一种表达式语言类库。

（4）freemarker-xxx.jar：Struts 2 的标签模板使用类库。

（5）javassist-xxx.GA.jar：对字节码进行处理。

（6）commons-fileupload-xxx.jar：文件上传时需要使用。

（7）commons-io-xxx.jar：Java IO 扩展。

（8）commons-lang-xxx.jar：包含了一些数据类型的工具类。

（9）commons-logging-xxx.jar。

上面列出的是 Struts 2 项目最基础的 JAR 包资源，随着应用程序中更多功能的实现，还需要将对应的 JAR 包资源导入项目。如无需要，建议用户不要添加多余的 JAR 包，以上的基础包已经可以满足基本的 Struts 2 应用开发。

5.3.2 第一个 Struts 2 程序

在项目中添加 Struts 2 的框架之后，即可使用 Struts 2 框架开发 Web 应用程序。下面就来开发一个 Hello World 程序。

（1）创建 HelloWorld.jsp 页面，其代码如下：

```
<%@ page language="java" pageEncoding="UTF-8"%>
<!-- 导入 Struts 2 标签库 -->
<%@taglib uri="/struts-tags" prefix="s" %>
<html xmlns="http://www.w3.org/1999/xhtml">
<head>
      <title>Hello World</title>
</head>
<body>
      <h1>Hello World</h1>
      <div>
```

```
            <h1><!-- 使用 Struts 2 标签输出 Action 的 message 属性 -->
            <s:property value="message"/></h1>
            </div>
        <div>
        <form action="hello.action" method="post">
            请输入您的姓名：
            <input name="name" type="text" />
            <input type="submit" value="提交" />
        </form>
        </div>
</body>
</html>
```

HelloWorld.jsp 既是表单提交页面，又是结果呈现页面，当用户提交表单至 Action 中时，Action 处理完业务之后，再跳转回本页。<s:property value="message"/>用于输出 Action 的属性 message 的值，其作用等价于${message}的用法。<s:property value="message"/>称为对象图导航语言（Object Graph Navigation Language，OGNL）表达式，在后续章节中将进一步讲解。

（2）创建 Action 类。使用 Struts 2 框架开发应用，主要的编码工作就是编写处理请求的 Action 类。在 Struts 2 框架中创建 Action 是基于 POJO 方式的，有以下 3 种创建方式。

① 简单 POJO，这种方法无须继承或实现任何的类或接口。

② 实现 com.opensymphony.xwork2.Action 接口。

③ 继承 com.opensymphony.xwork2.ActionSupport 类（常用方式）。

下面是 HelloAction 的实现代码，这里采用第 3 种方法创建 Action 实例。

```
public class HelloAction extends ActionSupport {
//接收表单输入的姓名，并提供 getter 和 setter 方法
private String name;
//显示给用户的信息内容，并提供 getter 和 setter 方法
private String message;
/**
 * 接收表单请求的方法
 * @return 某个视图映射名
 */
public String execute() {
    //根据用户输入的名称，拼接返回信息
    this.setMessage("Hello," + name);
    //跳转至相应的逻辑视图
    return "info";
}
//省略 name 和 message 属性的 getter/setter 方法
}
```

HelloAction 继承 ActionSupport 的同时，还要重写父类的 execute 方法，而且所有处理请求的方法都必须返回一个字符串类型的逻辑结果，也就是最终呈现给用户的视图。

在 Struts 2 中，可以直接使用 Action 类的属性来接收用户的输入，当表单提交时，Struts 2 会自动对请求参数进行类型转换，并对有相同名称的 Action 属性进行赋值（通过 setter 方法进

行赋值）。

在大部分情况下，都是采用继承 ActionSupport 类来创建 Action 的。因为 ActionSupport 类本身就实现了 Action 接口，在这个类中提供了很多默认的方法，包括获取国际化信息的方法、数据校验的方法，以及默认用户请求的 execute 方法等，同时，ActionSupport 类还增加了对验证、本地化等的支持。ActionSupport 类是 Struts 2 的默认实现类，所以如果在 struts.xml 中的 Action 配置中省略了 class 属性，则代表访问了 ActionSupport 类（关于 Action 在 struts.xml 中的配置后面会介绍）。

关于 ActionSupport 类的父接口 com.opensymphony.xwork2.Action：该接口中，不仅定义了 public void execute()方法，还提供了 5 个字符串类型的静态常量，作为常用的结果代码使用。这些常量字符串逻辑含义如下所示。

① SUCCESS：表示程序处理正常，并返回给用户成功后的结果。

② NONE：表示处理正常结果，但不返回给用户任何提示。

③ ERROR：表示处理结果失败。

④ INPUT：表示需要更多用户输入才能顺利执行。

⑤ LOGIN：表示需要用户正确登录后才能顺利执行。

以上列出的 5 个字符串常量是 Action 默认支持的逻辑视图名称。如果在开发过程中，开发人员希望使用其他特定的字符串作为逻辑视图名称，则可以进行修改，如 HelloAction 中的 execute 方法返回的是 info。

（3）配置 web.xml 文件。在前面介绍的自定义简易 MVC 框架中，控制器有两种：一种是处理业务的 Action，如上面的 HelloAction；另一种是核心控制器，该组件由框架提供，只有一个，无须开发人员实现。核心控制器可以使用 Servlet 或 Filter 来实现，在 Struts 2 框架中，核心控制器是一个 Filter，需要配置，其代码如下所示。

```
<filter>
    <filter-name>Struts 2</filter-name>
    <filter-class>
    org.apache.Struts 2.dispatcher.ng.filter.StrutsPrepareAndExecuteFilter
    </filter-class>
</filter>
<filter-mapping>
    <filter-name>Struts 2</filter-name>
    <url-pattern>*.action</url-pattern>
</filter-mapping>
```

这段配置中最关键的是要统一核心控制器的请求入口，*.action 表示以该后缀结尾的请求会首先进入这个 Filter，再由它做进一步的 Action 分发。HelloWorld.jsp 的表单 action 属性指定的访问路径就是 hello.action。

Struts 2 核心控制器的配置：早期 Struts 2 的核心控制器是 org.apache.Struts 2. dispatcher. FilterDispatcher，而 2.1.3 之后的版本普遍采用 org.apache.Struts 2.dispatcher.ng. filter. StrutsPrepareAndExecutedFilter，请注意根据所使用的版本进行配置。

（4）创建 Struts 2 配置文件。在 src 目录下创建 struts.xml 文件，配置内容如下。

```
<?xml version="1.0" encoding="UTF-8" ?>
<!DOCTYPE struts PUBLIC "-//Apache Software Foundation//DTD Struts Configuration 2.1//EN"
```

```
"http://struts.apache.org/dtds/struts-2.1.dtd">
<struts>
    <!-- 创建 my_default 包，继承 Struts 2 的 struts-default 包-->
    <package name="my_default" extends="struts-default">
        <!-- Hello 是访问 HelloAction 的访问名 -->
        <action name="hello" class="cn.mvc.action.HelloAction">
            <!-- 结果为 info 时，跳转至 HelloWorld.jsp 页面 -->
            <result name="info">HelloWorld.jsp</result>
        </action>
    </package>
</struts>
```

在自定义简易 MVC 框架中，Action 的类名和访问名信息一律放在 web.xml 文件中做初始化参数配置。而 Struts 2 框架提供了专属的配置文件作为 Action 的配置。这段配置有以下 3 个关键元素。

① package 元素用于定义 Struts 2 处理请求的逻辑单元，name 属性是必需且唯一的，用于指定包的名称，extends 属性相当于 Java 的 extends 关键字，用于指定要继承的包。

② action 元素用于配置 Action 类。name 属性是必需的，表示 Action 的名称，也是它的访问名。class 属性是可选的，用于设定 Action 类的全限定类名。

③ result 元素用于指定 Action 处理结束后要跳转的视图。name 属性表示 result 的逻辑视图名，必须与 Action 类返回的字符串进行匹配。而 result 元素的值表示与逻辑视图名对应的实际资源的位置，一般指定某个 JSP 页面或另一个待访问的 Action。如前面的 Hello World 例子，info 字符串映射实际的访问页面 HelloWorld.jsp。

最后，编译部署项目，运行服务器，访问 HelloWorld.jsp。运行结果，提示出现了异常，如图 5-4 所示。

```
2014-10-17 8:37:57 org.apache.catalina.core.StandardWrapperValve invoke
严重: Servlet.service() for servlet jsp threw exception
The Struts dispatcher cannot be found.  This is usually caused by using Struts tags without the associated filter. Struts tags
        at org.apache.struts2.views.jsp.TagUtils.getStack(TagUtils.java:60)
        at org.apache.struts2.views.jsp.StrutsBodyTagSupport.getStack(StrutsBodyTagSupport.java:44)
        at org.apache.struts2.views.jsp.ComponentTagSupport.doStartTag(ComponentTagSupport.java:48)
        at org.apache.jsp.helloWorld_jsp._jspx_meth_s_005fproperty_005f0(helloWorld_jsp.java:106)
        at org.apache.jsp.helloWorld_jsp._jspService(helloWorld_jsp.java:70)
        at org.apache.jasper.runtime.HttpJspBase.service(HttpJspBase.java:70)
        at javax.servlet.http.HttpServlet.service(HttpServlet.java:803)
        at org.apache.jasper.servlet.JspServletWrapper.service(JspServletWrapper.java:393)
        at org.apache.jasper.servlet.JspServlet.serviceJspFile(JspServlet.java:320)
        at org.apache.jasper.servlet.JspServlet.service(JspServlet.java:266)
        at javax.servlet.http.HttpServlet.service(HttpServlet.java:803)
        at org.apache.catalina.core.ApplicationFilterChain.internalDoFilter(ApplicationFilterChain.java:290)
        at org.apache.catalina.core.ApplicationFilterChain.doFilter(ApplicationFilterChain.java:206)
        at org.apache.catalina.core.StandardWrapperValve.invoke(StandardWrapperValve.java:233)
        at org.apache.catalina.core.StandardContextValve.invoke(StandardContextValve.java:175)
        at org.apache.catalina.core.StandardHostValve.invoke(StandardHostValve.java:128)
        at org.apache.catalina.valves.ErrorReportValve.invoke(ErrorReportValve.java:102)
        at org.apache.catalina.core.StandardEngineValve.invoke(StandardEngineValve.java:109)
        at org.apache.catalina.connector.CoyoteAdapter.service(CoyoteAdapter.java:263)
        at org.apache.coyote.http11.Http11Processor.process(Http11Processor.java:844)
        at org.apache.coyote.http11.Http11Protocol$Http11ConnectionHandler.process(Http11Protocol.java:584)
        at org.apache.tomcat.util.net.JIoEndpoint$Worker.run(JIoEndpoint.java:447)
        at java.lang.Thread.run(Thread.java:662)
```

图 5-4　异常提示

以上异常大致的意思是该页面使用了 Struts 2 的标签，必须先通过 Struts 2 的核心控制器（Filter）进行初始化处理。解决这个问题很简单，只需要修改核心控制器的配置即可，修改如下所示。

```
<filter>
        <filter-name>Struts 2</filter-name>
        <filter-class>
        org.apache.Struts 2.dispatcher.ng.filter.StrutsPrepareAndExecuteFilter
        </filter-class>
</filter>
<filter-mapping>
        <filter-name>Struts 2</filter-name>
        <url-pattern>/*</url-pattern>
</filter-mapping>
```

将核心控制器的统一入口修改成/*。这表示一切请求会通过该过滤器，但这并不意味着所有请求都会正确转发到相应的 Action。如果统一路径是/*，那么转发到 Action 的路径应该是 xxx 或 xxx.action，例如， HelloWorld.jsp 页面的表单提交路径可以是 hello 或 hello.action，任何其他的路径书写形式都不能正确提交到 HelloAction。

鉴于以上原因，建议核心控制器的统一请求入口一律写成/*。

修改完成后，重新部署运行，访问 HelloWorld.jsp 页面，输入用户姓名后，提交表单，最终呈现的页面效果如图 5-5 所示。

图 5-5　最终呈现的页面效果

至此，基于 Struts 2 的 Hello World 应用就全部完成了。下面对 Struts 2 应用的执行流程进行简单的小结。

① 表单提交请求 HelloAction.action。

② 服务器接收请求后，根据 web.xml 的配置，将请求统一发送给 Struts 2 的核心控制器。

③ 核心控制器根据 struts.xml 的配置内容，将请求转发给 HelloAction 类，并调用 execute 方法。

④ 根据 execute 方法的返回结果，在 struts.xml 文件中匹配 Hello World 的处理结果，跳转至 HelloWorld.jsp 页面。

⑤ 页面根据上下文的内容，使用 Struts 2 的 OGNL 表达式和 Struts 2 的标签输出 Action 的属性数据。

5.3.3　访问 Servlet API 对象

不直接与任意 Servlet API 耦合，这是 Struts 2 的一个改良之处，这样有利于 Action 的移植和测试。但对于 Web 应用的控制器而言，不访问 Servlet API 几乎是不可能的，例如，跟踪 Http

Session 状态等。Struts 2 框架提供了一种更轻松的方式来访问 Servlet API。Web 应用中通常需要访问的 Servlet API 就是 HttpServletRequest、HttpSession 和 ServletContext，这 3 个类分别代表 JSP 内置对象中的 request、session 和 application。

为了实现对 Servlet API 对象的访问，Struts 2 提供了多种方式。归纳起来，有以下 3 种方式。

1. 使用 ActionContext 类获取 Servlet API 对象对应的 Map 对象

为了避免与 Servlet API 耦合在一起，方便 Action 类的测试，Struts 2 框架使用了普通的 Map 对象替代了 Servlet API 中的 HttpServletRequest、HttpSession 和 ServletContext。在 Action 类中，可以直接访问 HttpServletRequest、HttpSession 和 ServletContext 对应的 Map 对象。Struts 2 提供了 ActionContext 类获取 Servlet API 对象对应的 Map 对象。ActionContext 是 Action 执行的上下文。在 ActionContext 中保存了 Action 类执行所需要的一组对象，可以通过如下方法获取 HttpServletRequest、HttpSession 和 ServletContext 对应的 Map 对象。

（1）public Object get(Object key)：ActionContext 类没有提供 getRequest()这样的方法来获取 HttpServletRequest 对应的 Map 对象，要得到 HttpServletRequest 对象对应的 Map 对象，需要为 get()方法传递 request 参数，代码如下所示：

```
ActionContext context = ActionContext.getContext();
Map request = (Map) context.get("request");
```

（2）public Map getSession()：获取对应 HttpSession 对象的 Map 对象，代码如下所示：

```
ActionContext context = ActionContext.getContext();
Map<String,Object> session = context.getSession();
```

（3）public Map getApplication()：获取对应 ServletContext 对象的 Map 对象，代码如下所示：

```
ActionContext context = ActionContext.getContext();
Map<String,Object> application = context.getApplication();
```

掌握了 Action 类中访问 Servlet API 的方法之后，假设要实现登录功能，当用户登录成功时，将用户名保存到 HttpSession 对象中，下面是 UserAction 代码：

```
public class UserAction extends ActionSupport {
    //表单提交的用户名
    private String username;
    //表单提交的密码
    private String password;
    @Override
    public String execute() throws Exception {
        if ("mike".equals(username)) {
            ActionContext context = ActionContext.getContext();
            //获取 session
            Map<String, Object> session = context.getSession();
            //用 Map 的方法将用户名保存到 session 中
            session.put("current_user", username);
            return SUCCESS;
```

```
            } else {
                return ERROR;
            }
        }
        //getter 和 setter 方法省略
    }
```

2. 使用 ServletActionContext 类直接获取 Servlet API 的原生对象

直接访问 Servlet API 会使 Action 类与 Servlet API 耦合在一起，由于 Servlet API 对象均由 Servlet 容器来构造，与这些对象绑定在一起，测试过程中就必须有 Servlet 容器，这样不便于 Action 类的测试。但有时候，确实需要直接访问这些对象，Struts 2 同样提供了直接访问这些对象的方式。

要直接获取 Servlet API 对象，可以使用 ServletActionContext 类，该类是 ActionContext 类的子类，在这个类中定义了下面的方法来获取 Servlet API 对象。

（1）public static HttpServletRequest getRequest()：获取 HttpServletRequest 对象。

（2）public static ServletContext getServletContext()：获取 ServletContext 对象，即 application 对象。

（3）public static HttpServletResponse getResponse()：获取 HttpServletResponse 对象。

ServletActionContext 类并没有定义获得 HttpSession 对象的方法，HttpSession 对象可以通过 HttpServletRequest 对象来获取。

3. 通过实现接口，Struts 2 向 Action 注入 Servlet API 相应的对象

除了利用以上两种方法获取 Servlet API 之外，Struts 2 框架还提供了通过实现特定接口来直接获取 Servlet API 对象的方法。Action 类可以实现这些特定接口，由 Struts 2 框架向 Action 实例注入 Servlet API 对象。Struts 2 提供了以下接口。

（1）RequestAware 接口：向 Action 实例注入 HttpServletRequest 对象对应的 Map 对象，该接口只有一个方法，即 public void setRequest(Map<String,Object> request)。

（2）SessionAware 接口：向 Action 实例注入 HttpSession 对象对应的 Map 对象，该接口只有一个方法，即 public void setSession(Map<String,Object> session)。

（3）ApplicationAware 接口：向 Action 实例注入 ServletContext 对象对应的 Map 对象，该接口只有一个方法，即 public void setApplication(Map<String, Object> application)。

（4）ServletContextAware 接口：向 Action 实例注入 ServletContext 对象，该接口只有一个方法，即 public void setServletContext(ServletContext application)。

（5）ServletRequestAware 接口：向 Action 实例注入 HttpServletRequest 对象，该接口只有一个方法，即 public void setServletRequest(HttpServletRequest request)。

（6）ServletResponseAware 接口：向 Action 实例注入 HttpServletResponse 对象，该接口只有一个方法，即 public void setServletResponse(HttpServletResponse response)。

在一个 Struts 2 应用中，众多的 Action 实例或多或少都要获取 Servlet API 对象并做一些业务处理。在面向对象编程（Object Oriented Programming，OOP）中，解决这类共性问题，一般会采用继承的方法。在下面的示例中，将实现一个 Action 类的基类，即 BaseAction 类，这个类同时实现了 ServletContextAware、SessionAware 和 ServletContextAware 3 个接口。Struts 2 框架就会自动向 BaseAction 类注入这 3 个对象。

```
public class BaseAction extends ActionSupport
                    implements ServletRequestAware,
                            SessionAware,
                            ServletContextAware {
protected HttpServletRequest request;
protected ServletContext application;
protected Map<String, Object> session;

//同时要实现以下 3 个 setter 方法，供 Struts 2 框架注入使用
public void setServletContext(ServletContext application) {
    this.application = application;
}

public void setSession(Map<String, Object> session) {
    this.session = session;
}
public void setServletRequest(HttpServletRequest request) {
    this.request = request;
}
}
```

这里的 BaseAction 类有 3 个属性，分别是相应的 3 个常用的 Servlet API 对象，Struts 2 框架通过其对应的 setter 方法对它们进行初始化，而且它们都是 protected，这样有助于子类的访问。因为所有其他 Action 类都要继承该 BaseAction 类。例如，前面做登录业务的 UserAction，可以做以下修改。

```
public class UserAction extends BaseAction {
//表单提交的用户名
private String username;
//表单提交的密码
private String password;
@Override
public String execute() throws Exception {
    if ("mike".equals(username)) {
        //直接获取父类 BaseAction 的 session 属性
        super.session.put("current_user", username);
        return SUCCESS;
    } else {
        return ERROR;
    }
}
// getter 和 setter 方法省略
}
```

其中，UserAction 继承 BaseAction 类后，就可以直接得到 session 对象。UserAction 修改后，它在 struts.xml 中的配置无须做任何改变。BaseAciton 本身也无须进行任何配置。在开发一些复杂 Struts 2 的应用时，Action 类的数量增多，就可以使用继承 BaseAction 的方法，来解

决代码冗余和处理共性的问题。

5.4　Struts 2 的配置优化

一旦提供了 Action 的实现类，就可以在 struts.xml 文件中配置该 Action。配置 Action 就是让 Struts 2 容器知道该 Action 的存在，并且能调用 Action 实例来处理用户的请求。所以，Action 是 Struts 2 框架的基本“程序单位”。

5.4.1　Struts 2 配置文件

1. constant 常量配置

在 struts.xml 文件中配置常量采用了一种指定 Struts 2 属性的方式。在 struts.xml 文件中通过<constant>元素来配置常量，需要指定两个属性：常量 name 和常量 value。

例如，要指定 Struts 2 的中文编码，可以在 struts.xml 文件中加入如下配置代码：

```
<struts>
<!-- 通过 constant 元素配置 Struts 2 属性，中文编码是 UTF-8 -->
<constant name="struts.i18n.encoding" value="UTF-8"></constant>
</struts>
```

只要加入上面的配置，当前应用的中文编码将按照 UTF-8 进行，其实 Struts 2 默认的中文编码就是 UTF-8。Struts 2 的常量有很多，在后续的章节中将会接触到。常量名的定义可以在 Struts 2-core-xxx.jar 文件的 org.apache.Struts 2 包的 default.properties 属性文件中找到。

2. package 配置

Struts 2 框架的核心组件是 Action、拦截器等。Struts 2 框架使用包来管理 Action 和拦截器。一个包就是多个 Action、多个拦截器、多个拦截器引用的集合。

配置包时，必须指定 name 属性，该属性是引用该包的 key。包还可以指定一个可选 extends 属性，extends 属性值必须是另一个包的 name 属性，表示该包继承其他包，子包可以继承一个或多个父包中的拦截器、拦截器栈、Action 等配置。一般情况下，建议继承 struts-default 包，这是 Struts 2 框架的默认包，其中已经定义了很多 Struts 2 框架的基本功能。下面是 package 的配置代码：

```
<struts>
<!-- 创建 my_default 包，继承 Struts 2 的 struts-default 包-->
<package name="my_default" extends="struts-default">
</package>
</struts>
```

其中，struts-default 包已在 Struts 2-core-xxx.jar 文件的 struts-default.xml 中定义。

3. 命名空间配置

考虑到在同一个 Web 应用中需要同名的 Action，Struts 2 以命名空间的方式来管理 Action，同一个命名空间中不能有同名的 Action，不同的命名空间中可以有同名的 Action。

Struts 2 不支持为单独的 Action 设置命名空间，而是通过为包指定 namespace 属性来为包下面的所有 Action 指定共同的命名空间。namespace 在 struts.xml 文件中的配置如下：

```
<struts>
    <!-- 创建 my_default1 包，继承 Struts 2 的 struts-default 包-->
    <package name="my_default1" extends="struts-default">
        <action name="login" class="cn.mvc.action.UserAction">
            <result name="success">success.JSP</result>
            <result name="error">fail.JSP</result>
            <result name="input">login.JSP</result>
        </action>
    </package>
    <package name="my_default2" extends="struts-default" namespace="/list">
        <action name="listUsers" class="cn.mvc.action.ListAction">
            <result name="success">list.JSP</result>
        </action>
    </package>
</struts>
```

在 struts.xml 文件中，配置了两个包：my_default1 和 my_default2。my_default1 没有指定 namespace 属性，即该包使用默认的命名空间，则默认的命名空间是“”。my_default2 指定了包的命名空间是“/list”，该包下所有的 Action 处理的 URL 应该是“命名空间+Action 名”，要访问 my_default2 包下的 listUsers，该 Action 处理的 URL 如下：

```
http://localhost:8080/mvc/list/listUsers.action
```

除此之外，Struts 2 还可以指定根命名空间，通过指定 namespace=“/”来设置根命名空间。如果请求的路径为/testspace/test.action，系统首先查找/testspace 命名空间中名为 test 的 Action，如果在该命名空间里找到对应的 Action，则使用该 Action 处理用户请求，否则，系统将到默认命名空间中查找名为 test 的 Action，如果找到对应的 Action，则使用该 Action 处理用户请求，如果两个命名空间里都找不到名为 test 的 Action，则系统报错。

4. 包含配置

Struts 2 允许将一个配置文件分解成多个配置文件，从而提供配置文件的可读性和可维护性。一旦通过多个 struts.xml 文件配置 Action，但 Struts 2 框架默认只会加载 WEB-INF/classes 下的 struts.xml 文件，所以就必须通过 struts.xml 文件来包含其他配置文件。

在 struts.xml 文件中包含其他配置文件可通过<include />元素完成，配置<include />元素需要指定一个必需的 file 属性，该属性指定了被包含配置文件的文件名。请看下面的 struts.xml 文件的代码片段：

```
<struts>
<include file="struts-user.xml"/>
<include file="struts-bill.xml"/>
<include file="struts-shop.xml"/>
</struts>
```

被包含的 struts-user.xml、struts-bill.xml、struts-shop.xml 文件，是标准的 Struts 2 配置文件，同样包含了 DTD、Struts 2 配置文件的根元素等信息。通常，将 Struts 2 的所有配置文件都放在 Web 应用的 WEB-INF/classes 路径下，struts.xml 文件包含了其他的配置文件，Struts 2 框架自

动加载 struts.xml 文件时，会加载所有配置信息。

5. Action 配置

一旦提供了 Action 的实现类，就可以在 struts.xml 文件中配置该 Action。配置 Action 就是让 Struts 2 容器知道该 Action 的存在，并且能调用该 Action 来处理用户的请求。所以，Action 是 Struts 2 的基本“程序单位”。

Struts 2 使用包来组织 Action。因此，将 Action 定义放在包定义下完成，定义 Action 通过使用 package 下的 Action 子元素来完成。定义 Action 时，至少需要指定该 Action 的 name 属性，该 name 属性既是 Action 的名称，也是 Action 的访问名。另外，通常需要为 Action 元素指定一个 class 属性，class 属性指定了该 Action 的实现类。但是 class 属性并不是必需的，如果不为<action />元素指定 class 属性，则默认使用系统的 ActionSupport 类。

下面是一个 Action 的配置片段：

```
<struts>
<package name="my_default2" extends="struts-default" namespace="/">
        <action name="registerUser" class="cn.mvc.action.userAction">
                <result name="success">index.JSP</result>
        </action>
</package>
</struts>
```

Action 只是一个控制器，它并不直接对用户生成任何响应。所以，Action 处理完用户请求后，Action 需要将指定的视图资源呈现给用户。因此，配置 Action 时，应该配置逻辑视图和物理视图资源之间的映射。

配置逻辑视图和物理视图资源之间的映射是通过<result/>元素来定义的，如前面的配置所示，其中，<result/>的 name 指定的是逻辑视图名，index.jsp 页面就是物理视图名。每个<result/>元素定义逻辑和物理视图之间的一次映射关系。

6. result 配置

Struts 2 的 Action 处理用户的请求结束后，返回一个普通字符串，即它的逻辑视图名，必须在 struts.xml 文件中完成逻辑视图和物理视图资源的映射，才能让系统转到实际的视图资源。

Struts 2 通过在 struts.xml 文件中使用<result/>元素来配置结果。<result/>元素一般要配置两个属性：name 和 type。但这两个属性都是可以省略的。来看下面的配置：

```
<struts>
<package name="my_default2" extends="struts-default" namespace="/">
        <action name="registerUser" class="cn.mvc.action.userAction">
                <result>index.JSP</result>
        </action>
</package>
</struts>
```

这是前面的一段 Action 配置，其中，<result/>元素使用了最简单的配置，name 和 type 都采用了默认值。其中，name 属性的默认值是 success，所以，即使不给出逻辑名 success，系统也会为 success 逻辑视图配置 result。type 属性默认值是 dispatcher，意为“转发”跳转至某物理视图。Struts 2 支持的视图结果类型有很多，而不同的 Struts 2 支持插件，也可能有其他的视图类型。本章只介绍 3 个常用的结果类型。

（1）dispatcher 结果类型：最常用的结果类型是 dispatcher，它是默认的结果类型，参考前面的 Action 配置。Struts 2 在内部使用 Servlet API 的 RequestDispatcher 来转发请求。使用 dispatcher 的配置如下：

```
<struts>
<package name="my_default2" extends="struts-default" namespace="/">
    <action name="registerUser" class="cn.mvc.action.UserAction">
        <result name="success" type="dispatcher">index.JSP</result>
    </action>
</package>
</struts>
```

使用 dispatcher 类型其实就是在应用的内部做页面资源之间的跳转，但是在实际应用开发中，有很多情况需要使用重新定向来完成页面的跳转。下面介绍另一种结果类型：redirect。

（2）redirect 结果类型：redirect 结果类型与 dispatcher 结果类型相比，二者主要的差别在于，使用 dispatcher 结果类型是将请求在应用内部转发到指定的视图资源，也就是可以传递 request 请求中的信息；而 redirect 结果类型是使用 HttpServletResponse 对象的 sendRedirect()方法将请求重新定向到指定的 URL，也就是发生了二次请求，这意味着请求中的参数、属性、Action 实例以及 Action 封装的属性将会全部丢失。

dispatcher 结果类型和 redirect 结果类型与前面 JSP 中学习的转发和重新定向的效果、作用是一致的。

（3）redirectAction 结果类型：redirectAction 结果类型与 redirect 结果类型相似，都是使用 HttpServletResponse 对象的 sendRedirect()方法将请求重新定向到指定的 URL，但 redirectAction 类型主要用于重新定向到另一个 Action。也就是说，当请求处理完成后，需要在另一个 Action 中继续处理请求时，就要使用 redirectAction 结果类型重新定向到指定的 Action。配置如下所示：

```
<struts>
<package name="my_default2" extends="struts-default" namespace="/">
    <action name="registerUser" class="cn.mvc.action.userAction">
        <result name="success" type="redirectAction">list</result>
    </action>
</package>
</struts>
```

其中，list 是在当前 struts.xml 文件中配置的另一个 Action 的 name 属性。

前面介绍的<result/>元素配置是放在<action/>元素中，作为其子元素使用的，这种 result 是局部结果视图，其实<result/>也可以放在<global-results />元素中。此时，<result />配置了一个全局结果视图，全局结果视图的作用范围对所有的 Action 都有效。全局结果视图的配置如下：

```
<struts>
<!-- 创建 my_default 包，继承 Struts 2 的 struts-default 包-->
<package name="my_default" extends="struts-default">
    <!-- 定义用户全局结果 -->
    <global-results>
```

```
        <result name="login">login.JSP</result>
    </global-results>

    <!--配置用户请求的 action -->
    <action name="Hello" class="cn.mvc.action.HelloAction">
        <!-- 结果为 info 时，跳转至 HelloWorld.jsp 页面 -->
        <result name="info">HelloWorld.JSP</result>
    </action>
</package>
</struts>
```

如果一个 Action 中包含了与全局结果中同名的结果，则 Action 中的局部 Action 会覆盖全局 Action。也就是说，当 Action 处理用户请求结束后，首先会在本 Action 中的局部结果中搜索逻辑视图对应的结果，只有在 Action 中的局部结果中找不到逻辑视图对应的结果时，才会到全局结果中搜索。

5.4.2 Action 的动态方法调用

前文已经介绍过，在一个 Action 实例中要定义 public String execute()方法，该方法用于接收用户的请求。假设，现在有一个用户模块，要分别实现登录和注册两个功能，那么是不是意味着要分别创建 LoginAction 和 RegisterAction 两个 Action 呢？如果这样，在一个应用系统中将会有很多的业务模块，而每个业务模块又分别具备类似的增、删、改、查的方法，如果每个请求的业务方法都要相应地创建一个 Action 类，Action 类的数量将会呈几何级别增长，这种做法显然是不合理的。

那么怎样才能有效地减少应用中 Action 的数量呢？下面设计了一个 HelloAction 类，该类中有 3 个处理增、删、改请求的方法。这 3 个请求方法的方法签名与 execute 方法相同，都是无参的，并且返回 String 类型的字符串，表示逻辑结果视图。具体代码如下：

```
public class HelloAction extends ActionSupport {
//显示给用户的信息内容
private String message;
/**
 * 处理添加的方法
 */
public String add(){
    this.setMessage("调用了 add()");
    return SUCCESS;
}
/**
 * 处理删除的方法
 */
public String delete(){
    this.setMessage("调用了 delete()");
    return SUCCESS;
}
/**
```

```
     * 处理修改的方法
     */
    public String update(){
        this.setMessage("调用了 update()");
        return SUCCESS;
    }
    //getter 和 setter 方法省略
    }
```

在代码方面，已经把 3 个请求方法放在同一个 Action 中，有效地减少了 Action 的数量。但怎样访问该 Action 实例的 3 个请求方法呢？在 Struts 2 框架中，一般有以下 3 种方法。

1. 动态方法调用

使用动态方法调用的 Action 配置无须做任何变化，配置代码如下所示：

```
<struts>
<!-- 创建 my_default 包，继承 Struts 2 的 struts-default 包 -->
<package name="my_default1" extends="struts-default">
    <!-- Hello 是访问 HelloAction 的访问名 -->
    <action name="Hello" class="cn.mvc.action.HelloAction">
        <!-- 结果为 info 时，跳转至 HelloWorld.jsp 页面 -->
        <result name="success">HelloWorld.JSP</result>
    </action>
</package>
</struts>
```

动态方法调用的特点主要体现在访问的 URL 上，格式如下：

```
actionName!methodName.action
```

其中，actionName 是 Action 配置的 name 属性，methodName 是要访问的 Action 实例的请求方法的名称。以前面的配置为例，如果要访问 HelloAction 的 add 方法，则 URL 如下：

```
Hello!add.action
```

很明显，动态方法调用的优点是大大减少了 Action 的配置数量，不管 Action 类里有几个请求方法，只需做一个 Action 元素的配置即可。但是，在请求的 URL 中暴露了 Action 的请求方法名，这种做法存在安全性隐患。而在 Struts 2 的文档中，也明确指出了这种方法不可取，有可能在以后的版本中被弃用。所以，本书也不推荐使用该方法。

出于安全性考虑，在 Struts 2 框架中提供了相应的方法禁用这种动态方法调用，只需要加上以下配置即可。通过<constant />元素将 struts.enable.DynamicMethodInvocation 设置为 false。

```
<struts>
    <constant name="struts.enable.DynamicMethodInvocation" value="true"/>
<!-- 创建 my_default 包，继承 Struts 2 的 struts-default 包 -->
<package name="my_default1" extends="struts-default">
</package>
</struts>
```

2. 为 Action 元素指定 method 属性

其实，在配置<action/>元素时，可以指定 Action 的 method 属性，这样可以让 Action 类调用指定的方法。前文介绍的所有 Action 配置都没有 method 属性，则 Action 默认调用 execute 方法。如果前面的 HelloAction 类使用 method 属性配置，则可以参考如下配置。

```
<struts>
    <!-- 创建 my_default 包，继承 Struts 2 的 struts-default 包 -->
    <package name="my_default1" extends="struts-default">
    <action name="Add" class="cn.mvc.action.HelloAction" method="add">
        <result name="success">HelloWorld.JSP</result>
    </action>
        <action name="Delete" class="cn.mvc.action.HelloAction" method="delete">
        <result name="success">HelloWorld.JSP</result>
    </action>
        <action name="Update" class="cn.mvc.action.HelloAction" method="update">
        <result name="success">HelloWorld.JSP</result>
    </action>
    </package>
</struts>
```

通过这种方法将一个 Action 类定义成多个逻辑 Action。Action 类的每个处理方法都被映射成一个逻辑 Action。前面定义了 add、delete 和 update 3 个逻辑 Action，它们对应的处理类都是 HelloAction 类。虽然它们的处理类都相同，但处理的逻辑不同，处理逻辑通过 method 方法指定，例如，名为 Add 的 Action 对应的处理逻辑为指定的 add 方法。

使用 method 属性的这种方法，很显然，已经解决了前面动态方法调用的问题。但是这种方法也有缺点，即多个 Action 的定义都对应一个 Action 类，这种定义会造成 Action 的配置增多。为了解决这个问题，Struts 2 提供了通配符的方式。

3. 使用通配符

在配置<action/>元素时，需要指定 name、class 和 method 属性。这 3 个属性都可以支持通配符。当使用通配符定义 Action 的 name 属性时，相当于一个元素 Action 定义了多个逻辑 Action。

以前面的 HelloAction 类为例，如果使用通配符的方法进行配置，则配置代码如下所示：

```
<struts>
    <!-- 创建 my_default 包，继承 Struts 2 的 struts-default 包 -->
    <package name="my_default1" extends="struts-default">
        <action name="*Action" class="cn.mvc.action.HelloAction" method="{1}">
        <result name="success">HelloWorld.JSP</result>
        </action>
    </package>
</struts>
```

其中，<action name="*Action" />元素不是定义了一个普通 Action，而是定义了一系列逻辑 Action，只要用户请求的 URL 是*Action.action 的模式，就能通过该 Action 类处理。配置该 Action 元素时，还指定了 method 属性（用于指定处理用户请求的方法），但 method 属性使用了一个表达式{1}，该表达式的值就是 name 属性值中第一个*的值。例如，如果用户请求的 URL 为 addAction.action，则调用 HelloAction 类的 add 方法；如果请求的 URL 为 deleteAction.action，则调用 HelloAction 类的 delete 方法。

实际上，Struts 2 不仅允许在 method 属性中使用表达式，还可以在<action/>元素的<result>

子元素中使用表达式。来看下面的 struts.xml 配置：

```
<struts>
    <package name="default" namespace="/" extends="struts-default">
        <action name="*User" class="cn.mvc.action.UserAction"
            method="{1}">
            <result name="success">/page/{1}_success.JSP</result>
            <result name="input">/page/{1}.JSP</result>
            <result name="error">/page/error.JSP</result>
        </action>
    </package>
</struts>
```

其中，*和表达式的使用和 HelloAction 类的通配符配置一致。通过以上两个例子，可以清楚地看到，使用通配符不仅可以使用 method 属性，还可以大大减少 Action 元素的配置数量。那么，在开发应用时，到底用哪种配置较好呢？其实，这里没有绝对的答案。建议用户采用后两种方法，必要时可以混合使用。也就是说，使用 method 属性指定，虽然 Action 元素配置增多了，但配置文件的可读性和透明度较高，而通配符配置可以减少 Action 元素配置的数量，但是配置文件的维护性和可读性有所下降，所以在开发应用中，要酌情使用。

本章小结

本章简单介绍了 Struts 2 的基本使用，重点介绍了 Struts 2 中 Action 的配置，第 6 章将会深入地介绍 Struts 2 中的拦截器等概念。

第6章 Struts 2深入

拦截器是 Struts 2 的一个核心组件，也是 Struts 2 的一大特殊技术。Struts 2 框架提供了大量的内建拦截器，实现了大部分的基础性功能。例如，params 拦截器解析 HTTP 请求参数，servlet-config 拦截器直接把原生 Servlet API 注入到 Action 中，fileUpload 拦截器实现了文件上传操作。

使用 Struts 2 拦截器只需在配置文件中做配置即可，取消拦截器使用时，要取消其配置，而且对整个 Struts 2 的应用没有任何影响。这种设计是一种插拔式的设计，具有非常好的可扩展性。

6.1 拦截器的意义

拦截器是对调用方法的改进，实际上，当称某个实例是一个拦截器时，这是就其行为上而言的；但从代码角度来看，拦截器就是一个类，这个类包含方法，只是这个方法是一个特殊的方法，它会在目标方法调用之前“自动”执行。

直接调用方法与拦截器的关键区别是如果不使用拦截器，代码中需要显式通过代码来调用目标方法。也就是说，备有相同代码段的不同程序要通过不断地“复制”、“粘贴”代码来实现相同的系统功能。这种做法显然是不科学的，而且违背了软件开发的重要原则：不要书写重复性代码，否则，不便于代码的后期维护和扩展，甚至在后期的维护过程中将转变成一个噩梦。

由上述可见，拦截器是用于解决重复性问题（或共性问题）的。拦截器提供了更高层次的解耦，目标代码无须手动调用目标方法，而是由系统完成，这种调用从代码层次上升到更高层次。

6.2 Struts 2 拦截器

首先，要明白一点，Struts 2 的拦截器是针对 Action 的。因为对 Struts 2 框架的 Action 而言，要处理的事情比较烦杂而又有些雷同，例如，需要完成输入校验、数据类型转换、解析文件上传表单的文件域、获取 Servlet API 等操作，这些操作又不是所有 Action 都需要实现的，需要以动态的方式自由组合使用。这些 Action 的共性问题可以通过拦截器技术来解决。

Struts 2 拦截器的策略是通过配置文件中的指定拦截器，从而使拦截器方法在目标方法执行之前或者之后自动执行，完成通用操作的动态插入。在这种策略下，类型转换的处理、数据校验的处理、文件上传的处理、Servlet API 的注入等，都被定义成相应的拦截器。如果用户的 Action 需要使用某些特定的通用功能，则只需要在 struts.xml 文件中指定该拦截器引用，即可在 Action 之前完成这些通用功能。

拦截器与 Action 之间的关系如图 6-1 所示。对于 Struts 2 框架而言，有一些通用功能对于所有的 Action 都是必需的，所以 Struts 2 将其配置成默认的拦截器应用。

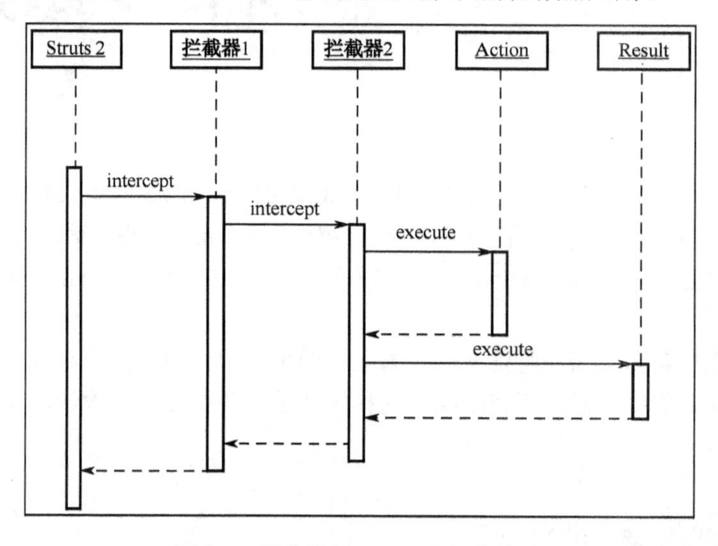

图 6-1　拦截器与 Action 之间的关系

6.2.1　配置拦截器

正是因为引入了拦截器机制，才实现了对 Action 通用操作的可插拔式管理，这种可插拔式管理是基于 struts.xml 配置文件实现的。在 struts.xml 文件中，只要为拦截器类指定一个拦截器名，即可完成拦截器定义。定义拦截器时要使用<interceptor/>元素，定义语法规则如下。

```
<interceptor name="拦截器名" class="拦截器实现类"/>
```

除此之外，还可以把多个拦截器放在一起组成拦截器栈，也就是多个拦截器的集合。拦截器和拦截器栈在功能上是一致的，它们包含的方法都会在 Action 的 execute 方法执行之前自动执行。配置拦截器栈的语法规则如下：

```
<interceptor-stack name="拦截器栈名">
<interceptor-ref name="拦截器 1">
 <interceptor-ref name="拦截器 2">
 <!--还可以配置更多的拦截器 -->
</interceptor-stack>
```

此配置片段配置了一个名为“拦截器栈名”的拦截器栈，这个拦截器栈由“拦截器 1”和“拦截器 2”组成，当然，还可以包含更多的拦截器，只需在<interceptor-stack>元素下配置更多的<interceptor-ref>子元素即可。

6.2.2 使用拦截器

定义了拦截器和拦截器栈后，即可使用这个拦截器或拦截器栈来拦截 Action，拦截器（包括拦截器栈）的拦截行为将会在 Action 的 execute 方法执行之前被执行。

通过<interceptor-ref/>元素可以在 Action 内使用拦截器，在 Action 中使用拦截器的配置语法，与配置拦截器栈时引用特定拦截器的语法完全一样。

下面是在 Action 中定义拦截器的配置示例：

```
<struts>
  <package name="my_pack" extends="struts-default">
      <!-- 定义用户拦截器 -->
      <interceptors>
      <!-- 定义用户权限验证拦截器 -->
          <interceptor name="auth" class="cn.mvc.interceptor.AuthenticInterceptor"/>
      </interceptors>
      <action name="list" class="cn.mvc.action.ListAction">
          <result name="success">list.jsp</result>
          <!-- 原框架提供的默认拦截器栈 -->
          <interceptor-ref name="defaultStack"/>
          <!-- 权限验证拦截器 -->
          <interceptor-ref name="auth"/>
      </action>
  </package>
</struts>
```

此配置片段中定义了一个自定义拦截器，还使用了拦截器栈：defaultStack。为什么需要使用 defaultStack 拦截器栈呢？因为 defaultStack 就是框架的默认拦截器栈。一般情况下，为某个 Actoin 指定了拦截器的引用后，还要将框架的默认拦截器栈 defaultStack 加回来，否则，框架默认拦截器栈会被覆盖，框架中使用拦截器实现的功能会被丢失。

6.2.3 默认拦截器

当配置一个包时，可以为其指定默认拦截器。一旦为某个包指定了默认的拦截器，如果该包中的 Action 没有显式指定拦截器，默认拦截器就会起作用。如果为该包中的 Action 显式指定了某个拦截器，则默认的拦截器不会起作用，如果 Action 实例需要使用该默认拦截器，则必须手动配置该拦截器的引用（参考前面的 struts.xml 配置）。

配置默认拦截器要使用<default-interceptor-ref/>元素，该元素作为<package>元素的子元素使用，为该包下的所有 Action 配置默认的拦截器。

配置<default-interceptor-ref/>元素时，需要指定一个 name 属性，该 name 属性值是一个已经存在的拦截器的名称，表明将该拦截器配置成该包的默认拦截器。需要注意的是，每个<package>元素只能有一个<default-interceptor-ref/>子元素，即每个包只能指定一个默认拦截器。

下面是配置默认拦截器的示例。

```
<struts>
<package name="my_pack" extends="struts-default">
<!-- 定义用户拦截器 -->
<interceptors>
<!-- 定义用户权限验证拦截器 -->
<interceptor name="auth"class="cn.mvc.interceptor.AuthenticInterceptor"/>
<!-- 重新定义应用的默认拦截器栈 -->
<interceptor-stack name="myDefaultStack">
    <!-- 权限验证拦截器 -->
    <interceptor-ref name="auth"/>
    <!-- 原框架提供的默认拦截器栈 -->
    <interceptor-ref name="defaultStack"/>
    </interceptor-stack>
</interceptors>
<!--默认拦截器既可以是拦截器，又可以是拦截器栈 -->
<default-interceptor-ref name="myDefaultStack"/>
</package>
</struts>
```

其中，struts.xml 配置中 defaultStack 拦截器栈在哪里定义？打开 Struts 2 核心类库中的 struts-default.xml 文件，会发现有如下配置片段。

```
        <interceptor-stack name="defaultStack">
          <interceptor-ref name="exception"/>
          <interceptor-ref name="alias"/>
          <interceptor-ref name="servletConfig"/>
          <interceptor-ref name="i18n"/>
          <interceptor-ref name="prepare"/>
          <interceptor-ref name="chain"/>
          <interceptor-ref name="scopedModelDriven"/>
          <interceptor-ref name="modelDriven"/>
          <interceptor-ref name="fileUpload"/>
          <interceptor-ref name="checkbox"/>
          <interceptor-ref name="multiselect"/>
          <interceptor-ref name="staticParams"/>
          <interceptor-ref name="actionMappingParams"/>
          <interceptor-ref name="params">
              <param name="excludeParams">dojo\..*,^struts\..*,^session\..*,^request\..*,^application\..*,
^servlet(Request|Response)\..*,parameters\...*</param>
        </interceptor-ref>
        <interceptor-ref name="conversionError"/>
        <interceptor-ref name="validation">
            <param name="excludeMethods">input,back,cancel,browse</param>
        </interceptor-ref>
        <interceptor-ref name="workflow">
            <param name="excludeMethods">input,back,cancel,browse</param>
        </interceptor-ref>
```

```
            <interceptor-ref name="debugging"/>
        </interceptor-stack>
    </interceptors>
     <default-interceptor-ref name="defaultStack"/>
```

默认情况下，使用的就是这个 defaultStack 拦截器栈，该拦截器栈已经包含了很多 Action 需要具备的基本功能。这些框架已经实现好的拦截器被称为内建拦截器。下面对其中常用的内建拦截器进行说明。

① params 拦截器：负责将请求参数设置为 Action 属性。

② servletConfig 拦截器：将源于 Servlet API 的各种对象注入到 Action 中。

③ fileUpload 拦截器：对文件上传提供支持。

④ exception 拦截器：捕获异常，并且将异常映射到用户自定义的错误页面。

⑤ validation 拦截器：调用验证框架进行数据验证。

⑥ workflow 拦截器：调用 Action 类的 validate()方法，执行数据验证。

大部分情况下，Struts 2 应用的 struts.xml 配置文件都会继承 struts-default.xml，这样也意味着继承了它的默认拦截器栈 defaultStack。只要不为 Action 指定任何的拦截器引用，defaultStack 拦截器栈就会拦截 Action 实例。

6.3　自定义拦截器

Struts 2 框架提供了许多拦截器，这些内建拦截器实现了 Struts 2 的大部分功能，因此，大部分 Web 应用的通用功能，可以通过直接使用这些拦截器来完成。但也有一些系统逻辑相关的通用功能，需要通过自定义拦截器来实现。

6.3.1　实现拦截器类

实现 Interceptor 接口，该接口定义了以下 3 个方法。

（1）init()：拦截器被初始化之后、执行之前，仅调用一次。其主要用于打开一些一次性资源，如数据库资源等。

（2）destroy()：与 init()方法对应。在拦截器被销毁之前，系统将回调该方法，用于销毁 init()方法里打开的资源。

（3）intercept(ActionInvocation invocation)：该方法是用户需要实现的拦截动作。该方法会返回一个字符串作为逻辑视图。如果该方法直接返回了一个字符串，系统将会跳转到该逻辑视图对应的实际视图资源，而不会调用被拦截的 Action。该方法的 ActionInvocation 参数包含了被拦截的 Action 的引用，可以通过调用该参数的 invoke()方法，将控制权转移给下一个拦截器，或者转移给 Action 的 execute 方法。

继承 AbstractInterceptor 类：该类是抽象类，实现了 Interceptor 接口，并且提供了 init()和 destroy()方法的空实现，如果要实现的拦截器不需要申请资源，则无须实现这两个方法。所以，继承 AbstractInterceptor 类来实现自定义拦截器会更加简单，是推荐做法。

下面采用继承的方法实现权限控制拦截器。本示例应用要求用户登录后才可以访问某个视图资源，否则，系统直接跳转到登录页面。对于每个 Action 的执行，在实际处理逻辑之前，先将其拦截进行权限检查。

```
public class AuthenticInterceptor extends AbstractInterceptor {
    //拦截 Action 处理的拦截方法
    public String intercept(ActionInvocation invocation) throws Exception {
        //获取会话
        Map<String, Object> session =
                        invocation.getInvocationContext().getSession();
        //如果 session 没有该用户信息，则跳转至登录页面
        if (!session.containsKey("admin")) {
            return "login";
        } else {
            //继续执行下一个拦截器或进入被拦截 Action 的 execute 方法
            return invocation.invoke();
        }
    }
}
```

以上拦截器代码非常简单，先通过 ActionInvocation 参数取得 Session 实例，然后检测 admin 用户是否存在，从而确定用户是否有登录系统权限，是否需要转入登录页面。跳转至 login 的视图是一个全局视图，可以供多个 Action 实例跳转使用。在 struts.xml 中配置全局视图如下：

```
<global-results>
    <result name="login">login.jsp</result>
</global-results>
```

6.3.2 拦截器的配置

一旦实现了权限检查拦截器，就可以在所有需要权限控制的 Action 中复用拦截器了。要使用该拦截器，首先要在 struts.xml 中定义该拦截器。定义拦截器的配置片段如下：

```
<!-- 定义用户拦截器 -->
<interceptors>
    <!-- 定义用户权限验证拦截器 -->
    <interceptor name="auth" class="cn.mvc.interceptor.AuthenticInterceptor"/>
</interceptors>
```

定义了拦截器之后，可以在 Action 中应用该拦截器。应用拦截器的配置片段如下：

```
    <action name="list" class="cn.mvc.action.ListAction">
    <result name="success">list.JSP</result>
    <!-- 原框架提供的默认拦截器栈 -->
    <interceptor-ref name="defaultStack"/>
    <!-- 权限验证拦截器 -->
    <interceptor-ref name="auth"/>
    </action>
```

大家会发现，除了要定义权限拦截器之外，还要对框架的默认拦截器栈 defaultStack 进行重新定义。这样做是为了避免 defaultStack 被覆盖，从而丢失部分框架提供的功能。以上配置方法需要每个 Action 都有相同的拦截器配置，为了避免重复配置代码，可以将拦截器配置成

一个默认拦截器栈。定义当前应用的默认拦截器栈配置片段如下：

```
<!-- 定义用户拦截器 -->
<interceptors>
<!-- 定义用户权限验证拦截器 -->
<interceptor name="auth" class="cn.mvc.interceptor.AuthenticInterceptor"/>
<!-- 重新定义应用的默认拦截器栈 -->
<interceptor-stack name="myDefaultStack">
    <!-- 权限验证拦截器 -->
    <interceptor-ref name="auth"/>
    <!-- 原框架提供的默认拦截器栈 -->
    <interceptor-ref name="defaultStack"/>
</interceptor-stack>
</interceptors>
```

该默认拦截器栈包含了框架的 defaultStack 拦截器栈和应用的权限检查拦截器。如果将这个拦截器定义成默认拦截器，则可以避免在每个 Action 中都重复定义权限拦截器。下面是定义默认拦截器的配置片段。

```
<default-interceptor-ref name="myDefaultStack"/>
```

如果在某个包下定义了上面的默认拦截器栈，则该包下所有的 Action 都会自动增加权限验证功能。对于那些不需要权限控制的 Action，如 LoginAction 登录的 Action，可以把它定义到另外的包中，这个包仍然使用框架原来的默认拦截器栈 defaultStack，这样，该 Action 将不会具有权限控制功能。

6.4　文件上传和下载

文件上传是 Web 应用最常用的功能之一。要学习文件上传技术，首先要知道表单提交的原理。一般情况下，大多数的表单只需设置 action 属性和 method 属性，而 enctype 属性则很少有人了解过。表单的 enctype 属性指定的是表单数据提交的编码方式，该属性有以下 3 个值。

（1）application/x-www-form-urlencoded：这是默认的编码方式，它只处理表单元素的 value 属性值，采用这种编码方式的表单，会将表单域的值处理成 URL 编码方式。提交的数据直接通过 HttpServletRequest 的 getParameter()方法获取，数据类型均为 String。

（2）multipart/form-data：这种编码方式会以二进制流的方式来处理表单数据，这种编码方式会把文件域指定文件的内容封装到请求参数中。这种数据不能简单地使用 HttpServletRequest 来获取，而要通过二进制流来获取请求数据，取得上传文件的内容，从而实现文件上传。

（3）text/plain：这种编码方式在表单的 action 属性为 mailto:URL 形式时比较方便，这种方式适用于直接通过表单发送邮件。

对于 Java 应用而言，目前比较常用的上传框架是 Common-FileUpload。这个框架是 Apache 组织下 jakarta-commons 项目组的一个小项目，该框架可以方便地将 multipart/form-data 类型请求中的各种表单元素解析出来。该框架还要依赖于另一个项目：Common-IO。

本章文件上传并不介绍怎么使用 Common-FileUpload，因为直接使用该框架实现文件上传也要编写较烦琐的代码，这里重点介绍 Struts 2 是怎么实现上传功能的。

其实，Struts 2 本身不具备处理 multipart/form-data 的请求，它需要借助第三方的框架，该框架就是 Common-FileUpload。Struts 2 的文件上传支持在 Common-FileUpload 项目上做进一步的封装，简化了文件上传的代码实现。

可以发现，在 Struts 2 的基础类库中已经包含了 Common-FileUpload 的两个 JAR 文件：commons-fileupload-1.2.jar 和 commons-io-2.0.1.jar。Struts 2 是通过拦截器来实现文件上传的，该拦截器名为 fileUpload。打开 Struts 2 核心类库 Struts 2-core-2.3.15.jar 中的 struts-default.xml 文件，fileUpload 拦截器已经包含在 defaultStack（框架默认拦截器栈）中。也就是说，默认情况下，应用的所有 Action 都已经具备了上传文件的功能。

下面就用 Struts 2 来实现单文件和多文件的上传。

6.4.1 单文件上传

（1）准备上传的 JSP 页面：upload.jsp。其代码如下。

```
<form action="uploadOneFile.action" method="POST" enctype="multipart/form-data">
    选择文件：<input type="file" name="pic" size="30" /> <br/>
    <input type="submit" value=" 上传 " />
</form>
```

表单的 enctype 属性已经设置为 multipart/form-data。在表单中添加文件浏览域，且必须给 name 命名。该页面的 name="pic"。

（2）实现表单提交的 UploadAction 类。其代码如下。

```
public class UploadAction extends ActionSupport {
    //接收外部参数注入的属性
    private String savePath;
    //文件名与视图层的名称一致
    private File pic;
    //文件名+ContentType
    private String picContentType;
    //文件名+FileName
    private String picFileName;
    //上传单个文件
    public String uploadOneFile(){
        try {
            //使用 common-io 的 FileUtils 把 pic 另存至服务器端的 upload 文件夹中
            FileUtils.copyFile(pic, newFile(getSavePath()+"\\"+getPicFileName()));
        } catch (IOException e) {
            e.printStackTrace();
        }
        return SUCCESS;
    }
    //返回 upload 文件夹在服务器端的绝对路径名称
    public String getSavePath() {
        return ServletActionContext.getServletContext().getRealPath(savePath);
    }
    //getter 和 setter 方法省略
```

```
}
```

实现 UploadAction 需要理解以下要点。

① savePath 属性是一个外部注入的参数，代表上传文件的保存文件夹名，在 Struts 2.xml 中配置（在后面将会看到）。在其对应的 get 方法中实现该属性对应的文件夹在服务器端的绝对路径，通过代码实现。

② pic 属性是 File 类型，用于封装文件域的文件内容。

③ Action 中包含了两个属性：picFileName 和 picContentType。这两个属性分别用于封装上传文件的文件名、上传文件的文件类型。这两个属性的命名规律是 xxxFileName 和 xxxContentType。其中，xxx 代表表单的文件域的 name 属性。

④ pic、picFileName 和 picContentType 只要命名正确并且提供相应的 getter()和 setter()方法，Struts 2 就会自动封装这些属性值，无须任何编码，并全部交由内建拦截器 fileUpload 实现。

⑤ 使用 common-io 中的 FileUtils 类的 copy 方法，将接收过来的 File 文件内容另存至服务器端（如 Tomcat）的文件夹（本示例是 upload 文件夹）中。使用这个现成的方法可以避免编写烦琐的 File/IO 处理代码，使得上传更轻松。

（3）在 struts.xml 中配置文件上传的 Action，代码如下。

```
<action name="uploadOneFile" class="cn.mvc.action.UploadAction" method="uploadOnefile">
  <!-- Action 中的外部注入参数，表示上传文件的文件夹 -->
  <param name="savePath">/upload</param>
  <result name="success">/upload_success.JSP</result>
  <result name="input">/upload.JSP</result>
</action>
```

其中，配置文件的<param name="savePath"/>元素设置了上传文件的文件夹名称，所以要在工程项目的文档根目录中预先创建对应的文件夹，本应用是 upload 文件夹。此外，不需要显式配置 fileUpload 拦截器，前文已提到过，该拦截器已经包含在 defaultStack 中。

（4）上传处理结束后，转入 upload_success.jsp，显示上传后的图片，upload_success.jsp 代码如下。

```
<body>
      上传成功！<br/>
      <!-- 显示上传成功的图片 -->
      <img alt="上传图片" src="<s:property value="'upload/'+picFileName"/>"/>
</body>
```

如果上传成功，则将进入如图 6-2 所示的页面。

图 6-2　上传结果

6.4.2 使用拦截器实现文件过滤

前面实现的文件上传是一种默认的实现方式。但在现实的使用过程中会碰到一些常见的问题，例如，要限制上传文件大小、限制上传文件的类型。要解决这些问题，就要显式配置 Struts 2 的 fileUpload 拦截器，进行文件过滤。

要配置 fileUpload 拦截器，可以为其指定以下两个参数。

① allowedTypes：该参数指定允许上传文件的类型，多个文件之间以英文逗号（,）分隔。

② maximumSize：该参数指定允许上传文件的大小，单位是字节。

上述过滤功能只需修改 struts.xml 的配置即可。

```
<action name="uploadOneFile" class="cn.mvc.action.UploadAction" method="uploadOneFile">
<interceptor-ref name="fileUpload">
    <!-- 文件类型限制 -->
    <param name="allowedTypes">
        image/png,image/gif,image/jpeg
    </param>
    <!-- 最大上传限制为 1MB -->
    <param name="maximumSize">1048576</param>
</interceptor-ref>
<!-- 框架默认的拦截器栈要加回来 -->
<interceptor-ref name="defaultStack"></interceptor-ref>
<!-- Action 中的外部注入参数，表示上传文件的文件夹 -->
<param name="savePath">/upload</param>
<result name="success">/upload_success.jsp</result>
<result name="input">/upload.jsp</result>
</action>
```

此拦截器过滤了文件类型和文件大小。上传文件的类型必须是图片文件，并且文件的大小不能超过 1048576 字节（1MB）。如果上传文件不符合这些条件，则系统将转至 input 视图，即 upload.jsp。为了让用户或开发人员知道上传失败的原因，当转入 input 视图页面时，要输出错误的提示信息，在 upload.jsp 页面中增加如下代码。

```
<!-- 输出错误提示信息 -->
<s:fielderror/>
```

在 Struts 2.xml 配置文件中，可以添加下面的常量属性，以限制上传文件大小的总量。

```
<!--上传文件大小的总量不能超过 2MB-->
<constant name="struts.multipart.maxSize" value="2097152" />
```

其实，Struts 2 检测上传文件的大小时，首先会检查这个常量属性值是否符合条件，如果文件大小没有超出该属性值，则进一步检查<param name="maximumSize">的值。也就是说，常量值是第一道关口，<param name="maximumSize">是第二道关口。如果应用中没有设置常量值，则默认大小是 2MB，也就是上传文件大小的总量不能超过 2MB。

6.4.3　多文件上传

按以上要求实现了单文件上传后，再实现多文件上传就显得轻而易举了。其 struts.xml 配置相同，只需要稍微修改 JSP 页面和 Action 即可。JSP 页面中放置了多个文件域，而 Action 用数组来封装传递过来的文件内容、文件名和文件类型。

（1）修改后的 upload.jsp 页面，其 3 个文件域的 name 属性设置相同，代码如下。

```
<!-- 输出错误提示信息 -->
  <s:fielderror/>
<form action="uploadManyFile.action" method="POST" enctype="multipart/form-data"><br />
  选择文件：<br/>

  <input type="file" name="pics" size="30" /><br/>
  <input type="file" name="pics" size="30" /><br />
  <input type="file" name="pics" size="30" /><br />
  <input type="submit" value="  上传  " />
</form>
```

（2）修改后的 UploadAction 类，分别用 3 个数组来封装文件内容、文件类型和文件名，在循环当中把多个文件的 File 内容另存至服务器端的文件夹中。属性文件命名规则与单文件操作相同，其代码如下：

```
public class UploadAction extends ActionSupport {
    //接收外部参数注入的属性
    private String savePath;
    //上传多个文件，定义成数组
    private File[] pics;
    //文件名+ContentType
    private String[] picsContentType;
    //文件名+FileName
    private String[] picsFileName;
     //上传多个文件
    public String uploadManyfile() {
      try {
        for (int i = 0; i < pics.length; i++) {
            FileUtils.copyFile(pics[i], new File(getSavePath() + "\\"
                        + picsFileName[i]));
        }
      } catch (Exception ex) {
        ex.printStackTrace();
      }
      return SUCCESS;
    }
//返回 upload 文件夹在服务器端的绝对路径名称
public String getSavePath() {
  return ServletActionContext.getServletContext().getRealPath(savePath);
}
```

```
    //getter 和 setter 方法省略
}
```

（3）修改后的显示结果页面 upload_success.jsp 中会循环输出图片。

```
上传成功！<br/>
<!-- 显示上传成功的图片 --> value="upload/'+picFileName"/>"/>
<s:if test="picsFileName!=null">
    <s:iterator value="picsFileName" var="name">
        <img src="upload/<s:property value='name'/>"/>
    </s:iterator>
</s:if>
```

6.4.4 文件下载

Struts 2 提供了文件上传的支持，必然也提供文件下载的实现，而且实现过程比较简单。Struts 2 提供了 stream 结果类型，该结果类型是专门用于支持文件下载的。指定 stream 结果类型时，需要指定 inputName 参数，该参数指定了一个输入流，即 InputStream，这个输入流就是被下载文件的入口。

1. stream 结果类型

文件下载的关键是配置一个类型为 stream 的结果。配置时需要指定以下 4 个属性。

① contentType：指定被下载文件的文件类型。

② inputNmae：指定被下载文件的入口输入流。

③ contentDisposition：指定下载的文件名。

④ bufferSize：指定下载文件时的缓冲大小。

2. 实现文件下载的 Action

Struts 2 的文件下载 Action 与普通的 Action 并没有太大的区别，只需要为该 Action 提供一个获得 InputStream 的方法即可，该输入流代表了被下载文件的入口。Action 类的代码如下：

```
public class TestDownAction extends ActionSupport {
private String inputPath;                //读取下载文件目录
private String fileName;                 //下载文件的文件名
private InputStream inputStream;         //文件输入流

public String execute() {
    return SUCCESS;
}
//该方法对应于 result 中的 inputName 的参数值 inputStream
public InputStream getInputStream() throws FileNotFoundException {
//构建下载文件的目录在服务器端的绝对路径
    String path = ServletActionContext.getServletContext().getRealPath(
            inputPath);
    //创建并返回 InputStream（输入流）
    return new BufferedInputStream(new FileInputStream(path + "\\"
            + getFileName()));
}
//其余 getter 和 setter 方法省略
}
```

在该 Action 类中，Action 包含了一个 getInputStream()方法，该方法返回一个 InputStream，即输入流，这个输入流返回的是下载目标文件的入口。该方法名是 getInputStream，表明该 Action 有一个 inputStream 属性以返回下载文件。

3. 配置 Action

配置该 Action 的关键是要配置一个类型为 stream 的结果类型，前面已经介绍过该结果类型。以下是配置该 Action 类的文件片段。

```
<action name="downloadFile" class="cn.e298.house.web.TestDownAction">
        <param name="inputPath"/>upload</param>
        <result name="success" type="stream">
          <!--文件类型通用设置 -->
          <param name="contentType">application/octet-stream</param>
          <param name="inputName">inputStream</param>
          <!-- attachment 表示以附件形式下载，filename 表示下载时显示的文件名称-->
        <param name="contentDisposition">attachment;filename="${fileName}"</param>
          <param name="bufferSize">4096</param>
      </result>
</action>
```

注意：配置 stream 结果类型时，无须指定实际跳转的物理资源，只要指定 inputName 属性即可，该属性指向被下载的文件。

4. 运行效果

建立一个 filedown.jsp 的测试页面，在页面中设置一个超链接，以及通过超链接请求下载的 Action，页面代码如下。

```
<body>
    <a href="downloadFile.action?fileName=DSCF3001.JPG">单击此处下载文档</a>
</body>
```

单击超链接后，将弹出下载提示框，运行效果如图 6-3 所示。

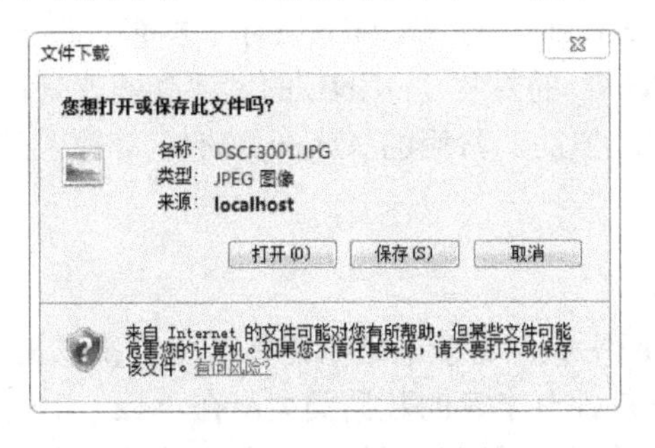

图 6-3　文件下载提示

6.5　OGNL 技术

OGNL 是一种功能强大的表达式语言，通过它的表达式语法，可以存取对象的任意属性，调用对象的方法，遍历整个对象的结构图，实现字段类型转化等功能。它使用相同的表达式去存取对象的属性。

OGNL 在 Struts 2 框架中的作用主要体现在以下两点。

（1）表达式语言：将表单或 Struts 2 标签与特定的 Java 数据绑定起来，用于将数据移入、移出框架。

（2）数据类型转换：数据进入和流出框架，在页面数据的字符串类型和 Java 数据类型之间进行转换。

按照如图 6-4 所示的流程，OGNL 在框架中的作用主要是处理表单提交的数据流入和数据流出。

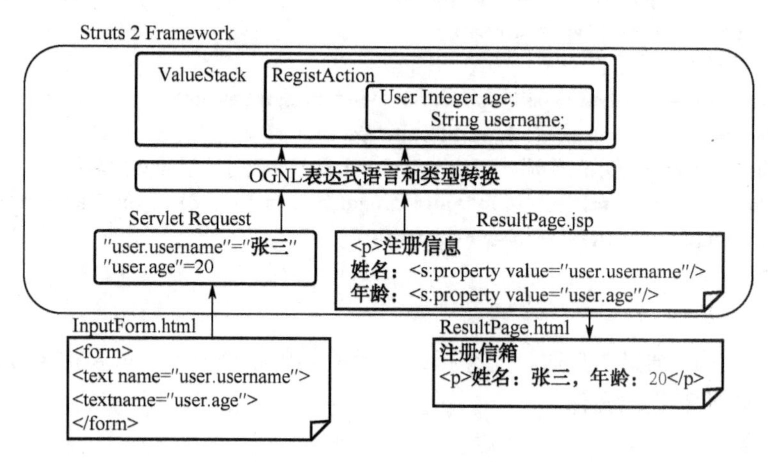

图 6-4　Struts 2 的值栈结构

数据提交时，首先会被装入对应的 Java 对象，并赋值给相应的属性，在这个过程中会自动执行类型转换；这个对象又会作为 Action 对象属性而存在，Action 位于值栈（ValueStack）中，值栈位于运行环境中。这部分对应的就是数据流入。对于数据流出而言，当请求处理完毕后，使用 OGNL 结合 Struts 2 标签又可以方便地在页面中访问和输出数据。

值栈是 Struts 2 的一个核心概念，类似于正常的栈，符合后进先出的栈特点，可以在值栈中放入、删除和查询对象。Struts 2 对 OGNL 进行了扩充，将值栈作为 OGNL 的根对象。ValueStack 实际上就是对 OGNL 的封装，OGNL 的主要功能就是赋值与取值，Struts 2 正是通过 ValueStack 来进行赋值与取值的。常用的 Action 实例就存放在值栈中。

6.5.1　数据类型转换

在基于 HTTP 的 Web 应用中，客户端请求的所有内容都以文本编码方式传输给服务器。而在服务器端，各种编程语言都有丰富的数据类型。在 Java Web 应用中，Servlet 接收用户请求，并对请求数据进行类型转型。以下示例代码是典型的数据类型转换操作。

```
String numberStr = request.getParameter("number");
//转换整型数据
int num = Integer.parseInt(numberStr);
String dateStr = request.getParameter("date");
//转换日期类型数据
SimpleDateFormat sdf = new SimpleDateFormat("yyyy 年 MM 月 dd 日  hh:mm:ss");
Date date = sdf.parse(dateStr);
```

在传统的 Java Web 应用开发中，数据类型的转换工作全部由开发者手动编码完成。但对于一个成熟的 MVC 框架而言，实现智能的数据类型转换是必不可少的。Struts 2 提供了非常强大的类型转换机制，Struts 2 的类型转换是基于 OGNL 表达式的，只要把 HTML 输入项（表单元素和其他 GET/POST 的参数）命名为合法的 OGNL 表达式，就可以充分利用 Struts 2 的类型转换机制。在框架中进行类型转换有两种方式：使用 Struts 2 内建类型转换器和自定义类型转换器。但无论使用哪种方式，它们都是基于 OGNL 表达式的。本章将对这两种方式进行详细地分析。

对于大部分的常用类型，Struts 2 是通过框架的内建类型转换器完成的，下面列举了 Struts 2 中的多种内建转换器。

① boolean 和 Boolean：完成字符串和布尔值之间的转换。

② char 和 Character：完成字符串和字符之间的转换。

③ int 和 Integer：完成字符串和整型之间的转换。

④ long 和 Long：完成字符串和长整型之间的转换。

⑤ float 和 Float：完成字符串和单精度浮点值之间的转换。

⑥ double 和 Double：完成字符串和双精度浮点值之间的转换。

⑦ Date：完成字符串和日期类型之间的转换，日期格式使用用户所在 Locale（事件发生的地点或场所）的格式。

⑧ 数组：在默认情况下，数组元素是字符串，也可以指定其他类型。

⑨ 集合：在默认情况下，假定集合元素类型为 String，并创建一个新的 ArrayList 封装所有的字符串。

下面分别列举两个内建类型转换器的例子。

（1）原始类型与包装类型的转换。本示例分别处理字符串和两个包装类型。这两个包装类型是两个 JavaBean：User.java 和 Address.java。其中，User 类包含 Address 类，代表某个用户拥有一个地址。以下是 User、Address、ShowJavaBeanAction 类，以及表单提交的 JSP 页面代码和显示结果的 JSP 页面代码。

User 类和 Address 类的代码如下。

```
/**
 * 用户类
*/
public class User {
//姓名
private String name;
//年龄
private int age;
//住址
private Address address;
//getter 和 setter 方法省略
}
/**
 * 家庭住址
 * @author Administrator
*/
```

```
public class Address {
//国家
private String country;
//城市
private String city;
//街道
private String street;
//getter 和 setter 方法省略
}
```

ShowJavaBeanAction 类的代码如下：

```
public class ShowJavaBeanAction extends ActionSupport {
private User user;
private String message;
public String execute() {
    return SUCCESS;
}
//getter 和 setter 方法省略
}
```

提交的表单页面 testOGNL.jsp 的代码如下：

```
<s:form action="showJavaBeanAction.action" method="post">
    <s:textfield name="message" label="信息"/>
    <s:textfield name="user.name" label="姓名"/>
    <s:textfield name="user.age" label="年龄"/>
<s:textfield name="user.address.country" label="国家"/>
<s:submit value="提交" />
</s:form>
```

通过 OGNL 技术，Struts 2 的表单域的数据将会自动填充至 Action 类相应的属性中，如 message、user 及 user 的 address 对象，并且会做出相应的类型转换。Action 处理完请求之后，将转至结果页面 result.jsp。

```
信息：<s:property value="message" default="展示数据" /><br/>
姓名：<s:property value="user.name" /><br/>
年龄：<s:property value="user.age"   /><br/>
国家：<s:property value="user.address.country" />
```

以上输出是通过 OGNL 表达式实现的，在 Struts 2 中，OGNL 表达式必须要和 Struts 2 的页面标签结合使用。

（2）多值类型的数据处理。请先看以下 array_input.jsp 页面。该页面有两组表单域，每组的 name 属性均相同。第一组“爱好”提交后要转换成 String 类型，而第二组 numbers 则转换成 Double 类型，且该级元素包含索引值。

```
<s:form action="arraysDataTransfer.action">
     <!-- 第一组表单域 -->
     <s:textfield name="hobbies" label="爱好："/>
     <s:textfield name="hobbies" label="爱好："/>
```

```
        <s:textfield name="hobbies" label="爱好："/>
        <!-- 第二组表单域 -->
        <s:textfield name="numbers[0]" label="数字："/>
        <s:textfield name="numbers[1]" label="数字："/>
        <s:textfield name="numbers[2]" label="数字："/>
        <s:submit value="提交" />
</s:form>
```

对于以上具有相同 name 属性的表单域，在 Action 类中应该怎样接收？请看下面的 ArrayDataTransfer 类。

```
public class ArraysDataTransfer extends ActionSupport {
    //接收第一组表单域
    private String[] hobbies;
    //接收第二组表单域
    private Double[] numbers = new Double[3];
    @Override
    public String execute() throws Exception {
        for (int i = 0; i < hobbies.length; i++) {
            System.out.println(hobbies[i]);
        }
        System.out.println("==================================");

        for (int i = 0; i < numbers.length; i++) {
            System.out.println(numbers[i]);
        }
        return SUCCESS;
    }
    //getter 和 setter 方法省略
}
```

其实做法很简单，只要使用要转换的类型数组接收即可，前提条件是表单域的 name 属性必须相同。请留意第二组的 numbers 数组要定义长度，因为该表单域的 name 属性包含索引值，所以在 Action 相应的属性中要定义数组长度。

那么在 Struts 2 类型转换过程中，数据转换失败时，程序会发生什么问题？类型转换失败框架将会终止当前请求，然后转至 input 逻辑视图。所以，具备表单提交的页面，为其配置一个 input 逻辑视图是一个良好的编程习惯。以上 Action 的配置如下。

```
<action name="arraysDataTransfer" class="cn.e307.mvc.action.ArraysDataTransfer">
  <result name="success">success.JSP</result>
  <result name="input">array_input.JSP</result>
</action>
```

在 input 视图指向的页面添加<s:fielderror>，以显示错误提示信息。如果是 Struts 2 的表单标签，则无须添加。图 6-5 是类型转换失败结果页面，数值类型无法转换，框架自动转至 input 逻辑视图。

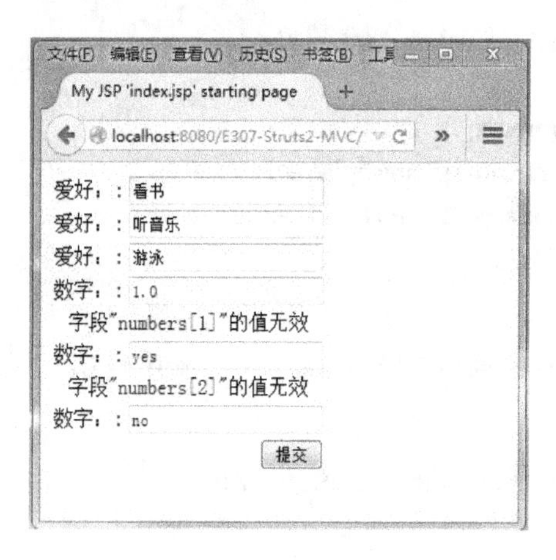

图 6-5　错误信息提示

6.5.2　自定义类型转换器

Struts 2 的内建类型转换器基本上可以满足常规的数据类型转换。但如果要把一个字符串转换成一个复杂对象或定制用户的类型转换，就需要自定义类型转换器了。Struts 2 的类型转换器其实也是基于 OGNL 类型的转换器。下面将实现一个日期的自定义类型转换器，以下是要实现的需求：Date 类型在 Struts 2 中是有内建转换器的，但其格式必须使用用户所在的 Locale 才起作用，否则转换失败，系统转至 input 视图。本示例要求定制用户的日期输入，在所有的国家/语言地区都可以按照“yyyy 年 MM 月 dd 日”转换日期类型。以下是实现步骤。

（1）继承 StrutsTypeConverter 类。Struts 2 的类型转换器实际上是基于 OGNL 实现的，在 OGNL 项目中有一个 TypeConverter 接口，该接口是实现类型转换器必需的接口。但这个接口的方法过于复杂，所以 OGNL 项目还提供了一个该接口的实现类：DefaultTypeConverter。通过继承该类来实现定制的类型转换器。Struts 2 提供的 StrutsTypeConverter 类就是继承于 DefaultTypeConverter 类的。以下是定制日期类型转换器的实现代码。

```
public class DateConverter extends StrutsTypeConverter {
    //数据移入时
    public Object convertFromString(Map context, String[] values, Class clz) {
        try {
        SimpleDateFormat fmt = new SimpleDateFormat("yyyy 年 MM 月 dd 日");
            //获取表单域的输入数据
            String date = values[0];
            return fmt.parse(date);
        } catch (ParseException e) {
            e.printStackTrace();
        }
        throw new TypeConversionException("转换错误");
    }
    //数据移出时
    public String convertToString(Map context, Object value) {
        return new SimpleDateFormat("yyyy 年 MM 月 dd 日").format(value);
```

```
        }
    }
```

以上代码中，convertFromString 方法在表单页面提交（即数据流入）时执行，将数据由字符串转换成 Object 类型，convertToString 方法在执行完 Action 请求转至页面视图时执行，即数据的流出。数据流出时使用 OGNL 表达式输出。

（2）实现 DateConvertAction 类，必须继承 ActionSupport 类，其实是要实现 ValidationAware 接口。

```
public class DateConvertAction extends ActionSupport {
//接收表单域的日期数据
private Date timeDate;
@Override
public String execute() throws Exception {
    return SUCCESS;
}
public Date getTimeDate() {
    return timeDate;
}
public void setTimeDate(Date timeDate) {
    this.timeDate = timeDate;
}
}
```

（3）配置类型转换器有以下两种方法。

① 全局范围类型转换器：在 src 目录下创建 xwork-conversion.properties 属性文件。命名规则：转换类的全名=类型转换器类的全名。本例的配置是 java.util.Date=cn.mvc.convert.DateConverter。

② 应用于特定类的类型转换器：在特定类的相同目录下创建一个名为 ClassName-conversion.properties 的属性文件。命名规则：特定类的属性名=类型转换器类全名。本例的配置是 timeDate=cn.mvc.convert.DateConverter。

（4）其中，DateConvertAction 类在 struts.xml 中配置 input 逻辑视图，本例的 input 指向输入页面 index.jsp（struts.xml 的 Action 配置代码省略）。

（5）输入页面 index.jsp，该页面中添加了一个<s:fielderror/>标签来接收错误提示信息，具体代码如下。

```
<s:form action="dateConvert.action">
 <div class="infos">
    <table class="field">
        <tr>
           <td class="field">请输入日期：</td>
           <td><input type="text" class="text" name="timeDate" /></td>
        </tr>
        <s:fielderror />
        <s:submit value="转换格式" />
        </table>
```

```
    </div>
</s:form>
```

（6）输出页面 success.jsp，必须使用 OGNL 表达式输出，代码如下。

```
<h1>转换成功</h1>
<div>
    <s:property value="timeDate"/>
</div>
```

6.5.3 OGNL 表达式

Struts 2 利用内建的 OGNL 表达式支持，大大加强了 Struts 2 的数据访问功能，并且增加了 ValueStack 的支持。Struts 2 使用标准的 Context（上下文）来实现 OGNL 表达式求值，这个 Context 对象就是一个 Map 类型实例。而在 OGNL 的 Context 中有一个根对象，这个根对象就是 OGNL ValueStack。

要学习 OGNL 表达式，首先要理解 Struts 2 中的 OGNL Context，也就是 OGNL 上下文。Struts 2 将 ActionContext 指定为 OGNL 的上下文，而将 ValueStack 作为 OGNL 上下文的根对象，我们经常使用的 Action 实例就在 ValueStack 的栈顶。除此之外，Strut2 还提供了一些命名对象，这些命名对象只存在于 OGNL 上下文中，与根对象无关。整个结构如图 6-6 所示。

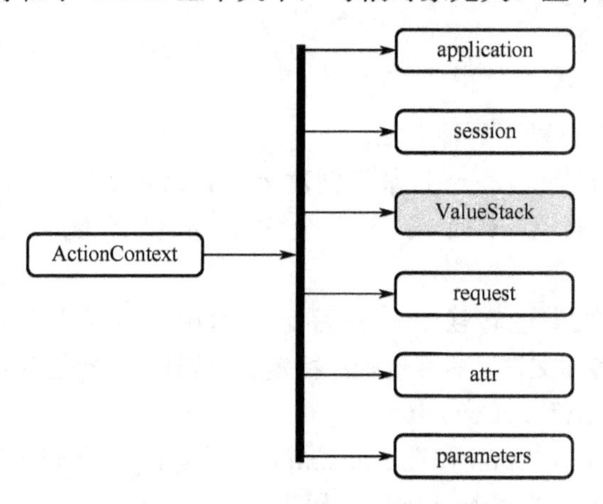

图 6-6　OGNL 上下文结构

图 6-6 中的 application、session、request、attr 和 paramcters 均属于非根对象，在页面上访问这些对象时要使用#前缀来引用。具体规则如下。

① parameters 对象：用于访问 HTTP 请求参数。访问方式：#parameters.username 或 #parameters ['username']，等价于 request.getParameter("username")。

② request 对象：用于访问 HttpServletRequest 的属性。访问方式：#request.username 或 #request['username']，等价于 request.getAttribute("username")。

③ session 对象：用于访问 HttpSession 的属性。访问方式：#session.username 或 #session['username']，等价于 session.getAttribute("username")。

④ application 对象：用于访问 ServletContext 的属性。访问方式：#application.username 或 #application['username']，等价于 application.getAttribute("username")。

⑤ attr 对象：依如下对象作用域从小到大顺序访问，PageContext、HttpServletRequest、HttpSession、ServletContext。

灵活使用 OGNL 表达式要抓住以下规律：凡是非根元素（例如，以上 5 个元素）一律使用#符号来引用，该符号表示 OGNL 上下文，即调用 ActionContext.getContext()。在 Struts 2 应用中，OGNL 的根元素就是 ValueStack，Action 实例一旦创建就被保存到 ValueStack 的栈顶，所以访问 Action 实例的属性时无须引用#符号。以下示例 ShowOgnlAction 和 ognlTest.jsp 演示了根元素和非根元素的访问方法。

（1）Action 实例 ShowOgnlAction，其中，BaseAction 前文已做介绍，这里不做详述。该 Action 执行 execute 后，转至 ognlTest.jsp 页面。

```
public class ShowOgnlAction extends BaseAction {
    private List<Book> bookList = new ArrayList<Book>();
    @Override
    public String execute() throws Exception {
        this.request.setAttribute("info", "Mike in RequestScope.");
        this.session.put("info", "Mike in SessionScope.");
        this.application.setAttribute("info", "Mike in ApplicationScope.");

        bookList.add(new Book("西游记", "9242-24-24-24", 100));
        bookList.add(new Book("红楼梦", "9242-24-24-24", 90));
        bookList.add(new Book("三国演义", "9242-24-24-24", 110));
        bookList.add(new Book("水浒传", "9242-24-24-24", 100));
        return SUCCESS;
    }
    public List<Book> getBookList() {
        return bookList;
    }
    public void setBookList(List<Book> bookList) {
        this.bookList = bookList;
    }
}
```

（2）ognlTest.jsp 代码片段，演示根元素和非根元素的访问。

```
Request:<s:property value="#request.info"/>
<br/>
Session:<s:property value="#session.info"/>
<br/>,
Application: <s:property value="#application.info"/>
<br/>
Parameters:<s:property value="#parameters.number"/>

<h2>value stack 根对象的访问</h2>
<!-- OGNL 表达式可以直接访问 Bean 的方法 -->
图书的数量：<s:property value="bookList.size()"/>图书的列表：
<ul>
<!-- 每一轮迭代都会把集合的对象放到值栈的栈顶-->
```

```
<s:iterator value="bookList">
    <li><s:property value="title"/>,<s:property value="price"/></li>
</s:iterator>
<!-- 不把集合的对象放到值栈的栈顶 -->
<s:iterator value="bookList" var="book">
    <li><s:property value="#book.title"/>,<s:property value="#book.price"/></li>
</s:iterator>
</ul>
```

在 Struts 2 中应用 OGNL 表达式必须要和 Struts 2 的标签一起使用。这里特别介绍一下<s:iterator>标签。<s:iterator>在每一轮迭代时，会把集合的对象压到值栈的栈顶。在本示例中，每轮循环的栈顶对象是 Book 实例，在显示该对象的属性时无须使用任何对象引用，直接指定属性名即可。<s:iterator>的另一种用法是加上 var 属性，每轮循环集合的 Book 实例不会放到栈顶，所以提取属性时需要加上#符号，如<s:property value="#book.title">。

（3）使用 OGNL 在页面中定义和访问集合，包括一维结构集合和键值对集合。

```
<h2>在页面中定义集合 List</h2>
<!-- scope 指定了 request 作用域-->
<s:set name="course" value='{"Java EE","Asp.net","jQuery"}' scope="request"/>
  第一门课程：  <s:property value="#request.course[0]"/>
  所有课程：
<ul>
    <s:iterator value="#request.course">
        <li>
            <!-- iterator 标签会把字符串压到栈顶，所以可直接用标签输出 -->
            <s:property />
        </li>
    </s:iterator>
 </ul>
 <h2>定义键值对 Map 集合</h2>
 <!--scope 默认把对象放在 OGNL 上下文中 -->
 <s:set name="country" value='#{"cn":"China","jp":"Japan","fr":"France"}'/>
 <!—OGNL 上下文的数据直接用#引用 -->
 日本：<s:property value="#country['jp']"/>
 所有国家：
<ul>
    <s:iterator value="#country">
        <li>
            <!-- 每轮迭代把键值对压到栈顶  -->
            <s:property value="key"/>,<s:property value="value"/>
        </li>
    </s:iterator>
</ul>
```

（4）现在来介绍 OGNL 表达式的动态构建表单元素。下面分别列举<s:select>下拉列表和<s:radio>单选按钮的动态创建。

① 使用 list 生成下拉列表。

```
<%
List<Book> bookList = new ArrayList<Book>();

bookList.add(new Book("西游记", "9242-24-24-24", 100));
bookList.add(new Book("红楼梦", "9242-24-24-24", 90));
bookList.add(new Book("三国演义", "9242-24-24-24", 110));
bookList.add(new Book("水浒传", "9242-24-24-24", 100));

request.setAttribute("bookList", bookList);
%>
<body>
<s:form action="arrayInput.action" method="post">

    <!-- listKey 指定下拉列表选项的 value，listValue 指定选项的显示文本 -->
    <!-- id 和 title 是要输出的 Book 的属性 -->
    <s:select name="book" list="#request.bookList" listKey="id"
            listValue="title" />
        <s:submit value="提交" />
</s:form>
</body>
```

② 使用 map 生成单选按钮。

```
<!—listKey 用于指定单选按钮的 value，listValue 用于指定显示文本 -->
<!-- key 是 map 的键，value 是 map 的值 -->
<s:radio name="sex" list='#{"female":"女","male":"男"}' listKey="key"
  listValue="value" />
```

本章小结

本章介绍了 Struts 2 的拦截器和文件的上传下载，以及 OGNL 表达式。第 7 章中将介绍 Spring MVC 框架入门。

第7章 Spring MVC 框架入门

前面我们已学习了 Struts 2 框架最核心的部分。但是由于 Struts 2 团队基本不再对其进行更新，只发布补丁，随着时间的推移，特别是 2010 年之后，Struts 2 陆续爆出了多个漏洞，所以广大的开发者将目光移向了 Spring MVC。Spring MVC 是后起之秀，从应用上来说要复杂一些，但是它基于 Spring 框架进行开发，继承了 Spring 的优秀血脉，所以一跃成为采用率最高的 Java EE Web MVC 框架。

本书的后面章节将会详细地讲解 Spring 框架的内容。Spring MVC 是 Spring 框架技术体系的一部分，这一章我们将会快速地浏览 Spring MVC 的核心部分，并对 Spring MVC 和 Struts 2 框架做一个对比，可以很容易地得到入门的钥匙，从而从更高的角度去理解 Web 框架的主要部件和核心原理。

7.1 第 1 个 Spring MVC 程序

首先，通过一个简单的例子体验一下 Spring MVC。

其操作步骤如下。

1. 获取 Spring 框架的 JAR 库文件

截止到 2017 年 12 月，Spring Framework 已发布的稳定版本（GA 版）为 Spring 5.02。

Spring 官方网站改版后，建议通过 Maven 和 Gradle 下载，对不使用 Maven 和 Gradle 开发项目的，可以通过 Spring Framework JAR 官方网站直接下载，下载路径为 http://repo.springsource.org/libs-release-local/org/springframework/spring/，如图 7-1 所示。

对于下载的 ZIP 文件，可以直接解压缩在本地文件夹。由于 Spring 框架的包的深度特别深，造成解压后的文件夹名超过了 WinRAR 或 WinZIP 软件的最长范围，在 Windows 操作系统中可能会导致解压失败，如果解压过程中出现了问题，则可以使用另外一个著名的开源软件——7Zip 来解压。

图 7-1　Spring 框架下载

解压完成后在文件夹中找到 libs 文件夹，其中有 63 个扩展名为.jar 的文件。

仔细观察，63 个文件中其实是每一个主题各有 3 个，如核心包有 spring-core-5.0.2.RELEASE.jar、spring-core-5.0.2.RELEASE-javadoc.jar、spring-core-5.0.2.RELEASE-sources.jar。

其中，文件名结尾为 javadoc，也就是 Java 根据注释自动生成的文档，sources 是源代码文件。

可以将所有的 JAR 文件导入到 Web 项目中，最简单的方法是直接将其复制到项目的 WebRoot 的 lib 文件夹中。

如果使用 MyEclipse 2014 开发工具，则可以使用 MyEclipse 内置的 Spring 包。但是版本稍低一些，现在 MyEclipse 2014 中集成的是 Spring 3.1，但这并不影响我们的学习。Spring 5.x 主要升级在于集成了 Spring Boot 模块，其启动方式上有很大的差别。对于初学者来说，Spring 3.x 更容易上手，所以以下的学习依然采用 MyEclipse 2014+Spring 3.x 的方式来入门。工具和版本更新换代会很快，但是 Spring 框架的思想和原理是稳定的，熟练掌握之后会受益良多。

2. 在 Web 项目中加入 Spring 框架

通过 MyEclipse 2014 新建 1 个 Web 项目，名为 sshBook2_ch6。在新建的 Web 项目中加入 Spring 框架，加入时选中 Spring Web 模块以便支持 Spring MVC，如图 7-2 所示。

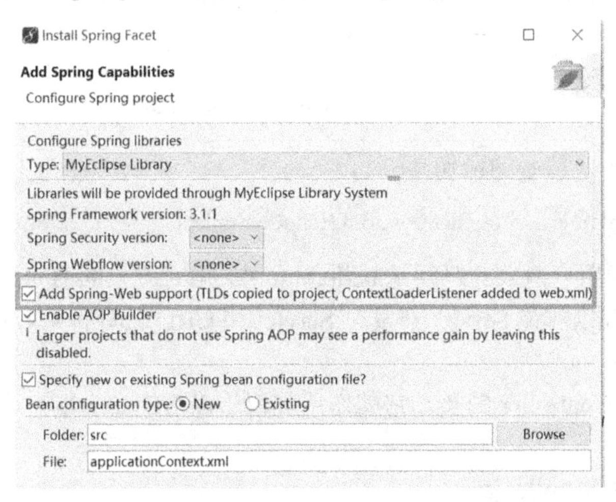

图 7-2　MyEclipse 添加 Spring MVC

3. 配置 DispatcherServlet 和对应的 Servlet

接下来在项目的 web.xml 配置文件中加入 DispatcherServlet 的配置。

这个 Servlet 在这里被命名为 springapp，用户可以自由定义其名称，但是后续的定义都要修改成自定义的名称。由于 Spring MVC 采用了约定优先于配置的方式，因此，它会根据这里的 Servlet 名称，加上-servlet.xml 的后缀，来查找一个名为 springapp-servlet.xml 的配置文件，如图 7-3 所示。

```
web.xml
1 <?xml version="1.0" encoding="UTF-8"?>
2 <web-app xmlns:xsi="http://www.w3.org/2001/XMLSchema-instance"
3     xmlns="http://java.sun.com/xml/ns/javaee"
4     xsi:schemaLocation="http://java.sun.com/xml/ns/javaee http://java.sun.com/xml/ns/java
5     id="WebApp_ID" version="3.0">
6
7     <servlet>
8         <servlet-name>springapp</servlet-name>
9         <servlet-class>org.springframework.web.servlet.DispatcherServlet</servlet-class>
10        <load-on-startup>1</load-on-startup>
11    </servlet>
12    <servlet-mapping>
13        <servlet-name>springapp</servlet-name>
14        <url-pattern>*.html</url-pattern>
15    </servlet-mapping>
```

图 7-3　web.xml 配置

大家仔细观察配置文件，这个 Spring MVC 的核心处理器 DispatcherServlet 的作用类似于 Struts 2 中的核心过滤器。

在与 web.xml 文件相同的位置，新建 1 个名为 springapp-servlet.xml 的 XML 文件。这个 XML 文件前面的 XML 命名空间的声明可以从自动生成的文件中复制过来。

springapp-servlet.xml 配置文件中定义了用户请求的路径和对应的控制器的映射关系，如图 7-4 所示。

```
springapp-servlet.xml    HelloController.java    hello.jsp
1 <?xml version="1.0" encoding="UTF-8"?>
2 <beans
3     xmlns="http://www.springframework.org/schema/beans"
4     xmlns:xsi="http://www.w3.org/2001/XMLSchema-instance"
5     xmlns:p="http://www.springframework.org/schema/p"
6     xsi:schemaLocation="http://www.springframework.org/schema/beans http://www.springframework.org/schema/beans/spring-beans-3.1.xsd">
7
8     <!-- 定义用户请求路径和对应的响应处理类之间的关系 -->
9     <bean name="/hello.htm" class="org.newboy.web.HelloController"/>
10
11 </beans>
```

图 7-4　springapp-servlet.xml 配置

在这个配置文件中，核心的语句是

```
<bean name="/hello.htm" class="org.newboy.web.HelloController"/>
```

它告诉 Spring，当用户请求的路径是 hello.htm 时，用对应包的 HelloController 类来处理用户的请求。它用来取代以前纯 Servlet 开发时 Servlet 和 URL 之间的关系映射。

4. 创建控制器类

接下来创建 HelloController 的类。它的作用类似于以前的 Servlet。

其代码如下所示。

程序清单：HelloController.java

```
package org.newboy.web;
import org.springframework.web.servlet.ModelAndView;
import org.springframework.web.servlet.mvc.Controller;

public class HelloController implements Controller {
```

```
    //返回 ModelAndView 对象
    public ModelAndView handleRequest(HttpServletRequest request,
            HttpServletResponse response)
            throws ServletException, IOException {
        //向 request 域中放入 1 条信息，给前端 JSP 用
        request.setAttribute("message", "hello,Spring MVC");
        //返回 jsp 的路径
        return new ModelAndView("hello.jsp");
    }
}
```

这个控制器类比原始的 Servlet 简洁，它继承了 Controller 接口，并实现了 handleRequest 方法。handleRequest 方法的两个参数就是原始的 HttpServletRequest 和 HttpServletResponse。为了演示效果，这里使用 request 放入了一个字符串信息，并在 hello.jsp 页面中显示出这个字符串。

5. 建立 JSP 文件

在 WebRoot 文件夹中新建 hello.jsp 文件，其内容非常简单，具体如下：

```
<%@ page language="java" import="java.util.*" pageEncoding="UTF-8"%>
<html>
  <head>
    <title>hello jsp 页面</title>
  </head>
  <body>
      显示服务器信息如下:${requestScope.message }
  </body>
</html>
```

其目的是显示 HelloController 类中放入的信息，可以直接用 EL 表达式显示出来。

6. 部署运行

将项目部署到 Tomcat 服务器，启动 Tomcat，在浏览器中输入地址 http://localhost:8080/sshBook2_ch6/hello.htm，其浏览结果如图 7-5 所示。

图 7-5　第一个 Spring MVC 运行结果

这样，第一个 Spring MVC 就成功运行了！

7.2 Spring MVC 程序运行原理

通过第一个 Spring MVC 程序的运行，我们来介绍它的运行流程。

（1）用户通过浏览器发出请求。

（2）web.xml 中 DispatcherServlet 拦截*.htm 的请求。

（3）在与 web.xml 相同的路径下查找该 Serlvet 对应的 Spring 配置文件，此案例中为 springapp-servlet.xml。

（4）根据 springapp-servlet.xml 配置文件中的 beanName，找到对应的处理请求的类。对于刚才的案例来说，请求 hello.htm 用 HelloController 类来响应。

（5）HelloController 类中的方法 handleRequest 类似于纯 Servlet 中的 doGet 或者 doPost。注意，它的返回值是一个 Spring MVC 中的对象 ModelAndView。顾名思义，这个对象可以用来封装模型和视图。Hello.jsp 就是默认的 JSP 页面的名称。这里直接返回页面的名称是不可取的，本章后面将会介绍更合理的方式。

图 7-6 所示为 Spring MVC 的工作原理。

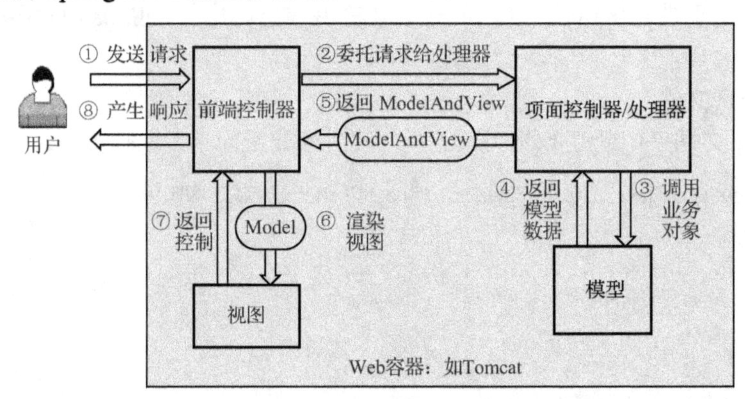

图 7-6　Spring MVC 工作原理

在程序清单：Hello Controller.java 中，handleRequest 方法返回的是一个 JSP 页面的名称。在实际案例中，会改为如下代码。

```
//程序清单：HelloController.java
package org.newboy.web;
import org.springframework.web.servlet.ModelAndView;
import org.springframework.web.servlet.mvc.Controller;

public class HelloController implements Controller {

    //返回 ModelAndView 对象
    public ModelAndView handleRequest(HttpServletRequest request,
            HttpServletResponse response)
            throws ServletException, IOException {
        //向 request 域中放入 1 条信息，给前端 JSP 用
        request.setAttribute("message", "hello,Spring MVC");
        //返回 JSP 的路径
        return new ModelAndView("hello");
    }
}
```

在以上代码中，**return new** ModelAndView("hello")返回的是 1 个 hello 而不是 1 个 hello.jsp 文件，为了让程序正常工作，必须要在 springapp-servlet.xml 中加入 hello 的对应视图的解析方式，即 hello 对应的文件。Spring MVC 通过配置文件给“hello”加上前缀和后缀来指定唯一的物理文件。以下是修改后的 springapp-servlet.xml 文件内容：

```
<?xml version="1.0" encoding="UTF-8"?>
<beans xmlns="http://www.springframework.org/schema/beans" xmlns:xsi="http://www.w3.org/2001/XMLSchema-instance" xmlns:p="http://www.springframework.org/schema/p"
xsi:schemaLocation="http://www.springframework.org/schema/beans
http://www.springframework.org/schema/beans/spring-beans-3.1.xsd">
    <!-- 定义用户请求路径和对应的响应处理类之间的关系 -->
<bean name="/hello.htm" class="org.newboy.web.HelloController" />
<!-- 配置一个视图解析器 -->
<bean class="org.springframework.web.servlet.view.InternalResourceViewResolver">
        <property name="prefix" value="/WEB-INF/jsp/" />
        <property name="suffix" value=".jsp" />
    </bean>
</beans>
```

为了使大家看得更清楚，这里做了截图，可参见图 7-7。

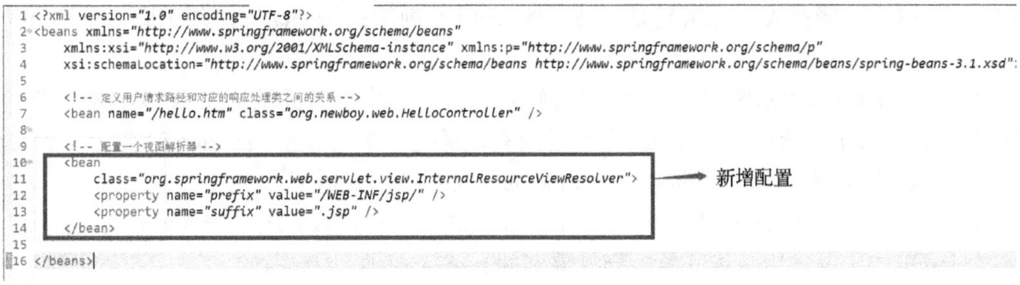

```
1 <?xml version="1.0" encoding="UTF-8"?>
2 <beans xmlns="http://www.springframework.org/schema/beans"
3     xmlns:xsi="http://www.w3.org/2001/XMLSchema-instance" xmlns:p="http://www.springframework.org/schema/p"
4     xsi:schemaLocation="http://www.springframework.org/schema/beans http://www.springframework.org/schema/beans/spring-beans-3.1.xsd">
5
6     <!-- 定义用户请求路径和对应的响应处理类之间的关系 -->
7     <bean name="/hello.htm" class="org.newboy.web.HelloController" />
8
9     <!-- 配置一个视图解析器 -->
10    <bean
11        class="org.springframework.web.servlet.view.InternalResourceViewResolver">
12        <property name="prefix" value="/WEB-INF/jsp/" />
13        <property name="suffix" value=".jsp" />
14    </bean>
15
16 </beans>
```

新增配置

图 7-7　增加视图解析器

这样 hello 就会对应到当前项目/WebRoot/WEB-INF/jsp/hello.jsp 文件。当然，文件位置也要有对应变化，要把 JSP 文件放到 WEB-INF 文件夹中，这样比较合理，也有更好的安全性，因为用户是无法直接访问 Tomcat 服务器项目 WEB-INF 中的文件夹，可以起到一定的保护作用。

图 7-8 是和图 7-9 是文件位置的变化对比图。

```
ssmBook_ch6
  src
    org.newboy.web
    applicationContext.xml
  JRE System Library [JavaSE-1.6]
  JavaEE 6.0 Generic Library
  JSTL 1.2.1 Library
  Spring 3.1.1 Libraries
  WebRoot
    META-INF
    WEB-INF
      lib
      spring-form.tld
      spring.tld
      springapp-servlet.xml
      web.xml
    hello.jsp
    index.jsp
```

原来的文件位置

图 7-8　原来的文件位置

```
ssmBook_ch6
  src
    org.newboy.web
    applicationContext.xml
  JRE System Library [JavaSE-1.6]
  JavaEE 6.0 Generic Library
  JSTL 1.2.1 Library
  Spring 3.1.1 Libraries
  WebRoot
    META-INF
    WEB-INF
      jsp
        hello.jsp
      lib
      spring-form.tld
      spring.tld
      springapp-servlet.xml
      web.xml
    index.jsp
```

文件移到此处

图 7-9　新的文件位置

7.3 Spring MVC 的体系结构

下面详细介绍 Spring MVC 的体系结构。图 7-10 为其体系结构图。

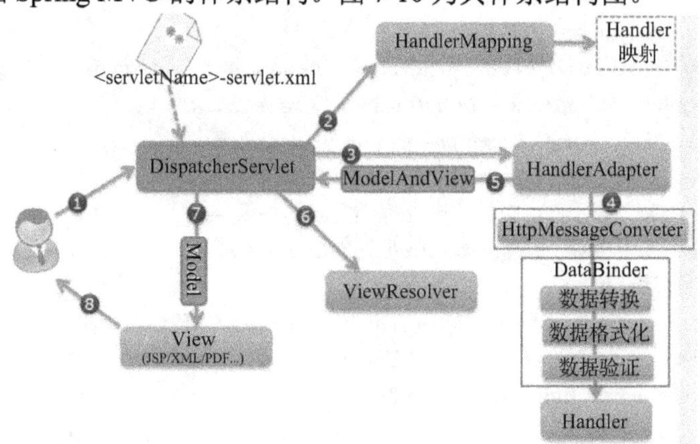

图 7-10　Spring MVC 体系结构图

分析图 7-10，可以看出整个流程如下。

（1）当用户向服务器发送请求时，请求被 Spring 前端控制 Servelt 中的 DispatcherServlet 捕获。

（2）DispatcherServlet 对请求 URL 进行解析，得到请求资源标识符（URI）。根据该 URI，调用 HandlerMapping 获得该 Handler 配置的所有相关的对象（包括 Handler 对象及 Handler 对象对应的拦截器），最后以 HandlerExecutionChain 对象的形式返回。

（3）DispatcherServlet 根据获得的 Handler，选择一个合适的 HandlerAdapter。（注意：成功获得 HandlerAdapter 后，将开始执行拦截器的 preHandler(...)方法。）

（4）提取 Request 中的模型数据，填充 Handler 入参，开始执行 Handler（Controller）。在填充 Handler 的入参过程中，根据配置，Spring 将做以下工作。

① HttpMessageConveter：将请求消息（如 JSON、XML 等数据）转换成一个对象，将对象转换为指定的响应信息。

② 数据转换：对请求消息进行数据转换，如将 String 转换成 Integer、Double 等。

③ 数据格式化：对请求消息进行数据格式化，如将字符串转换成格式化数字或格式化日期等。

④ 数据验证：验证数据的有效性（长度、格式等），验证结果存储到 BindingResult 或 Error 中。

（5）Handler 执行完成后，向 DispatcherServlet 返回一个 ModelAndView 对象。

（6）根据返回的 ModelAndView，选择一个适合的 ViewResolver（必须是已经注册到 Spring 容器中的 ViewResolver)返回给 DispatcherServlet 。

（7）ViewResolver 结合 Model 和 View 来渲染视图。

（8）将渲染结果返回给客户端。

前面学习了 Spring MVC 的入门案例，大家应对 Spring MVC 有了基本的了解。这里采用传统的 XML 配置形式来配置控制器。随着现在基于注解的方式在 Java EE 项目中的逐渐流行，Spring MVC 2.5 之后也支持基于注解的方式来配置控制器。

7.4　基于注解的控制器配置

第一步和 7.1 节基于 XML 配置的案例是一样的，加入 Spring MVC 的包，并在项目的 web.xml 配置文件中加入 DispatcherServlet 的配置。

在与 web.xml 文件相同的位置，新建 1 个名为 springapp-servlet.xml 的 XML 文件。

springapp-servlet.xml 配置文件中定义了用户请求的路径和对应的控制器的映射关系。

1. 修改控制器类

接下来去修改之前的 HelloController 类。为了和 7.1 节的 HelloController 区分，这里将这个类定义为 HelloController2。

程序清单：HelloController2.java

```
import org.springframework.stereotype.Controller;
import org.springframework.web.bind.annotation.RequestMapping;

//控制器注解
@Controller
public class HelloController2{

    //返回 ModelAndView 对象
    @RequestMapping(value="/helloController2")
    public ModelAndView handleRequest(HttpServletRequest request,
            HttpServletResponse response)
            throws ServletException, IOException {
        //向 request 域中放入 1 条信息，给前端 JSP 用
        request.setAttribute("message", "hello,springmvc");
        //返回 JSP 的路径
        return new ModelAndView("hello");
    }
}
```

这个类和 7.1 节的 HelloController 类有以下 2 点不同。

① 类不需要继承其他类，只有@Controller 的注解。

② handleRequest 方法前有 1 个@RequestMapping(value="/helloController2")注解。

2. 修改 springapp-servlet.xml 文件。

具体修改如图 7-11 所示。

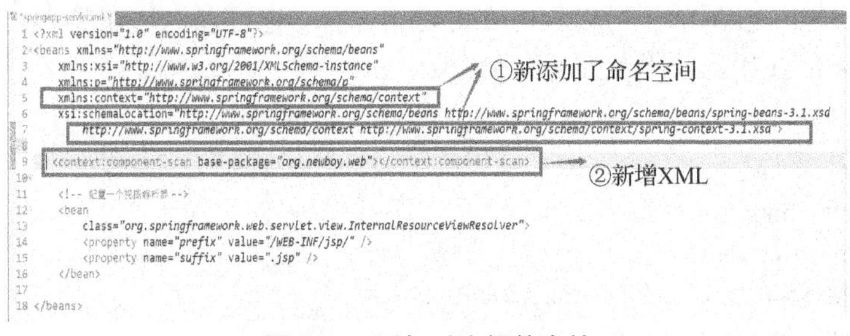

图 7-11　添加对注解的支持

在 MyEclipse 中，可以通过可视化的方式添加有 XML 中的命名空间（XML Namespace），如图 7-12 所示。打开 springapp-servlet.xml 文件，将选项卡由 Source 切换到 Namespaces，并勾选 context 复选框，对应的 springapp-servlet.xml 文件中就会加上 context 命名空间。

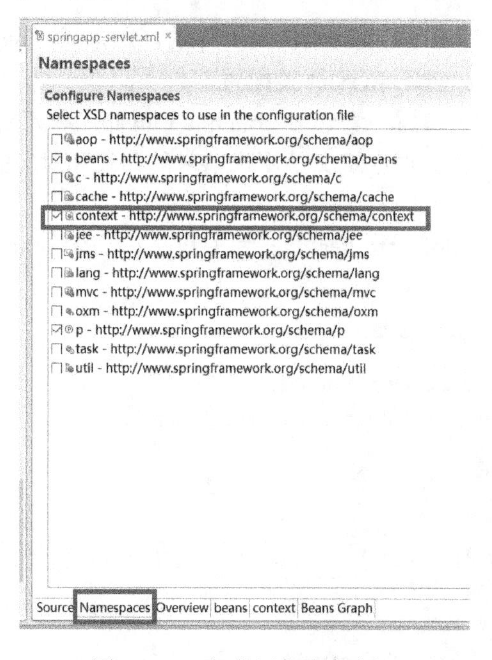

图 7-12　可视化添加命名空间

3. 部署运行

将项目部署到 Tomcat 服务器，启动 Tomcat，在浏览器中输入地址 http://localhost:8080/sshBook2_ch7/helloController2.htm，如果配置正确，就能看到和 7.1 节一样的 hello.jsp 页面结果。

本例中，@RequestMapping(value="/helloController2")中的 value 确定了用户在浏览器访问该控制器的 URL 地址。注意，要加上.htm 的扩展名才能被 Spring MVC 的 Servlet 拦截。

7.5 Spring MVC 注解详解

7.5.1 @RequestMapping 标注在类上

@RequestMapping 注解除了可以标注在方法上之外，也可以标注在类上，放于@Controller 之后，标注在类上的作用类似于父路径。例如：

```
@Controller
@RequestMapping(value="/user")
public class HelloController2{
    //返回 ModelAndView 对象
    @RequestMapping(value="/helloController2")
    public ModelAndView handleRequest(){
```

```
//省略
        return new ModelAndView("hello");
    }
}
```

此时，访问地址就变为 http://localhost:8080/sshBook2_ch7/**user**/helloController2.htm，user 是 helloController2 的上一级路径，且无法跳过 user 来访问 helloController2.htm。

访问成功的效果如图 7-13 所示。

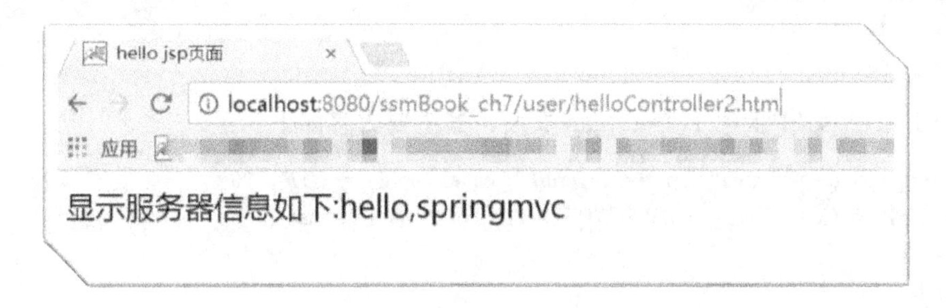

图 7-13　@RequestMapping 标注在类名前面

7.5.2　@RequestMapping 注解的属性

RequestMapping 注解中有 7 个属性，从其源代码中可以看到 7 个属性的名称。

```
public interface RequestMapping extends Annotation {
    // 指定映射的名称
    public abstract String name();
    // 指定请求路径的地址
    public abstract String[] value();
    // 指定请求的方式，是一个 RequestMethod 数组，可以配置多个方法
    public abstract RequestMethod[] method();
    // 指定参数的类型
    public abstract String[] params();
    // 指定请求数据头信息
    public abstract String[] headers();
    // 指定数据请求的格式
    public abstract String[] consumes();
    // 指定返回的内容类型
    public abstract String[] produces();
}
```

这里主要演示两个使用最频繁的 params 和 method 参数的使用。

params 参数表示用户传递的参数名，例如：

```
@RequestMapping(value="user/select.htm",params="id")
    public String selectById(String id){
        System.out.println("id:"+id);
        return "redirect:list.htm";
    }
```

当在浏览器中输入地址 http://localhost:8080/sshBook2_ch7/user/select.htm?id=8 时，id=8 的参数和值使用以前的纯 Servlet 方式读取要采用 request.getParameter()方法才能获得值。而 Spring MVC 可以将其自动注入到方法中，在服务器中可以得到 id 为 8 的值。这是非常有用的一个功能，可以将我们从一次又一次 request 的枯燥读取多个请求参数中解放出来。

method 参数则指定了只响应指定的请求方式。下面定义一个方法指定 method 为 GET。

```
@RequestMapping(value="user/test.htm",method=RequestMethod.GET)
    public String test(){
        return "test";
    }
```

在/WEB-INF/jsp/中新建 1 个 test.jsp 页面，其主要内容如下。

```
<%@ page language="java" import="java.util.*" pageEncoding="UTF-8"%>
<!DOCTYPE HTML PUBLIC "-//W3C//DTD HTML 4.01 Transitional//EN">
<html>
  <head>
    <title>test.jsp</title>
  </head>
  <body>
    welcome test.jsp
  </body>
</html>
```

在浏览器中输入地址 http://localhost:8080/sshBook2_ch7/user/test.htm，可以得到如图 7-14 所示的结果页面。

图 7-14　test.jsp 结果页面

Spring MVC 同样支持模型参数和拦截器，以及文件上传等功能。限于篇幅，如果读者有兴趣，可以查阅 Spring 的官方文档。

本章小结

本章中介绍了如何利用 Spring MVC 框架来开发 Java Web 程序。Spring MVC 的核心组件是 DispatcherServlet，它相当于战争中的总司令部，负责所有的请求调度和分发。本章通过 1 个入门的程序让大家对 Spring MVC 有了基本的了解，并讲解了基于注解的方式如何配置 Spring MVC。第 8 章中将会介绍数据访问层的框架——Hibernate。

第8章 Hibernate入门

在 Java 的数据访问层技术领域中，JDBC 是一门原生和底层的技术。随着 Java 设计思想和技术本身的演变，涌现出大批对 JDBC 封装的技术，这种技术称为 ORM。目前，主流的 ORM 框架有 Hibernate、MyBatis、JDO 和 Java EE 技术规范 JPA 等。

ORM 中有两个关键词——Object（对象）和 Relational（关系型数据）。在当今的应用开发中，都要面对面向对象和关系型数据进行开发。由于现在大部分的计算机语言是完全面向对象的语言，所以在业务逻辑层和表示层中，将系统中各参数与实体都用面向对象思想进行实体封装。而在数据访问层，鉴于当前数据库技术的发展状况，不得不在关系型数据库模型上进行相应的持久化操作。那么，如何解决应用中的面向对象设计和关系型数据之间的转换呢？这正是 ORM 框架要做的事情。简单来说，ORM 就是编写程序时以面向对象的方式处理数据，保存数据时以关系型数据库的方式存储数据。

ORM 框架有以下映射内容。

（1）类与数据库表的映射。

（2）类属性与数据库字段的映射。

（3）数据类型和数据库类型的映射。

（4）实体对象关系和数据库表关系的映射。

ORM 框架解决方案中包括下面 4 项内容。

（1）在持久化对象上执行基本的增、删、改、查操作。

（2）对持久化对象提供一种查询语言或 API。

（3）对象关系映射工具。

（4）提供与事务对象进行交互、执行检查、延迟加载及其他优化功能。

8.1 搭建 Hibernate 环境

8.1.1 Hibernate 简介

Hibernate 是一个开放源代码的对象关系映射框架，它对 JDBC 进行了非常轻量级的对象封装，使得 Java 程序员可以随心所欲地使用面向对象编程思维来操纵数据库。Hibernate 可以应用在任何使用 JDBC 的场合，既可以在 Java 的客户端程序中使用，也可以在 Servlet/JSP 的 Web 应用中使用。最具有革命意义的是，Hibernate 可以在应用 EJB 的 Java EE 架构中取代 CMP，完成数据持久化的重任。Hibernate 是目前市场上最流行、使用最广的 ORM 框架之一。怎样理解这个框架呢？如图 8-1 所示，应该从以下 2 个方面进行理解。

（1）用户与框架的交互。

① 用户调用框架提供的 save()、update()、delete()等方法进行增、删、改操作。

② 用户调用框架提供的 HQL 或 Criteria 查询语言进行查询操作。

（2）框架与底层数据库的交互。

① 框架连接数据库，创建数据源。把连接数据库的信息写在 XML 配置文件中（hibernate.cfg.xml），如用户名、密码、连接字符串、驱动类等。

② 配置映射文件（*.hbm.xml），实现持久化类与数据库表之间的映射关系。

③ 提供数据加载方式、缓存管理等优化设置。

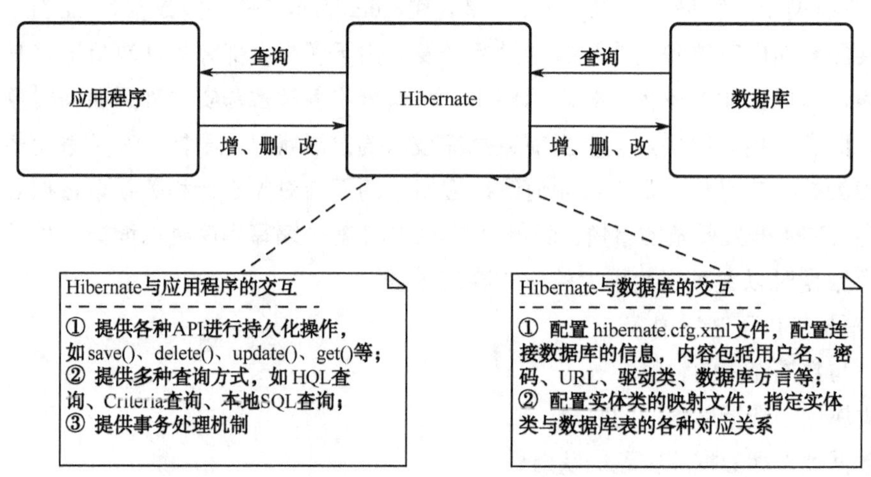

图 8-1　Hibernate 框架原理

8.1.2 Hibernate 的下载和配置

1. 下载和部署需要的 JAR 包

访问 Hibernate 的官方主页：http://wwww.hibernate.org。本书的 Hibernate 框架主要使用 Hibernate 3.3。下载 hibernate-distribution-3.3.2.GA-dist.zip，解压后，其目录结构如图 8-2 所示。

注意查看根目录和 lib\required 目录。根目录包含的文件夹和文件如图 8-3 所示。在根目录中存放 hibernate3.jar，Hibernate 的接口和类就在这个 JAR 包中。

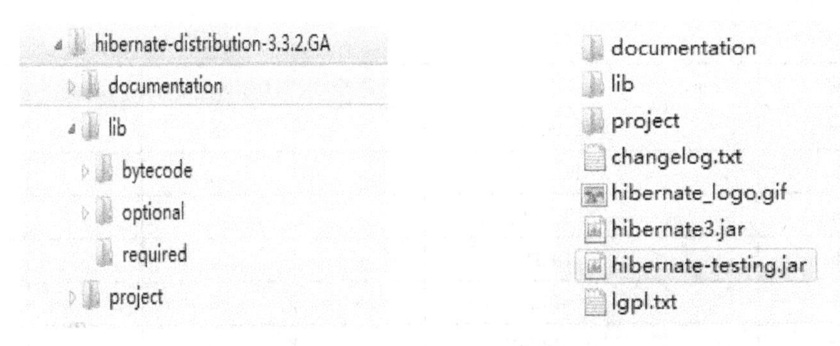

图 8-2 目录结构　　　　图 8-3 根目录包含的文件夹和文件

Hibernate 还会使用到一些第三方的类库，这些类库存放在 lib\required 目录中，如图 8-4 所示。

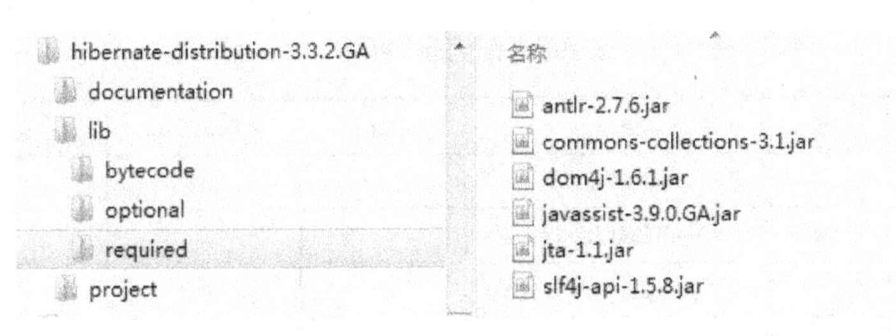

图 8-4 Hibernate 运行时所需要的 JAR 包

Hibernate 所需 JAR 包的说明如表 8-1 所示。

表 8-1 Hibernate 所需 JAR 包的说明

名　称	说　明
antlr-2.7.6.jar	语法分析器
commons-collections-3.1.jar	各种集合类和集合工具类的封装
dom4j-1.6.1.jar	XML 的读写
javassist-3.9.0.GA.jar	分析、编辑和创建 Java 字节码的类库
jta-1.1.jar	Java 事务 API
slf4j-api-1.5.8.jar	日志输出

了解完以上 JAR 包的说明后，将 hibernate3.jar 包和 lib\required 目录中的 JAR 包及 Oracle 数据库的驱动包全部复制到项目的 WEB-INF\lib 目录中。

2. 创建 Hibernate 配置文件 hibernate.cfg.xml

使用前面的 Oracle 数据库提供的员工表和部门表进行持久化操作，用户名为 scott，密码为 tiger。在 Oracle 默认情况下，scott 用户是被冻结的，可以先以 System 用户登录解除 scott 的冻结，再以 scott 登录 Oracle 后即可使用表 8-2 和表 8-3 所示的员工表和部门表。

表 8-2 员工表 Emp

	名称	Virtual	类型	可为空	Default/Expr.	存储	注释
▶	empno		NUMBER(4)		…		员工 ID

续表

	名称	Virtual	类型	可为空	Default/Expr.	存储	注释
	ename		VARCHAR2(10)	√	…		员工姓名
	job		VARCHAR2(9)	√	…		职位
	mgr		NUMBER(4)	√	…		上司的 ID
	hiredate		DATE	√	…		入职日期
	sal		NUMBER(7,2)	√	…		工资
	comm		NUMBER(7,2)	√	…		奖金
	deptno		NUMBER(2)	√	…		部门 ID，外键
*		√		√	…	…	

表 8-3　部门表 Dept

	名称	Virtual	类型	可为空	Default/Expr.	存储	注释
	deptno		NUMBER(2)		…		部门 ID
	dname		VARCHAR2(14)	√	…		部门名称
	loc		VARCHAR2(13)	√	…		部门所在地
*		√		√	…	…	

说明：在本章内，只使用部门表 Dept，进行表的增、删、改操作。

Hibernate 配置文件时，主要是配置数据的连接和运行时的各种特性。在项目的 src 中创建 hibernate.cfg.xml 文件。在 hibernate-distribution-3.3.2.GA-dist.zip 包的 project\etc 目录中找到该文件的示例文件。

```
<?xml version='1.0' encoding='UTF-8'?>
<!DOCTYPE hibernate-configuration PUBLIC
          "-//Hibernate/Hibernate Configuration DTD 3.0//EN"
          "http://hibernate.sourceforge.net/hibernate-configuration-3.0.dtd">

<hibernate-configuration>
<session-factory>
    <!-- 数据库方言，使框架匹配其平台特性 -->
    <property name="dialect">
        org.hibernate.dialect.Oracle10gDialect
    </property>
    <!-- 连接数据库的 URL -->
    <property name="connection.url">
        jdbc:oracle:thin:@localhost:1521:orcl
    </property>
    <!-- 数据库用户名 -->
    <property name="connection.username">scott</property>
    <!-- 数据库密码 -->
    <property name="connection.password">tiger</property>
    <!-- 数据库的 JDBC 驱动 -->
```

```
        <property name="connection.driver_class">
            oracle.jdbc.driver.OracleDriver
        </property>
        <!-- 在控制台输出运行时生成的 SQL 语句 -->
        <property name="show_sql">true</property>
        <!-- 在控制台输出格式化的 SQL 语句 -->
        <property name="format_sql">true</property>
        <!-- 映射配置文件 -->
        <mapping resource="org/newboy/entity/Dept.hbm.xml" />
        <mapping resource="org/newboy/entity/Emp.hbm.xml" />
    </session-factory>
</hibernate-configuration>
```

以上配置均是 hibernate.cfg.xml 文件最常用的配置。创建好 Hibernate 的配置文件后，要创建持久化类和映射文件。这里以 Oracle 的 scott 用户的 Dept 表为例进行说明。

3. 创建持久化类和映射文件

实体映射技术是类与表之间联系的纽带，在 ORM 实现中起着至关重要的作用。实体映射的核心内容是实体类与数据库表之间的映射定义。在 Hibernate 中，类和表映射主要包括以下 3 部分内容。

① 表名与类的映射。

② 主键映射。

③ 字段映射。

下面来定义部门实体类 Dept。

```
/**
 * 部门实体类
 * @author Administrator
 */
public class Dept implements java.io.Serializable {
    private Integer deptno;        //部门编号
    private String dname;          //部门名称
    private String loc;            //所在城市
    public Dept() {
    }
    public Dept(Integer deptno, String dname, String loc) {
        this.deptno = deptno;
        this.dname = dname;
        this.loc = loc;
    }
    //省略 getter 和 setter 方法
}
```

如何在 Dept 类和 Dept 表之间建立映射关系呢？可以通过 XML 文档来描述类与表、类属性和数据表字段之间的关系。这种 XML 文档被称为映射文件，其后缀统一使用.hbm.xml。下面定义 Dept 实体类的映射文件 Dept.hbm.xml。

```
<?xml version="1.0" encoding="utf-8"?>
```

```
<!DOCTYPE hibernate-mapping PUBLIC "-//Hibernate/Hibernate Mapping DTD 3.0//EN"
"http://hibernate.sourceforge.net/hibernate-mapping-3.0.dtd">
<hibernate-mapping>
    <class name="org.newboy.entity.Dept" table="DEPT" schema="SCOTT">
     <!-- 实体唯一标识 -->
        <id name="deptno" type="java.lang.Integer">
            <column name="DEPTNO" precision="2" scale="0" />
            <!-- 主键生成策略 assigned 表示由用户提供主键 -->
            <generator class="assigned"></generator>
        </id>
        <property name="dname" type="java.lang.String">
            <column name="DNAME" length="14" />
        </property>
        <property name="loc" type="java.lang.String">
            <column name="LOC" length="13" />
        </property>
    </class>
</hibernate-mapping>
```

Dept.hbm.xml 映射文件放在 Dept 实体类的同一个包中。其中，各元素的含义说明如下。

（1）class：定义一个持久化类的映射信息。其常用属性如下。

① name：表示持久化类的全限定名（包名+类名）。

② table：表示持久化类对应的数据库表名。

③ schema：表示 Oracle 数据库实例中的用户。

（2）id：表示持久化类的唯一标识和表的主键的映射，用来唯一标识类的每个对象。其常用属性如下。

① name：表示持久化类属性的名称，和属性的访问器相匹配。

② type：表示持久化类属性的类型。

③ column：表示持久化类对应的数据库表字段的名称。

（3）generator：id 元素的子元素，表示主键的生成策略。其子元素如下。

① class：用来指定具体的主键生成策略，本例是 assigned。

② param：用来传递参数，本例的 assigned 不需要配置 param 元素。

常用主键生成策略如下。

- assigned：主键由应用程序生成或用户提供，无须 Hibernate 干预。
- increment：对类型为 long、short、int 的数据按数值顺序递增，增值为 1。
- identity：采用数据库提供的主键生成机制，SQL Server、DB2、MySQL 支持标识列。
- sequence：采用数据库提供的 sequence 机制生成主键，如 Oracle 数据库。
- native：由 Hibernate 根据底层数据库自行判断采用何种主键生成策略，如 identity、sequence 等。

（4）property：定义持久化类中属性和数据库表的字段的映射关系。其常用属性如下。

① name：表示持久化类属性的名称。

② type：表示持久化类属性的 Java 类型。

③ column：表示持久化类对应的数据库表字段的名称。

（5）column：用于指定其父元素代表的持久化类属性所对应的数据库表中的字段。其常用属性如下。

① name：表示字段的名称。

② length：表示字段的长度。

③ not-null：设定是否可以为 null，true 表示不允许为 null。

以上映射信息在映射文件中定义，还需要在配置文件 hibernate.cfg.xml 中声明，具体配置如下所示。

```
<?xml version='1.0' encoding='UTF-8'?>
<!DOCTYPE hibernate-configuration PUBLIC
          "-//Hibernate/Hibernate Configuration DTD 3.0//EN"
          "http://hibernate.sourceforge.net/hibernate-configuration-3.0.dtd">

<hibernate-configuration>
<session-factory>
    <!-- 省略其他配置 -->
    <!-- 映射配置文件名必须包含其相对于 classpath 的全路径 -->
    <mapping resource="org/newboy/entity/Dept.hbm.xml" />
</session-factory>
</hibernate-configuration>
```

综上所述，Hibernate 框架与底层数据库的交互包括 Hibernate 配置文件的创建和实体映射两大部分。接下来，将探讨用户与框架的交互，也就是持久化操作。

8.2　使用 Hibernate 完成持久化操作

搭建好 Hibernate 的环境后，可以通过 Hibernate API 进行持久化操作。Hibernate 内部也是采用 JDBC 来访问数据库的。

8.2.1　持久化操作的步骤

使用 Hibernate 操作数据库包括以下 7 个步骤。

（1）读取并解析配置文件。

```
Configuration   config = new Configuration().configure();
```

Hibernate 会自动在当前的 classpath 中查找 hibernate.cfg.xml 文件并将其加载至内存中，并且构建 Configuration 对象。Configuration 对象负责管理 Hibernate 的配置信息。Configuration 类一般只有在获取 SessionFactory 时需要涉及，当 SessionFactory 对象创建后，由于配置信息已经由 Hibernate 绑定在 SessionFactory 中，因此一般情况下无须再对其进行操作。

（2）读取并解析映射信息，创建 SessionFactory 对象。

```
SessionFactory factory = config.buildSessionFactory();
```

SessionFactory 负责创建 Session 对象，Configuration 对象会根据当前的数据库配置信息构建 SessionFactory 对象。SessionFactory 一旦构建，Configuration 对象的任何变化将不会影响已经创建的 SessionFactory 对象。如果需要使用基于改动后的 Configuration 对象的 SessionFactory，则需要从 Configuration 对象中重新构建一个 SessionFactory 对象。

（3）打开 Session。

```
Session session = factory.openSession();
```

Session 是 Hibernate 持久化操作的基础。Session 负责完成对象的持久化操作。注意：这里的 Session 与 Web 应用的 HttpSession 没有任何关系。Hibernate 的 Session 相当于 JDBC 中的 Connection。

Session 作为贯穿 Hibernate 的持久化管理器核心，提供了众多持久化方法，如 save、update、delete、get、load 等。通过这些方法，可以透明地完成对象的增、删、改、查等持久化操作。

需要注意的是，Hibernate Session 的设计是非线程安全的，也就是说，一个 Session 对象同时只可以由一个线程使用，同一个 Session 实例的多线程并发调用将导致难以预知的错误。

（4）开始一个事务。增、删、改操作必须有事务环境，查询操作可以不用事务环境。

```
Transaction tx = session.beginTransaction();
```

（5）数据库操作。

```
session.save(dept);   //保存操作
```

（6）结束事务。

tx.commit()表示事务提交，tx.rollback()表示事务回滚。

（7）关闭 Session。

```
session.close();
```

在项目开发过程中，通常使用工具类来管理 SessionFactory 和 Session。编写成一个通用的工具类，供其他 DAO 方法进行调用，代码如下。

```
/** 会话工具类 */
public class HibernateUtil {
    //指定配置文件
    private static String CONFIG_FILE_LOCATION = "/hibernate.cfg.xml";
    //创建会话安全的 Session，建立本地线程对象
    private static final ThreadLocal<Session> threadLocal = new ThreadLocal<Session>();
    private static Configuration configuration = new Configuration();
    private static org.hibernate.SessionFactory sessionFactory;
    static {
        try {
            configuration.configure(CONFIG_FILE_LOCATION);
            sessionFactory = configuration.buildSessionFactory();
        } catch (Exception e) {
            System.err.println("会话工厂创建失败");
            e.printStackTrace();
        }
    }
    /* 私有的构造方法，限制通过 new 方法进行实例化   */
```

```
    private HibernateUtil() {   }
    /**得到一个线程安全的实例
     * @return Session 返回会话对象
     * @throws HibernateException */
    public static Session getSession() throws HibernateException {
        Session session = threadLocal.get();
        if (session == null || !session.isOpen()) {
            session = (sessionFactory != null) ? sessionFactory.openSession() : null;
            threadLocal.set(session);
        }
        return session;
    }
    /* 关闭单个会话实例的方法 */
    public static void closeSession() throws HibernateException {
        Session session = threadLocal.get();
        threadLocal.set(null);
        if (session != null) {
            session.close();
        }
    }
}
```

这段代码通过 MyEclipse 工具也可以自动产生，笔者对其进行了修改，并添加了注释。其他 DAO 方法可以通过 HibernateUtil.getSession()得到会话，通过 HibernateUtil.closeSession()关闭会话。

8.2.2 根据主键加载对象

对数据进行修改或删除时，应先根据主键查询出这个对象。Hibernate 提供了两种加载对象的方法：get()和 load()。这两个方法都可以根据主键加载对象，但它们是有区别的。下面以查询部门表 Dept 为例进行说明。

（1）Object get(Class class,Serializable id)方法。

使用 get()方法加载部门对象的代码如下所示。

```
public static void main(String[] args) {
    Session session = null;
    Configuration config = null;
    SessionFactory factory = null;
    Transaction tx = null;
    try {
        //1. 读取配置文件
        config = new Configuration().configure();
        //2. 创建会话工厂
        factory = config.buildSessionFactory();
        //3. 打开会话
        session = factory.openSession();
        tx = session.beginTransaction();
```

```
            //根据主键加载对象操作
            Dept dept = (Dept) session.get(Dept.class, new Integer(10));
            System.out.println("部门名："+dept.getDname());
            tx.commit();
        } catch (HibernateException e) {
            e.printStackTrace();
            tx.rollback();
        } finally{
            if (session != null) {
                session.close();
            }
        }
    }
```

输出结果：

```
部门名：ACCOUNTING
```

使用 get()方法查询时，如果没有找到相应数据，则返回 null。

（2）Object load(Class class,Serializable id) 方法。

使用 load()方法加载部门对象的代码如下所示。

```
//根据主键加载对象操作
//前后代码和 get()的代码一致
Dept dept = (Dept) session.load(Dept.class, new Integer(10));
```

使用 load()方法加载数据时，如果没有找到相应数据，则程序运行到 dept.getDname()方法时会抛出异常，主要异常信息内容如下。

```
org.hibernate.ObjectNotFoundException:
            No row with the given identifier exists
```

使用 Session 的 get()方法时，如果查询的数据不存在，则返回一个 null；但是使用 load()方法，如果查询的数据不存在，则会抛出异常。这是 get()和 load()方法的区别之一。这两个方法在数据加载方面也有区别，例如，get()是即时加载数据的，而 load()是延时加载数据的。加载数据的相关内容将在后续章节中进行介绍。

8.2.3 使用 Hibernate 实现数据库的增、删、改操作

（1）使用 Hibernate 增加部门记录。

```
public static void main(String[] args) {
    //省略声明对象
    try {
        //1. 读取配置文件
        config = new Configuration().configure();
        //2. 创建会话工厂
        factory = config.buildSessionFactory();
        //3. 打开会话
        session = factory.openSession();
```

```
            //4. 开始事务
            tx = session.beginTransaction();
            //5. 先创建要添加的部门对象，再进行持久化操作
            Dept dept = new Dept(new Integer(50), "MARKETING", "Detroit");
            session.save(dept);
            //6. 提交事务
            tx.commit();
        } catch (HibernateException e) {
            e.printStackTrace();
            //7.回滚事务
            tx.rollback();
        } finally{
            //8. 关闭会话
            if (session != null) {
                session.close();
            }
        }
}
```

（2）使用 Hibernate 修改部门记录。

```
public static void main(String[] args) {
        //省略声明对象
try{
            // 1. 开始事务
            tx = session.beginTransaction();
            //获取要修改的部门数据，根据主键进行加载
            Dept dept = (Dept) session.get(Dept.class, new Integer(10));
            //修改部门信息
            dept.setDname("PLANNING");
            // 2. 持久化操作
            session.update(dept);
            // 3. 提交事务
            tx.commit();
        } catch (HibernateException e) {
            e.printStackTrace();
            // 4. 回滚事务
            tx.rollback();
        } finally {
            // 5. 关闭会话
            if (session != null) {
                session.close();
            }
        }
}
```

（3）使用 Hibernate 删除部门记录。

```
public static void main(String[] args) {
```

```
        //省略声明对象
        try {
            // 1. 读取配置文件
            config = new Configuration().configure();
            // 2. 创建会话工厂
            factory = config.buildSessionFactory();
            // 3. 打开会话
            session = factory.openSession();
            // 4. 开始事务
            tx = session.beginTransaction();
            //获取要删除的部门数据，根据主键进行加载
            Dept dept = (Dept) session.get(Dept.class, new Integer(50));
            // 5. 持久化操作
            session.delete(dept);
            // 6. 提交事务
            tx.commit();
        } catch (HibernateException e) {
            e.printStackTrace();
            // 7. 回滚事务
            tx.rollback();
        } finally {
            // 8. 关闭会话
            if (session != null) {
                session.close();
            }
        }
    }
```

关于以上 Hibernate 的增、删、改操作，修改和删除都要先根据主键加载唯一的对象，再进行相应的持久化操作。在编写 Hibernate 代码时，完全不需要再有数据库、字段等概念。所有操作都以面向对象的思维来操纵某个业务对象。以面向对象的方式操纵关系型数据库是 Hibernate 的一个设计理念。

要注意的是，在 Hibernate 中，所有的增、删、改操作一定要在事务环境中完成。

8.3 Hibernate 中 Java 对象的 3 种状态

8.3.1 实体对象的 3 种状态

实体对象的生命周期，是 Hibernate 应用中的一个关键概念，正确理解生命周期，有利于更好地理解 Hibernate 的实现原理，更好地掌握 Hibernate 的正确用法。Hibernate 通过 Session 来管理实体对象的状态。

Hibernate 中的实体对象有 3 种状态：瞬时状态（Transient）、持久状态（Persistent）、游离状态（Detached）。

（1）瞬时状态：实体对象在内存中的自由存在，与数据库中的记录无关。例如，通过 new

创建对象后，该对象就为瞬时状态，此时它和数据库中的数据没有任何关联。代码如下：

```
Dept dept = new Dept(new Integer(50), "MARKETING", "Detroit");
```

这里的 Dept 对象与数据库的记录没有任何关联，就是瞬时状态。

（2）持久状态：实体对象处于 Hibernate 的 Session 管理的状态。在这种状态下，实体对象与 Session 关联，处于持久状态的对象拥有数据库标识（数据库中的主键值）。那么，对象是怎样与 Session 发生关联的呢？请看下面两个代码片段。

代码 1：

```
Dept dept = (Dept) session.get(Dept.class, new Integer(50));
```

当通过 Session 的查询接口，或 get()或 load()方法从数据库中加载对象的时候，加载的对象是与数据库表中的某条记录关联的，此时对象与 Session 发生关联。

代码 2：

```
Dept dept = new Dept(new Integer(50), "MARKETING", "Detroit");
session.save(dept);
tx.commit();
```

瞬时状态的对象，调用 Session 的 save()方法或 SaveOrUpdate()方法时，实体对象也与 Session 发生关联。对于处于持久状态的对象，Session 会持续跟踪和管理这些对象，如果对象的内部发生变更，则这些变更将在合适时机（例如，事务的提交）由 Hibernate 固化到数据库中。

（3）游离状态：原来处于持久状态的对象，脱离 Session 的管理后，此对象就处于游离状态，也称为托管状态。处于游离状态的对象，Hibernate 无法保证对象中的数据与数据库中的数据是否一致，因为 Hibernate 已经无法获知该对象的任何变化。例如，当 Session 实例关闭后，代码如下。

```
Dept dept = (Dept) session.get(Dept.class, new Integer(10));
dept.setDname("PLANNING");
tx.commit();
session.close();
```

Dept 对象通过 get()方法加载出来后，就是持久化状态。当其内部属性发生变更时，事务提交后，其变更也会同步到数据库中，此时的 Dept 对象都是持久化对象。但当 Session 实例关闭后，Session 实例失效，其从属的持久化状态的 Dept 对象就转换为游离状态了。

对于一个游离状态的对象，只要与一个新的 Session 实例再次关联，该对象就会从游离状态重新转变为持久状态。例如，再次调用 update()、merge()等方法。

瞬时状态和游离状态对象都与 Session 容器没有任何关联，那么这两种状态又有什么区别呢？回顾前面的两段代码。

创建游离状态对象：

```
Dept dept = new Dept(new Integer(50), "MARKETING", "Detroit");
```

创建持久状态对象：

```
session.save(dept);
```

在创建瞬时状态对象时，为Dept对象设定了dname和loc两个属性，此时Dept对象与数据库中的记录不存在任何对应关系，即该对象不存在主键信息。当执行 session.save(dept)后，Hibernate对Dept对象进行了持久化，并为它赋予了主键值，那么，这个Dept对象就可以与数据库表中具备相同ID值的记录相关联。

简而言之，瞬时状态的对象无主键信息；而游离状态的对象，包含了其对应的数据库记录的主键值。但游离状态的对象脱离了Session这个数据库操作环境，其状态无法更新到数据库表中的对应记录上。

其实，可以调用 session.delete()方法删除持久状态和游离状态的对象，此时的对象所对应的数据库记录已经被删除，也就是对象的ID值找不到主键的对应关系，因此，该对象处于游离状态。

8.3.2　3种状态之间的转换

在进行Hibernate的持久化操作过程中，不同的操作会导致对象状态的改变。根据前面对3种状态的详述，可参考如图8-5所示的对象状态改变的过程。

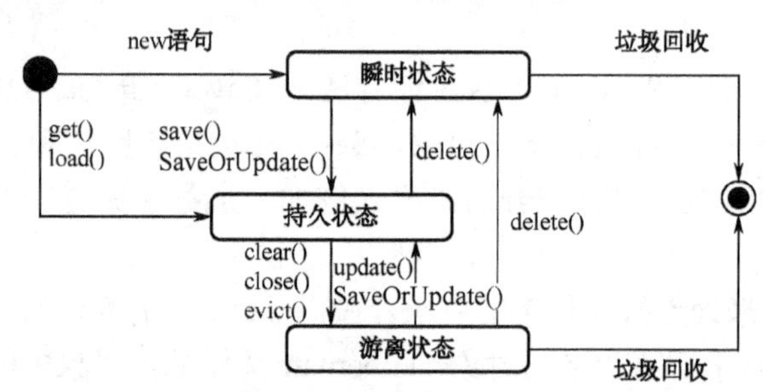

图8-5　对象3种状态转换

8.4　脏检查及刷新缓存机制

8.4.1　脏检查

要理解脏检查，首先要知道什么是脏对象。在Hibernate中，状态前后发生变化的数据，称为脏对象。脏数据并不是废弃和无用的数据，如以下代码片段所示。

```
//开始事务
tx = session.beginTransaction();
//获取要修改的部门数据，Dept处于持久状态
Dept dept = (Dept) session.get(Dept.class, new Integer(10));
//修改部门信息，此时Dept对象成为“脏对象”
dept.setDname("PLANNING");
//提交事务
tx.commit();
```

当事务提交时，Hibernate会对Session中的持久状态的对象进行检测，判断持久化对象的

数据是否发生了改变，这种检测称为脏检查。在前面的代码中，Dept 对象处于持久状态，Dept 的属性 dname 发生改变，Dept 对象就变成脏对象。为什么要进行脏检查呢？当持久化对象发生改变时，就有必要将改变同步更新到数据库中，以确保 Session 中的对象与数据库中的数据保持一致。

Session 是如何进行脏检查的呢？当实体对象被加到 Session 缓存中时，Session 会为对象的值类型的属性复制一份快照。当 Session 的缓存被刷新时，就会进行脏检查，即对比对象的当前属性和它的快照，来判断对象的属性是否发生了改变，如果发生了改变，Session 会根据对象最新的属性值来执行相应的 SQL 语句，将变化同步更新到数据库中。

8.4.2　刷新缓存机制

每次当 Session 缓存中对象的属性发生改变时，都不会马上刷新缓存发送 SQL 语句，而是在特定的时间点才刷新缓存。这使得 Session 能够把几条相关的 SQL 语句合并为一条或成批的 SQL 语句，减少了访问数据的次数，从而提高了应用程序访问数据的性能。

在默认情况下，Session 会在以下时间点刷新缓存。

（1）当应用程序调用 Transaction 的 commit()方法时，commit()方法先调用 Session 的 flush()方法刷新缓存，再向数据库提交事务。Hibernate 之所以把刷新缓存的时间点安排在事务快结束时，是因为这样既可以减少访问数据库的频率，也可以尽可能缩短当前事务对数据库中相关资源的锁定时间。如前面修改部门记录的代码，无须显式调用 session.update()方法，只要最后提交事务，就可以通过 Hibernate 的脏检查，然后把数据的变更同步更新到数据库中。

（2）当应用程序显式调用 Session 的 flush()方法时，刷新缓存。但这里要明确 Session 的 flush()和 Transaction 的 commit()方法的区别。flush()方法的主要作用就是清理缓存，强制数据库与 Hibernate 缓存同步，以保证数据的一致性。它的主要动作就是向数据库发送一系列的 SQL 语句，并执行这些 SQL 语句，但是不会向数据库提交。而 commit()方法会先调用 flush()方法，然后提交事务。这就是为什么仅仅调用 flush()的时候记录并未插入到数据库中的原因，只有提交了事务，对数据库所做的更新才会被保存下来。因为 commit()方法隐式地调用了 flush()，所以一般不会显式地调用 flush()方法。其代码如下。

```
Dept dept = (Dept) session.get(Dept.class, new Integer(10));
dept.setDname("PLANNING");
//仅刷新缓存，发送 SQL 语句，没有提交事务，数据没有永久保存到数据库中
session.flush();
//提交事务
tx.commit();
```

在前面的代码中，session.flush()可以省略，因为仅调用 flush()方法，事务也不会提交，必须调用 commit()，而且调用 commit()时也会调用 flush()方法。这是 Hibernate 的 flush 机制。在一些复杂的对象更新和保存的过程中就要考虑数据库操作顺序的改变，以及延时 flush 是否对程序的结果有影响。如果确实存在着影响，就可以使用 flush 强制这种数据库操作顺序。也就是说，在需要保持这种操作顺序的位置加入 flush，强制 Hibernate 将缓存中记录的操作 flush 转入数据库，这样看起来也许不太美观，但很有效。

所以，flush()是针对缓存级别的，而 commit()是针对数据库级别的。

8.5 数据的更新方法

在 Hibernate 中，根据对象状态的不同，Session 提供了多种更新数据的方法，如 update()、SaveOrUpdate()、merge()等方法。这些方法都可以进行更新操作，它们的应用场景如下。

（1）update()方法，用于对游离状态的对象进行数据库更新操作。如果对象没有 OID（主键值），则报错。

（2）SaveOrUpdate()方法，同时包含了 save()与 update()方法的功能，如果传入参数的是瞬时状态的对象，则调用 save()方法；如果传入参数是游离状态的对象，则调用 update()方法。或者对象的持久标识表明它是一个新实例的对象，将调用 save()方法。

（3）merge()方法，意为合并，能够把一个游离状态的对象的属性复制到一个持久化对象中，执行更新或插入（如果无法在 Session 的缓存或数据库中加载到相应的持久化对象，则执行插入）操作并返回持久化对象。如果传入的是瞬时状态的对象，则保存并返回其副本。

例如，在 Dept 数据表中，20 号部门的信息如下。

```
DEPTNO: 20    DNAME：RESEARCH    LOC：DALLAS
```

使用 merge()方法修改该记录的 loc 属性为 ATLANTA，代码如下所示。

映射文件 Dept.hbm.xml：

```
<hibernate-mapping>
    <!-- dynamic-update="true" 作用是只修改发生变化的属性 -->
    <class name="org.newboy.entity.Dept" table="DEPT" schema="SCOTT"
        dynamic-update="true">
        <!-- 实体唯一标识 -->
        <id name="deptno" type="java.lang.Integer">
            <column name="DEPTNO" precision="2" scale="0" />
            <!-- 主键生成策略 assigned 表示由用户提供主键 -->
            <generator class="assigned"></generator>
        </id>
        <property name="dname" type="java.lang.String">
            <column name="DNAME" length="14" />
        </property>
        <property name="loc" type="java.lang.String">
            <column name="LOC" length="13" />
        </property>
</hibernate-mapping>
```

测试代码如下。

```
public static void main(String[] args){
    Transaction tx = null;
    try {
        Session session = HibernateUtil.getSession();
        tx = session.beginTransaction();
        Dept dept = new Dept(); // 瞬时
        //设置标识值
```

```
            dept.setDeptno(20);
            dept.setDname("RESEARCH");
            //修改区域为 ATLANTA
            dept.setLoc("ATLANTA");
            session.merge(dept);
            tx.commit();
        } catch (HibernateException e) {
            e.printStackTrace();
            tx.rollback();
        } finally {
            HibernateUtil.closeSession();
        }
    }
```

运行前面的测试代码，Hibernate 会产生以下 SQL 语句。

```
Hibernate: select * from DEPT where DEPTNO=?
Hibernate: update SCOTT.DEPT set LOC=? where DEPTNO=?
```

使用 merge()方法，Hibernate 会先查找相应的 Dept 对象，如果存在，则执行 update 操作。此外，在 Dept.hbm.xml 映射文件中，<class>元素设置了 dynamic-update="true"，作用是只修改发生改变的属性。

以上是 merge 的一般用法。但 merge 和 SaveOrUpdate 有相似的地方，它们都具备 save 和 update 的功能。测试代码如下。

```
    public static void main(String[] args) {
        Transaction tx = null;
        try {
            Session session = HibernateUtil.getSession();
            tx = session.beginTransaction();
            //根据主键加载编号为 20 的部门对象
            Dept dept1 = (Dept) session.get(Dept.class, new Integer(20));
            //创建瞬时对象
            Dept dept2 = new Dept();
            //部门编号也是 20
            dept2.setDeptno(20);
            dept2.setDname("RESEARCH");
            dept2.setLoc("DALLAS");
            session.SaveOrUpdate(dept2);
            tx.commit();
        } catch (HibernateException e) {
            e.printStackTrace();
            tx.rollback();
        } finally {
            HibernateUtil.closeSession();
        }
    }
```

运行以上代码，会报异常，主要的异常信息如下。

```
org.hibernate.NonUniqueObjectException: a different object with the same identifier value was already associated with the session: [org.newboy.entity.Dept#20]
```

该异常的含义如下：在同一个 Session 容器中，存在不同的对象引用了相同的对象标识。从测试代码可以看出，dept1 通过 get 方法加载标识为 20 的部门记录，而 dept2 开始时是瞬时对象，但后面又设置了对象标识为 20，当调用 SaveOrUpdate 方法时，Session 会对 dept2 执行 update 操作。也就是说，update 不能修改同一 Session 中具备相同标识值的对象。

将前面代码的 session.SaveOrUpdate(dept2)修改为 session.merge(dept2)，便可以解决以上问题。当 Session 中某持久化对象有 ID 相同的两个记录时，必须使用 merge()。merge()会在保存之前合并两个对象的记录。合并记录后的动作和 SaveOrUpdate 一样。这也是 merge 和 SaveOrUpdate 的主要区别。

8.6 使用 MyEclipse 反向工程生成实体和映射文件

前面学习 Hibernate 做持久化操作，整个过程都是手动创建的，包括添加 JAR 包、编写 Hibernate 配置文件、编写实体类文件和实体映射文件。这种做法显然不利于现实开发，本节将学习 MyEclipse 开发工具提供的 Hibernate 的反向工程。将预先创建好的数据库表生成相应的持久化类和映射文件称为反向工程。

以下使用 MyEclispse 2013 演示 Hibernate 反向工程，具体操作步骤如下。

（1）在 MyEclipse 中创建工程后，为该工程添加 Hibernate 支持，如图 8-6 所示。

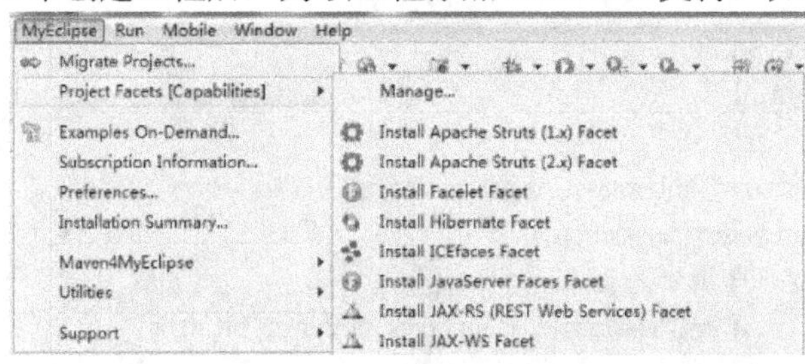

图 8-6　为工程添加 Hibernate 支持

（2）选择 Hibernate 4.1 版本，如图 8-7 所示。

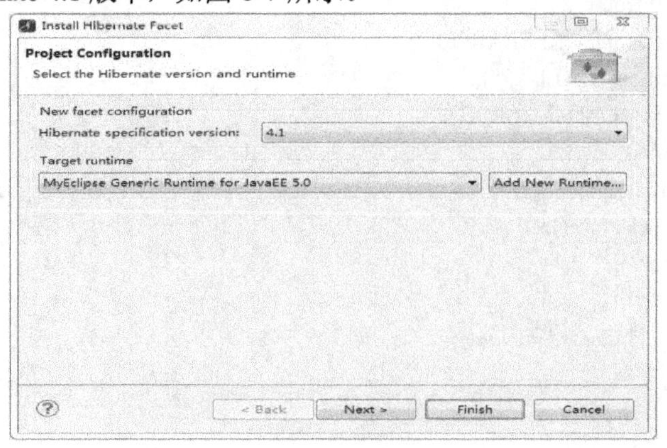

图 8-7　选择 Hibernate 4.1 版本

（3）单击“Next”按钮，创建 Hibernate 配置文件和 HibernateUtil 工具类，如图 8-8 所示。

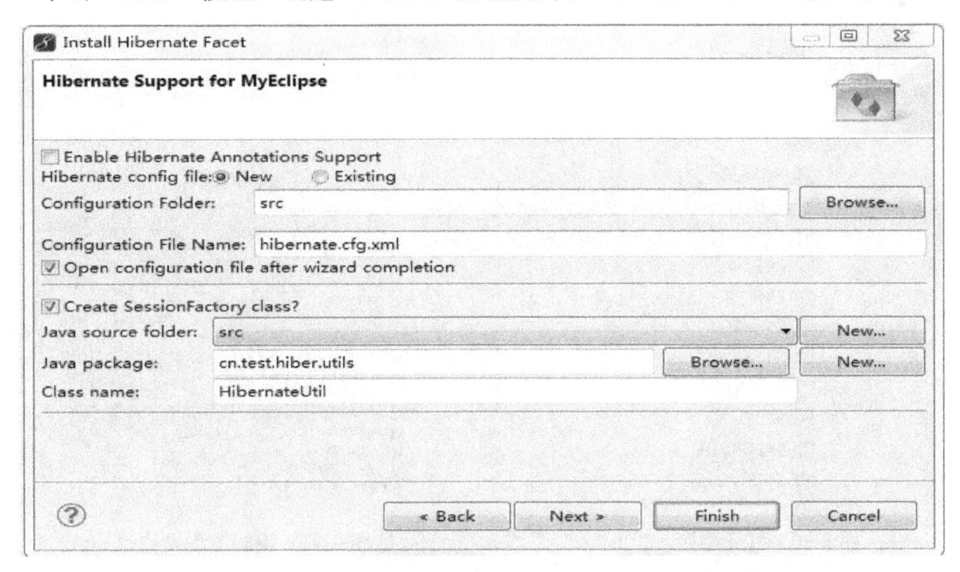

图 8-8 创建 Hibernate 配置文件和 HibernateUtil 工具类

（4）单击“Next”按钮，配置连接数据库信息，建议在 DataBase Explorer 视图中预先创建好数据库的连接，如图 8-9 所示。

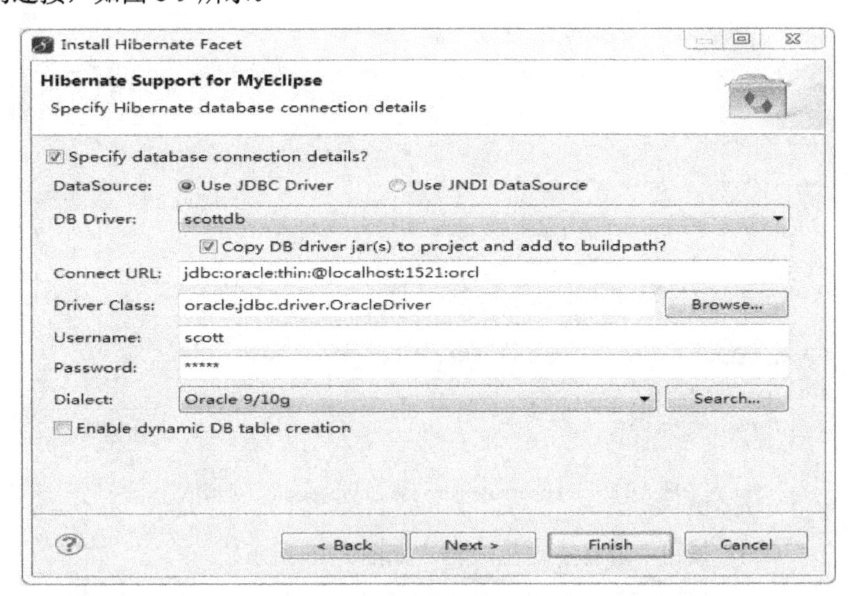

图 8-9 配置数据库连接信息

（5）单击“Next”按钮后，提示添加 Hibernate 的 JAR 包，单击“Finish”按钮，即当前工程已经添加了配置文件和类库。接下来就是使用 MyEclipse 的反向工程工具生成持久化类和映射文件。

（6）进入 MyEclipse DataBase Explorer 视图，打开已经创建好的连接，如图 8-10 所示，找到需要反向工程的数据库表，如 Dept 表，右击该表，在弹出的快捷菜单中选择“Hibernate Reverse Engineering”选项进行反向工程操作，如图 8-11 所示。

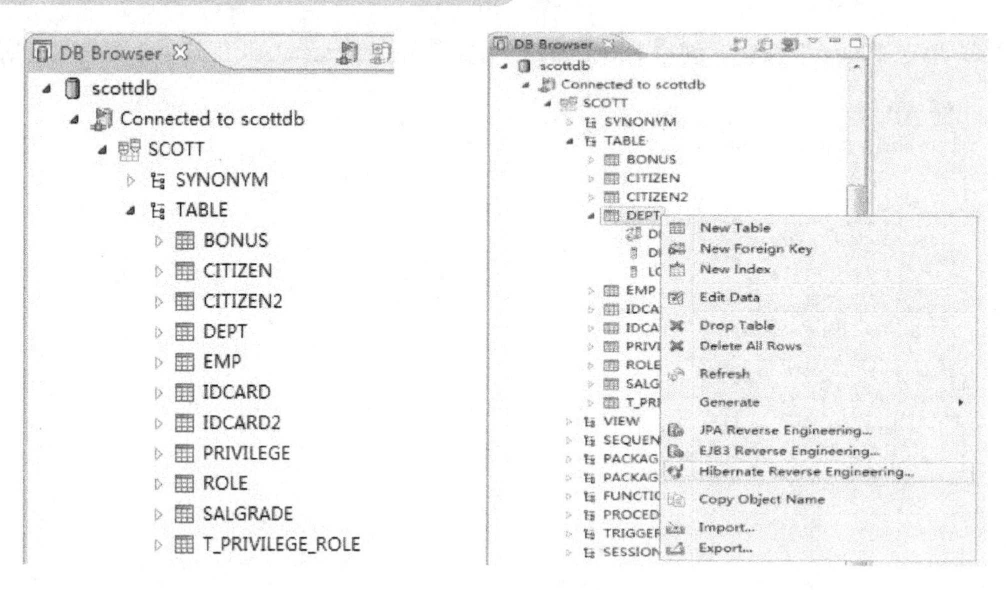

图 8-10　打开连接　　　　图 8-11　反向工程操作

（7）弹出“Hibernate Reverse Engineering”对话框，勾选生成映射文件和持久化类两个复选框，如图 8-12 所示为该窗口的部分截图。

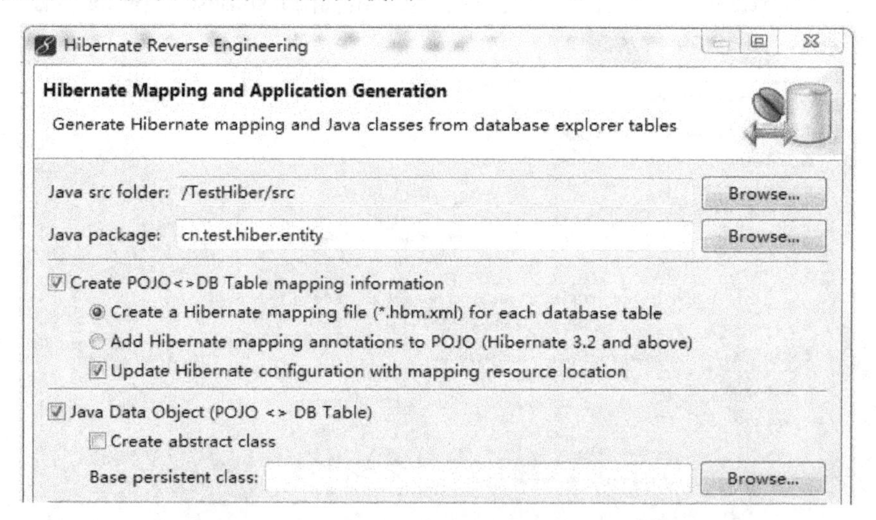

图 8-12　“Hibernate Reverse Engineering”对话框

（8）单击“Next”按钮，选择主键生成器，如图 8-13 所示。

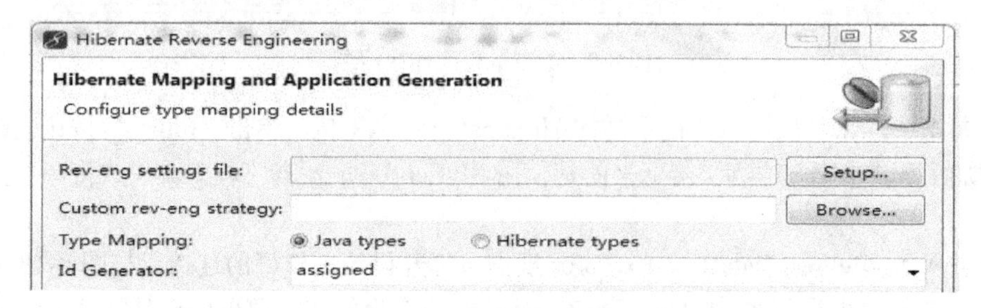

图 8-13　选择主键生成器

（9）单击“Next”按钮，弹出“Hibernate Mapping and Application Generation”对话框，可以具体指定某张表相应生成的持久化类的名称和 ID 生成策略或者什么都不做，单击“Finish”按钮完成配置。如图 8-14 所示，反向工程的具体配置包括设置实体类名和属性名等。

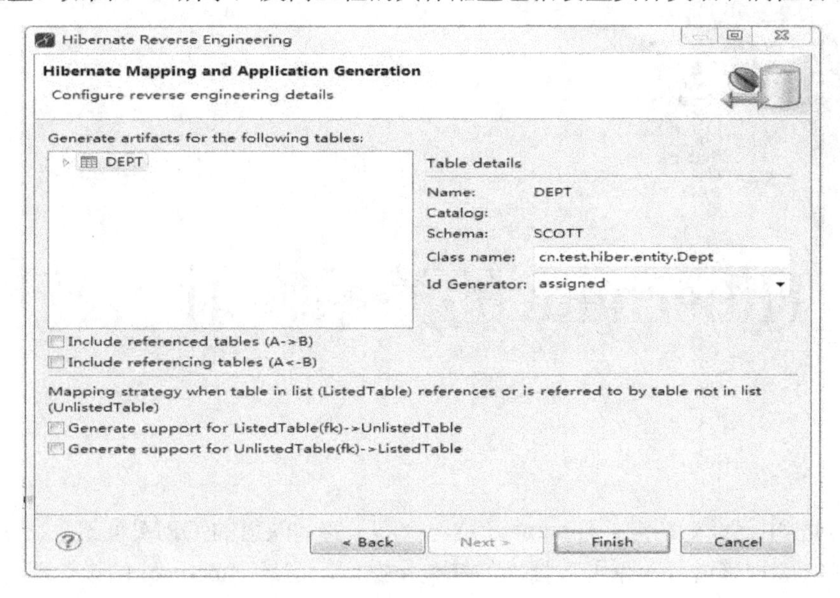

图 8-14　反向工程的具体配置

Hibernate 反向工程演示结束，回到 MyEclipse 的开发视图，可以发现在预先创建好的实体包中，已经生成了持久化类和映射文件，而且 hibernate.cfg.xml 也自动添加了相应的映射配置信息。

本章小结

本章介绍了 Hibernate 的基本使用及使用 MyEclipse 工具来辅助完成 Hibernate 的配置。第 9 章中将介绍 Hibernate 对于关系数据库对象之间的关系的支持。

第9章 Hibernate的关系映射

前面的内容中已经介绍过，Hibernate 是一个基于实体映射的 ORM 框架。在 Java 应用程序中使用 OOP 编程来进行关系型数据库的持久化操作，这是 Hibernate 的设计理念。在 ORM 中，最重要的内容就是实体映射，实体映射内容包括类与表、类的属性与表字段、类的属性数据类型和表字段的数据类型及实体关联关系。本章重点讨论实体的关联映射。

对于 ORM 而言，实体关联关系是一个非常关键的特性，它往往是导致系统性能低下的诱因。不良的关联设计会对系统的性能表现产生致命的影响，在实际开发中要特别留意这一点。在学习 Hibernate 时，也必须掌握好实体关联映射。

在讲解众多的实体关联映射之前，首先要了解类与类之间的关联关系。在 OOD（面向对象设计）中，类与类的关系有多种，包括关联、泛化、依赖、聚合和组合等关系。其中，最普遍的关系就是关联关系。关联是类之间的一种连接，表示对象之间的长期关系。在关联中，一个对象保存对另一个对象的引用，并在需要的时候调用这个对象的方法。

关联是有方向的。以部门表（Dept）和员工表（Emp）为例，一个部门中有多个员工，而一个员工只能属于一个部门。从 Emp 到 Dept 的关联是多对一关联，也就是每个 Emp 对象只会引用一个 Dept 对象，因此，在 Emp 类中应该定义一个 Dept 类型的属性，来引用所关联的 Dept 对象。反之，从 Dept 到 Emp 是一对多关联，也就是说，每个 Dept 对象会引用一组 Emp 对象，因此，在 Dept 类中应该定义一个集合类型的属性，来引用所有关联的 Emp 对象。

仅从 Emp 到 Dept 的关联（图 9-1）称为单向多对一关联，仅从 Dept 到 Emp 的关联（图 9-2）称为单向一对多关联。如果同时包含两种关系，则称为双向关联（图 9-3）。

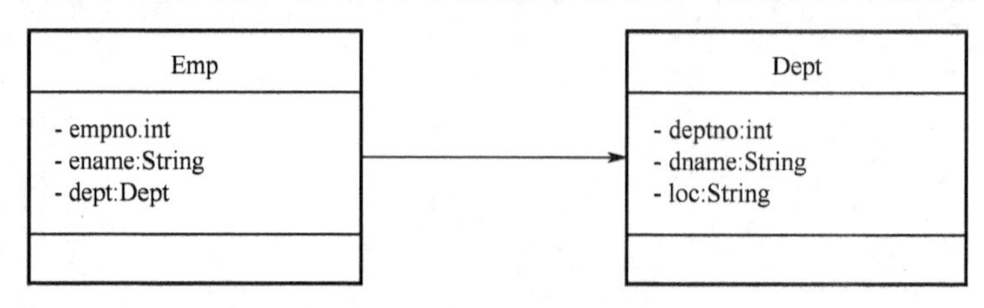

图 9-1　单向多对一关联

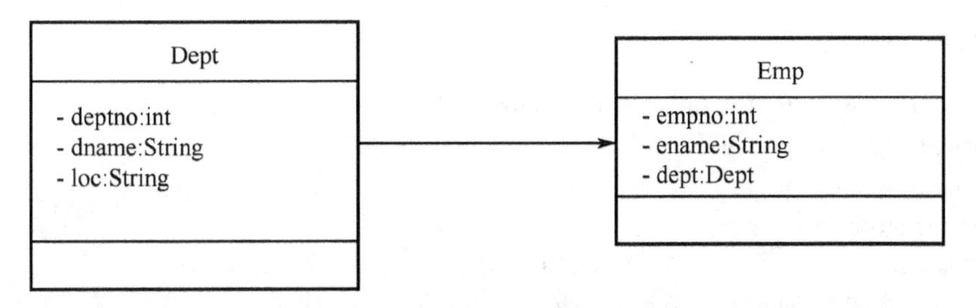

图 9-2 单向一对多关联

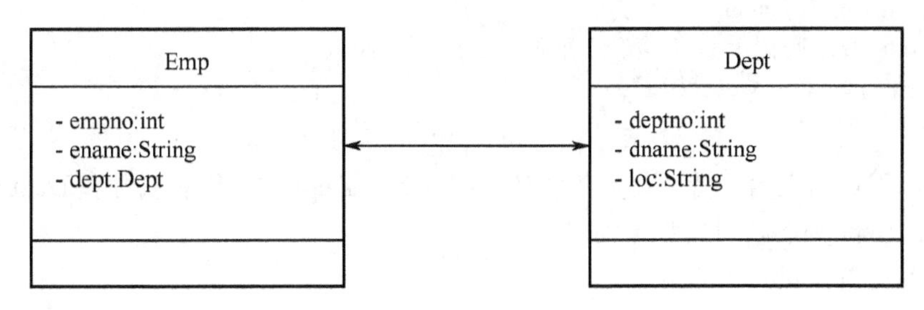

图 9-3 双向关联

在数据库方面，数据之间的一对多或一对一关系通常涉及两张数据表，“多”方表通过外键引用“一”方表的主键来实现一对多关联。多对多的关系，除了两张“多”方的表之外，还要有一张中间的维护多对多关系的表，通过外键分别引用两张“多”方表的主键来实现多对多的关联。这些内容将在后面陆续介绍。

9.1 一对多关联映射

一对多关联在系统开发中是最常见的。一对多关联分为单向一对多关联、单向多对一和双向一对多关联（或双向多对一关联）。以前面的部门表（Dept）和员工表（Emp）为例进行介绍。

9.1.1 单向多对一的关联配置

1. 实体和映射文件

在 Emp 类中需要定义一个 Dept 实例属性，而在 Dept 类中无须定义用于存放 Emp 对象的集合属性。首先，参考下面的 Dept 和 Emp 持久化类。

程序清单：Dept.java

```
public class Dept implements java.io.Serializable {
    private Integer deptno;        //部门编号
    private String dname;          //部门名称
    private String loc;            //所在城市
    //省略 getter 和 setter 方法
    }
```

程序清单：Emp.java

```
public class Emp implements java.io.Serializable {
private Integer empno;        //员工编号
private String ename;         //员工姓名
private String job;           //职位
private Integer mgr;          //员工上司的编号
private Date hiredate;        //入职日期
private Double sal;           //工资
private Double comm;          //奖金
private Dept dept;            //部门对象，多对一的关系
//省略 getter 和 setter 方法
}
```

接下来，配置以上两个持久化类的实体映射文件。Dept 类的所有属性和 Dept 表的所有字段一一对应，Dept 类的映射文件最简单。

程序清单：Dept.hbm.xml

```
<hibernate-mapping>
<class name="org.newboy.entity.Dept" table="DEPT" schema="SCOTT">
    <id name="deptno" type="java.lang.Integer">
        <column name="DEPTNO" precision="2" scale="0" />
        <generator class="assigned"></generator>
    </id>
    <property name="dname" type="java.lang.String">
        <column name="DNAME" length="14" />
    </property>
    <property name="loc" type="java.lang.String">
        <column name="LOC" length="13" />
    </property>
</class>
</hibernate-mapping>
```

Emp 类的 dept 属性是一个 Dept 类的实例，与 Emp 表的外键 deptno 对应。在 Emp 类的映射文件中怎样配置这种映射关系呢？

程序清单：Emp.hbm.xml

```
<hibernate-mapping>
  <class name="org.newboy.entity.Emp" table="EMP" schema="SCOTT">
    <id name="empno" type="java.lang.Integer">
      <column name="EMPNO" precision="4" scale="0" />
      <generator class="assigned"></generator>
    </id>
    <many-to-one name="dept" class="org.newboy.entity.Dept">
        <column name="DEPTNO" precision="2" scale="0" />
    </many-to-one>
    <property name="ename" type="java.lang.String">
       <column name="ENAME" length="10" />
    </property>
```

```
        <property name="job" type="java.lang.String">
            <column name="JOB" length="9" />
        </property>
        <property name="mgr" type="java.lang.Integer">
            <column name="MGR" precision="4" scale="0" />
        </property>
        <property name="hiredate" type="java.util.Date">
            <column name="HIREDATE" length="7" />
        </property>
        <property name="sal" type="java.lang.Double">
            <column name="SAL" precision="7" />
        </property>
        <property name="comm" type="java.lang.Double">
            <column name="COMM" precision="7" />
        </property>
    </class>
</hibernate-mapping>
```

以上映射内容中使用的<many-to-one>元素对应的就是 Emp 类的 dept 属性，因为 dept 属性不是整数类型，故不能使用<property>元素做映射。<many-to-one>元素建立了 dept 属性和 Emp 表的外键 deptno 之间的映射。它包含以下属性。

（1）name：设置持久化类的属性名，这里是 Emp 类的 dept 属性。

（2）column：设定持久化类的属性对应的数据库表的外键，这里是 Emp 表的外键 deptno。

（3）class：设定持久化类的属性的类型，这里是 dept 属性的 Dept 类型。

2. 实现持久化操作

实体和映射文件已创建好，从 Emp 到 Dept 的单向多对一关联就建立起来了。在这个环境的基础之上，下面对单向多对一实现持久化操作。

以下的例子用于新成立一个部门 HR，在该部门中新招聘两名员工入职。测试代码如下。

```
public static void main(String[] args) {
Transaction tx = null;
try {
    Session session = HibernateUtil.getSession();
    tx = session.beginTransaction();
    //创建部门 HR
    Dept dept = new Dept(60, "HR", "NEWYORK");
    //创建员工信息
    Emp emp1 = new Emp(7935, "JACK", "CLERK");
    Emp emp2 = new Emp(7936, "MIKE", "CLERK");
    //建立 Emp 和 Dept 的对象关联
    emp1.setDept(dept);
    emp2.setDept(dept);
    //进行持久化操作
    session.save(dept);
    session.save(emp1);
    session.save(emp2);
    tx.commit();
} catch (HibernateException e) {
```

```
            e.printStackTrace();
            tx.rollback();
        } finally {
            HibernateUtil.closeSession();
        }
    }
```

执行后产生以下 SQL 语句。

```
insert into SCOTT.DEPT (DNAME, LOC, DEPTNO) values (?, ?, ?)
insert into SCOTT.EMP (DEPTNO, ENAME, JOB, MGR, HIREDATE, SAL, COMM, EMPNO) values
(?, ?, ?, ?, ?, ?, ?, ?)
insert into SCOTT.EMP (DEPTNO, ENAME, JOB, MGR, HIREDATE, SAL, COMM, EMPNO) values
(?, ?, ?, ?, ?, ?, ?, ?)
```

在前面的测试代码中，在进行持久化操作之前，要先设置好对象之间的关联关系，而且是先添加部门对象 Dept，再添加员工对象 Emp。数据库中新增了两名员工和一个部门的记录，产生了 3 条 insert 语句，这个结果和预想的结果是一致的。这里充分体现了 Hibernate 的设计理念，使用面向对象的方式编程，以操纵关系型数据库。只要设置了对象之间的关联关系，执行持久化操作后，底层数据库表与表之间就会建立起主外键关系。

Hibernate 进行多个对象的持久化操作时，有没有先后顺序呢？前面是先添加部门（一方），再添加员工（多方），这样操作产生的 SQL 语句是正常的。但是如果先添加多方，再添加一方，例如：

```
session.save(emp1);
session.save(emp2);
session.save(dept);
```

执行后会产生以下 SQL 语句。

```
select * from SCOTT.DEPT dept_ where dept_.DEPTNO=?
insert into SCOTT.EMP (DEPTNO, ENAME, JOB, MGR, HIREDATE, SAL, COMM, EMPNO) values
(?, ?, ?, ?, ?, ?, ?, ?)
insert into SCOTT.EMP (DEPTNO, ENAME, JOB, MGR, HIREDATE, SAL, COMM, EMPNO) values
(?, ?, ?, ?, ?, ?, ?, ?)
insert into SCOTT.DEPT (DNAME, LOC, DEPTNO) values (?, ?, ?)
update SCOTT.EMP set DEPTNO=?, ENAME=?, JOB=?, MGR=?, HIREDATE=?, SAL=?, COMM=? where
EMPNO=?
update SCOTT.EMP set DEPTNO=?, ENAME=?, JOB=?, MGR=?, HIREDATE=?, SAL=?, COMM=? where
EMPNO=?
```

对象持久化操作的顺序改变之后，会多出两条 update 语句。因为在保存 Emp 对象时，此对象本身不知道与哪个 Dept 对象相关联，只能先在关联字段上插入一个空值。添加了 Dept 对象后，再由 Dept 将自身的主键 deptno 通过 update 操作重新赋给 Emp 的关联字段 deptno。显然，这种操作顺序是有缺陷的。因为多余的 SQL 语句会降低系统的性能，这种做法不值得推荐。

9.1.2 单向一对多的关联配置

1. 实体和映射文件

在 Dept 类中定义用于存放 Emp 对象的集合属性，而在 Emp 类中无须定义一个 Dept 实例属性。参考下面的 Dept 和 Emp 持久化类。

程序清单：Dept.java

```
public class Dept implements java.io.Serializable {
    private Integer deptno;              //部门编号
    private String dname;                //部门名称
    private String loc;                  //所在城市
    private Set emps = new HashSet(0);
    //省略 getter 和 setter 方法
}
```

程序清单：Emp.java

```
public class Emp implements java.io.Serializable {
    private Integer empno;               //员工编号
    private String ename;                //员工姓名
    private String job;                  //职位
    private Integer mgr;                 //员工上司的编号
    private Date hiredate;               //入职日期
    private Double sal;                  //工资
    private Double comm;                 //奖金
    //省略 getter 和 setter 方法
}
```

Dept 类的 emps 是一个 Set 集合，表示一个部门有多个员工，这个员工 Set 集合是怎样与 Dept 数据库表的外键 deptno 对应的呢？由于在 Dept 表中没有直接与 emps 属性对应的字段，因此不能用<property>元素来映射 emps 属性，而要使用<set>元素。<set>元素表示 emps 属性为 java.util.Set 集合类型。

程序清单：Dept.hbm.xml

```
<hibernate-mapping>
  <class name="org.newboy.entity.Dept" table="DEPT" schema="SCOTT">
        <id name="deptno" type="java.lang.Integer">
              <column name="DEPTNO" precision="2" scale="0" />
              <generator class="assigned"></generator>
        </id>
        <property name="dname" type="java.lang.String">
              <column name="DNAME" length="14" />
        </property>
        <property name="loc" type="java.lang.String">
              <column name="LOC" length="13" />
        </property>
        <set name="emps">
            <key>
              <column name="DEPTNO" precision="2" scale="0" />
            </key>
              <one-to-many class="org.newboy.entity.Emp" />
        </set>
  </class>
```

```
</hibernate-mapping>
```

<set>元素的 name 属性：设定持久化类的属性名，此处为 Dept 类的 emps 属性。<set>元素还包含以下两个子元素。

① <key>元素：column 子元素或属性设置所关联的持久化类对应的表的外键，这里是 Emp 表的 deptno 字段。

② <one-to-many>元素：class 属性设定所关联的持久化类，这里是 Emp 类。

2. 实现持久化操作

通过配置<set>元素，单向的一对多关联关系就配置好了。和前面一样，使用这种关联，添加一个新部门和两名新员工的记录。参考测试代码如下。

```
public static void main(String[] args) {
    Transaction tx = null;
    try {
        Session session = HibernateUtil.getSession();
        tx = session.beginTransaction();
        //创建部门 HR
        Dept dept = new Dept(92, "HR", "NEWYORK");
        //创建员工信息
        Emp emp1 = new Emp(7945, "Zhang", "CLERK");
        Emp emp2 = new Emp(7946, "Li", "CLERK");
        //建立 Emp 和 Dept 的对象关联
        dept.getEmps().add(emp1);
        dept.getEmps().add(emp2);
        //进行持久化操作，先添加一方，再添加多方
        session.save(dept);
        session.save(emp1);
        session.save(emp2);
        tx.commit();
    } catch (HibernateException e) {
        e.printStackTrace();
        tx.rollback();
    } finally {
        HibernateUtil.closeSession();
    }
}
```

执行前面的代码，除了产生 3 条 insert 语句之外，还多出了两条 update 语句。这种情况与前面的单向多对一关联中，先添加多方（员工）再添加一方（部门）的情况相同。此外，在单向一对多关联中，会发现无论先添加哪一方，都会多出一些 update 语句。

这里涉及关联方向维护的问题。关联方向维护，简单来讲，就是指外键由谁来维护。在单向一对多关联中，关联方向是单向的，而关联关系由一方（Dept）对象维护。被关联的多方（Emp）并不知道自己与哪个 Dept 对象关联，也就是说，Emp 对象本身不知道自己的外键 deptno 应该设为什么数据。所以，在保存 Emp 对象时，只能先在关联字段中插入一个空值，再由 Dept 对象将自身的主键 ID 赋值给关联字段 deptno，这个赋值操作导致 Emp 对象属性发生了改变，事务提交时，通过 update 的 SQL 语句将变化保存到数据库中。

如果确实要在应用中使用到单向一对多关联，又要怎样解决前面所述的关联方向维护问题呢？这个问题将在下一节的双向一对多关联中讲述。

9.1.3 双向一对多的关联配置

只要把前面的单向多对一关联和单向一对多关联合并在一起，就建立起了双向一对多关联。把前面的这两种关联关系合并后，实体类和映射文件如下。

程序清单：Dept.java

```
public class Dept implements java.io.Serializable {
    private Integer deptno;                    //部门编号
    private String dname;                      //部门名称
    private String loc;                        //所在城市
    private Set emps = new HashSet(0);         //员工集合
    //省略 getter 和 setter 方法
}
```

程序清单：Emp.java

```
public class Emp implements java.io.Serializable {
    private Integer empno;                     //员工编号
    private String ename;                      //员工姓名
    private String job;                        //职位
    private Integer mgr;                       //员工上司的编号
    private Date hiredate;                     //入职日期
    private Double sal;                        //工资
    private Double comm;                       //奖金
    private Dept dept;                         //部门对象
    //省略 getter 和 setter 方法
}
```

在各自的类中可以查找到对方的信息，以下是映射文件。

程序清单：Dept.hbm.xml

```
<hibernate-mapping>
  <class name="org.newboy.entity.Dept" table="DEPT" schema="SCOTT">
        <id name="deptno" type="java.lang.Integer">
              <column name="DEPTNO" precision="2" scale="0" />
              <generator class="assigned"></generator>
        </id>
        <property name="dname" type="java.lang.String">
              <column name="DNAME" length="14" />
        </property>
        <property name="loc" type="java.lang.String">
              <column name="LOC" length="13" />
        </property>
        <!-- 控制方向反转，由当前方的对方，即多方为控制方 -->
        <set name="emps" inverse="true">
            <key>
```

```
            <column name="DEPTNO" precision="2" scale="0" />
        </key>
            <one-to-many class="org.newboy.entity.Emp" />
    </set>
</class>
```

程序清单： Emp.hbm.xml

```
<hibernate-mapping>
    <class name="org.newboy.entity.Emp" table="EMP" schema="SCOTT">
        <id name="empno" type="java.lang.Integer">
            <column name="EMPNO" precision="4" scale="0" />
            <generator class="assigned"></generator>
        </id>
        <many-to-one name="dept" class="org.newboy.entity.Dept">
            <column name="DEPTNO" precision="2" scale="0" />
        </many-to-one>
        <property name="ename" type="java.lang.String">
            <column name="ENAME" length="10" />
        </property>
        <property name="job" type="java.lang.String">
            <column name="JOB" length="9" />
        </property>
        <property name="mgr" type="java.lang.Integer">
            <column name="MGR" precision="4" scale="0" />
        </property>
        <property name="hiredate" type="java.util.Date">
            <column name="HIREDATE" length="7" />
        </property>
        <property name="sal" type="java.lang.Double">
            <column name="SAL" precision="7" />
        </property>
        <property name="comm" type="java.lang.Double">
            <column name="COMM" precision="7" />
        </property>
    </class>
</hibernate-mapping>
```

这里的一方（Dept）的映射文件与单向的配置不同，<set>元素添加了 inverse="true"的属性。inverse 直译为“反转”，在 Hibernate 中用于指定关联关系的维护方。inverse 的值有两个，即 true 和 false，默认为 false。在一对多关联中，如果 inverse="false"，则由主动方维护关联关系，即一方维护；如果 inverse="true"，则由当前方的对方来维护关联关系，即多方维护。

在前面的 Dept 和 Emp 的双向关联关系中，Dept 端（一方）的关联只是 Emp（多方）关联的镜像。如果由 Emp 端来维护关联关系，Hibernate 仅按照 Emp 对象的关联属性的变化来同步更新数据库，而忽略 Dept 关联属性的变化。

通常，在一对多关联关系中，无论是单向一对多还是双向一对多，都建议在一方的<set>元素中设置 inverse="true"，由多方来维护关系可以有效减少多余的 update 语句，有利于提交系统性能。

Dept 和 Emp 的实体类和映射文件已经创建完成，从 Emp 到 Dept 的双向一对多关联已经建立，接下来实现以下的持久化操作。

（1）先添加一个 Dept 对象，再创建一个 Emp 对象，然后两个对象相关联，在要求保存 Dept 对象的同时自动添加 Emp 对象。

（2）删除 Dept 对象，同时删除该部门中的所有的员工对象。

（3）解除关联关系，删除某一部门中的所有员工对象。

以上都是很常见的持久化操作，需要使用<set>元素的 cascade 属性设置级联操作。cascade 属性用于指定如何操纵与当前对象关联的其他对象。表 9-1 列出了 cascade 属性的常用值。

表 9-1 cascade 属性的常用值

属性值	描述
none	忽略其他关联对象，它是 cascade 属性的默认值
save-update	当调用 save()、update()和 SaveOrUpdate()方法来保存或更新当前对象时，级联保存所有关联的瞬时状态和更新所有关联的游离状态的对象
delete	当调用 delete()方法删除当前对象时，同时级联删除所有关联对象
all	包含 save-update 和 delete 的行为
all-delete-orphan	包含 all 及删除当前对象原有关联的“孤立”数据

完成第一个级联添加操作，在前面的基础上，修改 Dept.hbm.xml 映射文件，在<set>元素中增加 cascade 属性。

```
<set name="emps" inverse="true" cascade="save-update">
    <key>
        <column name="DEPTNO" precision="2" scale="0" />
    </key>
    <one-to-many class="org.newboy.entity.Emp" />
</set>
```

测试代码如下。

```
public static void main(String[] args) {
    Transaction tx = null;
    try {
        Session session = HibernateUtil.getSession();
        tx = session.beginTransaction();
        //创建部门 HR
        Dept dept = new Dept(94, "HR", "NEWYORK");
        //创建员工信息
        Emp emp = new Emp(7949, "Zhang", "CLERK");
        //建立 Emp 和 Dept 的对象双向关联关系
        emp.setDept(dept);
        dept.getEmps().add(emp);
        //进行持久化操作，添加一方，级联添加多方
        session.save(dept);
        tx.commit();
```

```
        } catch (HibernateException e) {
            e.printStackTrace();
            tx.rollback();
        } finally {
            HibernateUtil.closeSession();
        }
    }
```

本示例先创建了一个 Dept 对象和 Emp 对象，然后建立了两个对象的一对多双向关联关系，最后调用 session.save(dept)方法保存 Dept 对象。<set>元素的 cascade 属性设置为 save-update。Hibernate 在保存 Dept 对象时，会自动保存与之关联的所有的 Emp 对象。执行代码后产生以下两条 insert 语句：

```
insert into SCOTT.DEPT (DNAME, LOC, DEPTNO) values (?, ?, ?)
insert into SCOTT.EMP (DEPTNO, ENAME, JOB, MGR, HIREDATE, SAL, COMM, EMPNO) values
(?, ?, ?, ?, ?, ?, ?, ?)
```

接下来完成第二个持久化操作，删除 Dept 对象，并且级联删除与之相关联的 Emp 对象。将 cascade 属性设置为 delete，在原有的基础上，修改 Dept.hbm.xml，具体配置如下。

```
<set name="emps" inverse="true" cascade="delete">
    <key>
        <column name="DEPTNO" precision="2" scale="0" />
    </key>
    <one-to-many class="org.newboy.entity.Emp" />
</set>
```

测试代码如下。

```
public static void main(String[] args){
    Transaction tx = null;
    try {
        Session session = HibernateUtil.getSession();
        tx = session.beginTransaction();
        //加载一个部门
        Dept dept = (Dept) session.load(Dept.class, new Integer(95));
        //删除 Dept 对象
        session.delete(dept);
        tx.commit();
    } catch (HibernateException e) {
        e.printStackTrace();
        tx.rollback();
    } finally {
        HibernateUtil.closeSession();
    }
}
```

执行以上测试代码，Hibernate 会同时删除 Dept 对象和关联的 Emp 对象，产生以下两条 SQL 语句。

```
delete from SCOTT.EMP where EMPNO=?
```

```
delete from SCOTT.DEPT where DEPTNO=?
```

最后，解除关联关系。解除关系有两种情况：一种是将多方数据的外键列置为 null 值，变成“孤立”数据；另一种是在数据库中永久删除多方数据。

测试代码如下。

```
public static void main(String[] args) {
    Transaction tx = null;
    try {
        Session session = HibernateUtil.getSession();
        tx=session.beginTransaction();
        //加载一个部门
        Dept dept = (Dept) session.get(Dept.class, new Integer(94));
        //解除该部门所有员工的关联关系
        dept.getEmps().clear();
        tx.commit();
    } catch (HibernateException e) {
        e.printStackTrace();
        tx.rollback();
    } finally {
        HibernateUtil.closeSession();
    }
}
```

在该段测试代码中，先根据主键加载某个部门对象，再调用 clear()方法清除该对象下所有的员工对象。根据一方（Dept 类）的<set>元素的配置不同，执行前面的代码会有两种情况。

<set>元素的 inverse="false"，并且不设置 cascade 属性。其代码如下所示。

```
<set name="emps" inverse="false">
<key>
    <column name="DEPTNO" precision="2" scale="0" />
</key>
<one-to-many class="org.newboy.entity.Emp" />
</set>
```

执行测试代码后，产生下面的 update 语句。

```
update SCOTT.EMP set DEPTNO=null where DEPTNO=?
```

该 update 语句会把该部门所有的员工的外键列 deptno 赋值为 null，使得这些员工记录变成“孤立”数据。但双方数据还保留在数据库中。假设现在不仅要解除双方关系，还要把多方的员工数据从数据库中永久删除，则可以做以下配置来实现这种效果。

```
<set name="emps" inverse="true" cascade="all-delete-orphan">
<key>
    <column name="DEPTNO" precision="2" scale="0" />
</key>
<one-to-many class="org.newboy.entity.Emp" />
</set>
```

其中，inverse="true"，cascade 的属性为 all-delete-orphan，该值在支持级联添加、更新、删除以及解除父子对象关系的同时，还可删除子对象的数据。配合这段设置，再次执行测试代码，会产生下面的 SQL 语句。

```
delete from SCOTT.EMP where EMPNO=?
```

此时，多方的 Emp 记录在数据库中永久删除了。

本节主要讨论了单向多对一、单向一对多和双向一对多关联。这种关联关系在 Hibernate 中是最常见的，必须掌握好。现总结出以下要点。

（1）单向多对一：关联维护方是多方。做持久化操作时，建议先添加一方再添加多方，避免出现多余的 update 语句。

（2）单向一对多：默认一方是关联维护方，建议修改多方的映射文件的<set>元素，添加 inverse="true"，使多方成为关联维护方。这种做法无论先添加哪一方都不会产生多余的 update 语句，但<set>元素中可以设置 cascade 属性，实现添加、更新、删除等级联操作。

（3）双向一对多：默认一方是关联维护方，建议在一方的<set>元素中添加 inverse="true"，使多方成为关联维护方。和上面一样，如果有级联操作，则可以加上 cascade 属性。

（4）在双向关联持久化操作中，应该同时建立关联两端的关系。其代码片段如下。

```
emp.setDept(dept);
dept.getEmps().add(emp);
```

这样才会使程序更加健壮，提高业务逻辑层的独立性，使业务逻辑层的代码不受 Hibernate 实现的影响。同样，当解除双向关联关系时，也应该修改关联两端的对象的相应属性，即：

```
emp.setDept(null);
dept.getEmps().remove(emp);
```

9.2　多对多关联映射

Hibernate 关联关系中比较特殊的是多对多关联，多对多关联与一对多关联和一对一关联不同，它需要借助中间表保存多对多的映射信息。

在权限管理系统中，Role（角色）和 Privilege（权限）就是一个典型的多对多关系。Role 代表某种角色，如会计、部门主管、员工等。Privilege 代表某个特定资源的访问权限，如员工信息入册、查询工资报表等。某个角色可以拥有多个不同的权限，而某个权限又可以分配给不同的角色。这就构成了多对多关联。

Role 表、Privilege 表和 t_privilege_role（映射）表如图 9-4 所示。在关系数据模型中，无法直接表达 Role 表和 Privilege 表之间的多对多关系，需要创建一个中间的映射表，即 t_privilege_role，它同时参照 Role 表和 Privilege 表。

t_privilege_role 表以 pid 字段作为外键参照 Privilege 表，以 rid 字段作为外键参照 Role 表。

图 9-5 所示为 Role 类和 Privilege 类的多对多关联类图。它们各自都拥有对方的 Set 集合。单独看某一方，与一对多关联的一方无区别，但联合起来就构成了类的多对多关联关系。这里要注意的是，中间映射表 t_privilege_role 不生成实体类，它只是关系映射表。

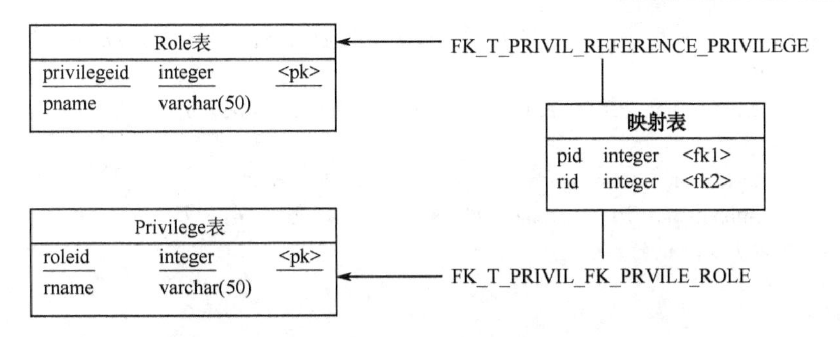

图 9-4 Role 表、Privilege 表和 t_privilege_role 表

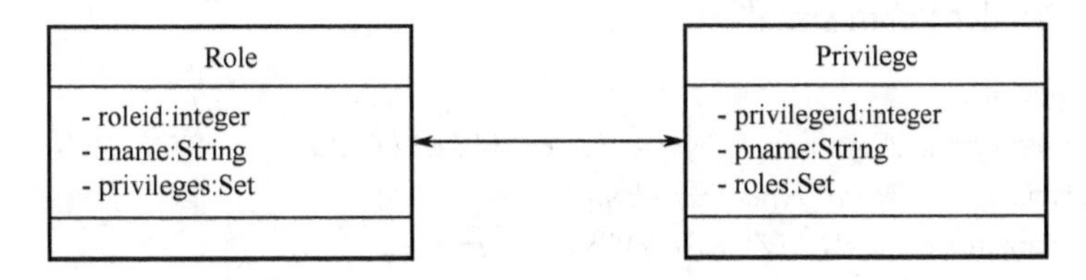

图 9-5 Role 类与 Privilege 类的多对多关联类图

1. 配置多对多关联

程序清单：Role.java

```
public class Role implements java.io.Serializable {
  private integer roleid;                          //标识
  private String rname;                            //角色名称
  private Set privileges = new HashSet(0);         //权限集合
  //省略 getter 和 setter 方法
}
```

程序清单：Privilege.java

```
public class Privilege implements java.io.Serializable {
  private integer privilegeid;                     //标识
  private String pname;                            //权限名称
  private Set roles = new HashSet(0);              //角色集合
  //省略 getter 和 setter 方法
}
```

以上两个实体类的映射文件如下。

程序清单：Role.hbm.xml

```
<hibernate-mapping>
    <class name="org.newboy.entity.Role" table="ROLE" schema="SCOTT">
        <id name="roleid" type="java.lang.Integer">
            <column name="ROLEID" precision="6" scale="0" />
            <generator class="assigned"></generator>
        </id>
        <property name="rname" type="java.lang.String">
            <column name="RNAME" length="50" not-null="true" />
        </property>
```

```
            <set name="privileges" table="T_PRIVILEGE_ROLE" cascade="save-update">
                <key>
                 <column name="RID" precision="6" scale="0" not-null="true" />
                </key>
                <many-to-many entity-name="org.newboy.entity.Privilege">
                 <column name="PID" precision="6" scale="0" not-null="true" />
                </many-to-many>
            </set>
        </class>
</hibernate-mapping>
```

程序清单：Privilege.hbm.xml

```
<hibernate-mapping>
    <class name="org.newboy.entity.Privilege" table="PRIVILEGE" schema="SCOTT">
        <id name="privilegeid" type="java.lang.Integer">
            <column name="PRIVILEGEID" precision="6" scale="0" />
            <generator class="assigned"></generator>
        </id>
        <property name="pname" type="java.lang.String">
            <column name="PNAME" length="50" not-null="true" />
        </property>
        <set name="roles" inverse="true" table="T_PRIVILEGE_ROLE" >
            <key>
                <column name="PID" precision="6" scale="0" not-null="true" />
            </key>
            <many-to-many entity-name="org.newboy.entity.Role">
                <column name="RID" precision="6" scale="0" not-null="true" />
            </many-to-many>
        </set>
    </class>
</hibernate-mapping>
```

<set>元素说明如下。

（1）table 属性指定关系映射表的名称为 t_privilege_role。

（2）在多对多关联映射中，必须在其中一端设置 inverse="true"来指定关联维护方，本示例中，inverse="true"设置在 Privilege 类，维护方是它的对方，即 Role 类。

（3）cascade 属性为 save-update，表示当保存或更新 Role 对象时，会级联保存或更新与之关联的 Privilege 对象。

<key>元素的子元素<column>用于指定中间表 t_privilege_role 的外键是 rid 和 pid。

<many-to-many>子元素的 entity-name 属性用于指定集合存放的对象类型，而 column 元素指定的是中间表的外键名。

2. 多对多关联的持久化操作

基于以上配置，完成以下持久化操作，创建两个角色（Role），并为这两个角色分配两个权限，保存角色对象的同时保存权限对象。测试代码如下。

```
public static void main(String[] args) {
```

```
        Transaction tx = null;
        try {
            Session session = HibernateUtil.getSession();
            tx = session.beginTransaction();
            //创建两个角色
            Role role1 = new Role(10, "会计");
            Role role2 = new Role(20, "人事");
            //创建两个权限
            Privilege privilege1 = new Privilege(10, "查询工资报表");
            Privilege privilege2 = new Privilege(20, "员工信息入册");

            //建立多对多关联关系
            role1.getPrivileges().add(privilege1);
            role1.getPrivileges().add(privilege2);
            role2.getPrivileges().add(privilege1);
            role2.getPrivileges().add(privilege2);

            //持久化操作，Role.hbm.xml 的<set>中添加 cascade="save-update"
            //保存角色对象，级联添加权限对象
            session.save(role1);
            session.save(role2);
            tx.commit();
        } catch (HibernateException e) {
            e.printStackTrace();
            tx.rollback();
        } finally {
            HibernateUtil.closeSession();
        }
    }
```

执行以上测试代码，产生以下 8 条 insert 语句。

```
insert into SCOTT.ROLE (RNAME, ROLEID) values (?, ?)
insert into SCOTT.PRIVILEGE (PNAME, PRIVILEGEID) values (?, ?)
insert into SCOTT.PRIVILEGE (PNAME, PRIVILEGEID) values (?, ?)
insert into SCOTT.ROLE (RNAME, ROLEID) values (?, ?)
insert into SCOTT.T_PRIVILEGE_ROLE (RID, PID) values (?, ?)
insert into SCOTT.T_PRIVILEGE_ROLE (RID, PID) values (?, ?)
insert into SCOTT.T_PRIVILEGE_ROLE (RID, PID) values (?, ?)
insert into SCOTT.T_PRIVILEGE_ROLE (RID, PID) values (?, ?)
```

其中，有 2 条 SQL 语句是插入 Role 表，2 条 SQL 语句是插入 Privilege 表，其余 4 条 SQL 语句是插入中间映射表 t_privilege_role。中间表 t_privilege_role 在代码中是没有显式操作的，只要设置了关联关系，Hibernate 会自动维护该表，也体现了 Hibernate 面向对象编程的优越性。

由于引入了中间维护表，导致了多对多关联的性能不佳，因此，在设计中应避免大量使用多对多关联。应根据实际情况，采取延迟加载策略来避免无谓的性能开销。

9.3 一对一关联映射

Hibernate 提供了两种方式来映射一对一关联关系，分别是外键映射和主键映射。下面以公民表和身份证表为例，公民和身份证之间是一对一关系。

9.3.1 外键映射

如图 9-6 所示，IDCard1 表的外键 cid 参照 Citizen1 表的主键。

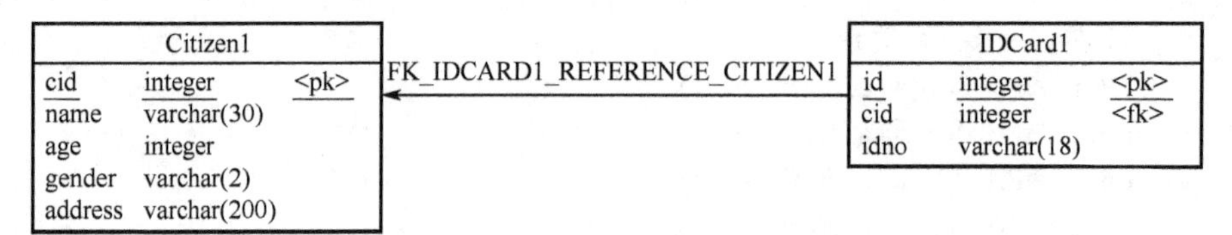

图 9-6　Citizen1 表和 IDCard1 表结构

其中，IDCard1 表的外键 cid 设为 unique（唯一）约束，以确保每条 IDCard1 记录具有唯一的 cid 值。

图 9-7 所示为外键映射关联类图。双方都各自持有对方类型的对象。某个 Citizen 对象（公民）拥有一个 IDCard 对象（身份证），而一个 IDCard 对象（身份证）只能属于某个 Citizen 对象（公民）。

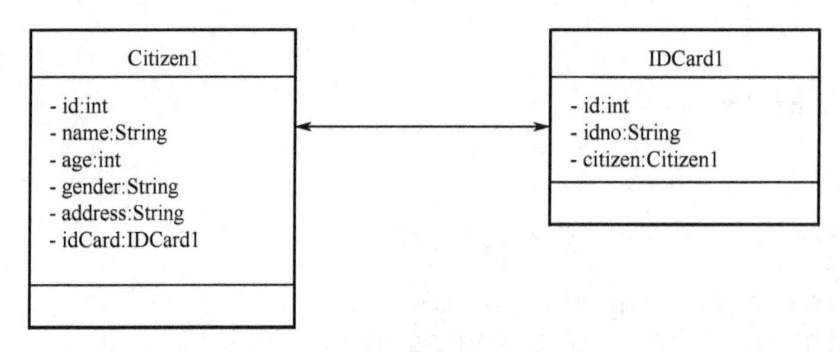

图 9-7　外键映射关联类图

参考这两个实体的映射文件，代码如下所示。

程序清单：Citizen1.hbm.xml

```
<hibernate-mapping>
    <class name="org.newboy.entity.Citizen1" table="CITIZEN" schema="SCOTT">
        <id name="id" type="java.lang.Integer">
            <column name="ID" precision="6" scale="0" />
            <generator class="assigned"></generator>
        </id>
        <property name="name" type="java.lang.String">
            <column name="NAME" length="30" not-null="true" />
        </property>
        <property name="age" type="java.lang.Integer">
```

```
            <column name="AGE" precision="3" scale="0" not-null="true" />
        </property>
        <property name="gender" type="java.lang.String">
            <column name="GENDER" length="2" />
        </property>
        <property name="address" type="java.lang.String">
            <column name="ADDRESS" length="200" />
        </property>
 <one-to-one name="idCard" class="org.newboy.entity.IDCard1" property-ref="citizen1"></one-to-one>
    </class>
</hibernate-mapping>
```

程序清单：IDCard1.hbm.xml

```
<hibernate-mapping>
    <class name="org.newboy.entity.IDCard1" table="IDCARD" schema="SCOTT">
        <id name="id" type="java.lang.Integer">
            <column name="ID" precision="6" scale="0" />
            <generator class="assigned"></generator>
        </id>
      <many-to-one name="citizen1" class="org.newboy.entity.Citizen1"
          column="cid" unique="true" cascade="all"/>
        <property name="idno" type="java.lang.String">
            <column name="IDNO" length="18" not-null="true" />
        </property>
    </class>
</hibernate-mapping>
```

Hibernate 的唯一外键关联由<many-to-one>元素节点定义，而不是<one-to-one>元素，因为唯一外键关联的一对一关系只是多对一关系的一个特例而已。<many-to-one>元素添加了属性 unique，true 表示采取唯一约束。cascade="all"表示当主控方执行操作时，被关联对象级联执行同一操作。<one-to-one>元素对 Citizen1 类和 IDCard1 类进行一对一关联。

实现以下持久化操作，添加一个公民对象和其对应的身份证对象。测试代码如下。

```
public static void main(String[] args) {
    Transaction tx = null;
    try {
      Session session = HibernateUtil.getSession();
      tx = session.beginTransaction();
      //创建一个公民对象
      Citizen1 citizen = new Citizen1(10, "JACK", 28, "男", "广东省广州市");
      //创建一个身份证对象
      IDCard1 idCard = new IDCard1(30, "558882198012270217");
      //设置关联关系
      citizen.setIdCard(idCard);
      idCard.setCitizen1(citizen);
      session.save(idCard);
      tx.commit();
    } catch (HibernateException e) {
```

```
            e.printStackTrace();
            tx.rollback();
        } finally {
            HibernateUtil.closeSession();
        }
    }
```

执行前面的测试代码，将会产生两条 insert 语句，这是正常结果。如果对同一个公民对象重新分配一个新身份证对象，如下面的代码片段所示：

```
//加载同一个公民对象
Citizen1 citizen = (Citizen1) session.load(Citizen1.class, new Integer(10));
//创建一个身份证对象
IDCard1 idCard = new IDCard1(30, "558882198012270217");
//设置关联关系
citizen.setIdCard(idCard);
idCard.setCitizen1(citizen);
session.save(idCard);
tx.commit();
```

则执行后将会报以下异常，异常的主要信息如下。

```
Caused by: java.sql.BatchUpdateException: ORA-00001: 违反唯一约束条件 (SCOTT.UNIQUE_CID)
```

当再添加一个身份证对象时，如果外键数据在数据库中已经存在，则添加相同的外键将会报违反唯一约束异常。

9.3.2 主键映射

修改前面的 Citizen1 表和 IDCard1 表，使得 Citizen1 的主键也是 IDCard1 表的外键。修改后，将两张表命名为 Citizen2 和 IDCard2。图 9-8 所示为 Citizen2 表和 IDCard2 表的数据库关系图。

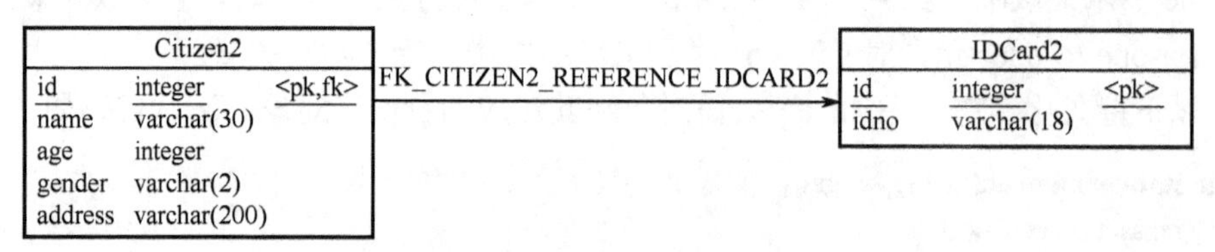

图 9-8 Citizen2 表和 IDCard2 表的数据库关系图

也就是说，Citizen2 表的主键的生成要基于 IDCard2 表的主键，这种就是主键映射的一对一关联。这两张表对应的实体和外键映射没有区别，但是 Hibernate 的映射文件要怎样处理这种关系呢？参考下面两个实体的映射文件。

程序清单：Citizen2.hbm.xml

```
<hibernate-mapping>
    <class name="org.newboy.entity.Citizen2" table="CITIZEN2" schema="SCOTT">
        <id name="id" type="java.lang.Integer">
            <column name="ID" precision="6" scale="0" />
            <!-- 根据 IDCard2 的外键生成主键 -->
```

```
            <generator class="foreign">
                <param name="property">IDCard2</param>
            </generator>
        </id>
          <one-to-one name="IDCard2" class="org.newboy.entity.IDCard2" constrained="true"></one-to-one>
        <property name="name" type="java.lang.String">
            <column name="NAME" length="30" not-null="true" />
        </property>
        <property name="age" type="java.lang.Integer">
            <column name="AGE" precision="3" scale="0" not-null="true" />
        </property>
        <property name="gender" type="java.lang.String">
            <column name="GENDER" length="2" />
        </property>
        <property name="address" type="java.lang.String">
            <column name="ADDRESS" length="200" />
        </property>
    </class>
</hibernate-mapping>
```

程序清单：IDCard2.hbm.xml

```
<hibernate-mapping>
    <class name="org.newboy.entity.IDCard2" table="IDCARD2" schema="SCOTT">
        <id name="id" type="java.lang.Integer">
            <column name="ID" precision="6" scale="0" />
            <generator class="assigned"></generator>
        </id>
        <property name="idno" type="java.lang.String">
            <column name="IDNO" length="18" not-null="true" />
        </property>
  <one-to-one name="citizen2" class="org.newboy.entity.Citizen2" cascade="all"/>
    </class>
</hibernate-mapping>
```

在 Citizen2.hbm.xml 中，通过 foreign 类型的主键生成器与外键共享主键值。同时，<one-to-one>元素的 constrained 属性必须设定为 true，表示当前表主键上存在一个约束：Citizen2 表引用了 IDCard2 表的主键。

通过下面的代码，对主键映射的一对一关联进行测试。

（1）添加新的身份证对象和新的公民对象，建立一对一关联。

```
tx = session.beginTransaction();
//创建一个身份证对象
IDCard2 idCard = new IDCard2(10, "668882198012270217");
//创建公民对象时，无须设置主键值
Citizen2 citizen = new Citizen2("MIKE", 20, "男", "上海");
//建立关联关系
idCard.setCitizen2(citizen);
citizen.setIDCard2(idCard);
```

```
//添加身份证对象，并级联添加了公民对象
session.save(idCard);
tx.commit();
```

（2）加载一个已存在的身份证对象，把它分配给一个新的公民对象。

```
tx = session.beginTransaction();
//加载身份证对象
IDCard2 idCard = (IDCard2) session.load(IDCard2.class, 20);
//创建公民对象时，无须设置主键值
Citizen2 citizen = new Citizen2("Lily", 20, "女", "深圳");
idCard.setCitizen2(citizen);
citizen.setIDCard2(idCard);
//只需添加公民对象
session.save(citizen);
tx.commit();
```

9.4 Hibernate 的数据加载

Hibernate 的关联关系映射会带来更多的性能开销。本节仍以部门表 Dept 和员工表 Emp 为例，介绍如何设置数据加载策略。例如，当加载一个 Dept 对象时，如果同时自动加载与之相关联的 Emp 对象，而程序又仅需要 Dept 对象的数据，那么这些关联的 Emp 对象将会白白浪费内存空间，而且加载 Emp 对象必然要发送 SQL 语句查询数据库，这样也造成了更多的性能开销。

加载 Dept 对象，同时自动加载相关联的 Emp 对象，这种加载数据的方式称为立即加载。显然，这种加载数据的方式会造成极大的性能浪费。为了解决这些问题，Hibernate 提供了延迟加载策略。所谓延迟加载，就是在需要数据的时候，才真正执行数据库的查询操作，避免了加载应用程序不需要访问的对象。

Hibernate 在 ORM 映射文件中配置加载策略，设置加载策略时应使用 lazy 属性。lazy 属性的使用主要体现在类级别、一对多关联级别和多对一关联级别。表 9-2 列出了 lazy 属性的数据加载设值说明。

表 9-2　设置加载策略的 lazy 属性

级　别	相关说明
类级别	<class>元素中 lazy 属性的可选值为 true（延迟加载）和 false（立即加载）； <class>元素的 lazy 默认值是 true
一对多关联级别	<set>元素中 lazy 属性的可选值为 true（延迟加载）、extra（增强延迟加载）和 false（立即加载）； <set>元素中 lazy 属性的默认值是 true
多对一关联级别	<many-to-many>元素中 lazy 属性的可选值为 proxy（代理延迟加载）、no-proxy（无代理延迟加载）和 false（立即加载）； <many-to-many>元素的默认值是 proxy

9.4.1 类级别查询策略

类级别加载策略只影响 get()和 load()方法。第 8 章中已经介绍过这两种方法，它们都用于根据主键加载唯一对象。其区别在于，如果 get()方法查询不到数据，则返回 null；而若 load()方法查询不到数据，则报 ObjectNotFoundException 异常。其实，这两种方法在数据加载方面也有很大的区别。

当执行 get()方法加载 Dept 对象时：

```
Dept dept = (Dept) session.get(Dept.class, new Integer(10));
```

Hibernate 会立即执行查询 Dept 表的 select 语句。

```
select * from SCOTT.DEPT where DEPTNO=?
```

当执行 load()方法加载 Dept 对象时：

```
Dept dept = (Dept) session.load(Dept.class, new Integer(10));
```

Hibernate 不会立即执行查询 Dept 表的 select 语句。当要访问 Dept 对象的属性时才执行 SQL 查询语句，如调用 dept.getDname()，Hibernate 会执行查询 Dept 表的 select 语句。

所以，get()和 load()方法的另一个区别是，默认情况下，get()是立即加载数据，而 load()是延迟加载数据。但是通过类级别查询策略，可以改变它们的数据加载方式。类级别查询策略在映射文件的<class>元素中设置，添加属性 lazy，默认情况下，lazy="true"，表示延迟加载。

1. 立即加载

在 Dept.hbm.xml 文件中修改<class>元素，添加 lazy="false"，表示立即加载数据。类级别的立即加载数据只影响 load()方法，即 load()变成了即时加载。

```
<class name="org.newboy.entity.Dept" table="DEPT" lazy="false">
```

当执行 load()方法加载 Dept 对象时，Hibernate 会立即执行 select 语句。也就是说，load()变成了 get()。以上设置对 get()方法没有影响，仍然是立即加载。

2. 延迟加载

类级别的默认加载策略是延迟加载，在 Dept.hbm.xml 映射文件中，以下两种方式都表示延迟加载策略：

```
<class name="org.newboy.entity.Dept" table="DEPT">
<class name="org.newboy.entity.Dept" table="DEPT" lazy="true">
```

如果加载一个持久化对象是为了访问它的属性，则可以采用立即加载。如果程序加载一个持久化对象只是为了得到它的引用，则可以采用延迟加载。例如：

```
Dept dept = (Dept) session.load(Dept.class, new Integer(10));
Emp emp = new Emp(7937, "JENNY", "ENGINEER");
emp.setDept(dept);
session.save(emp);
```

以上测试代码要向数据库中添加一个 Emp 对象，它只需要与已经存在的 Dept 对象建立关联关系。如果采用延迟加载数据，则调用 load()方法不会执行访问 Dept 表的 select 语句，只返回一个 Dept 代理类的对象，该对象只有 deptno 属性（标识值）为 10，其他属性均为 null。执行以上代码将会产生一条 insert 语句。

在延迟加载中，在整个 Session 范围内，如果程序没有访问过 Dept 对象，那么 Dept 代理类的实例始终不会被初始化，Hibernate 不会执行 select 语句。例如：

```
Dept dept = (Dept) session.load(Dept.class, new Integer(10));
session.close();
System.out.println(dept.getDname());
```

以上代码在关闭 Session 后，再次访问 Dept 的游离对象，执行后会报以下异常：

```
org.hibernate.LazyInitializationException: could not initialize proxy - no Session
```

因为 Dept 对象是 Dept 的代理实例，在关闭 Session 之前始终没有被初始化，所以，当执行 dept.getDname()时，就会提示不能初始化代理实例，当前没有 Session。故 Dept 的代理实例只能在当前 Session 范围内才能被初始化。

当应用程序访问 Dept 代理实例的 OID（标识值）时，无须查询数据库，直接返回该值即可。代理类也不会被初始化。例如：

```
Dept dept = (Dept) session.load(Dept.class, new Integer(10));
System.out.println(dept.getDeptno());
session.close();
System.out.println(dept.getDname());
```

执行代码后，控制台会输出 Dept 代理实例的 OID，且 Hibernate 会抛出以下异常：

```
org.hibernate.LazyInitializationException: could not initialize proxy - no Session
```

这说明 Session 在关闭前，Dept 代理实例是没有被初始化的，仅返回它的 OID。

9.4.2 一对多关联查询策略

在一方的映射文件中，通过<set>元素设置数据加载策略。<set>元素的 lazy 属性分别有 3 个取值：false（立即加载）、true（延迟加载）和 extra（增强延迟加载）。Dept 和 Emp 是一对多关联关系，其中 Dept.hbm.xml 文件中包含<set>元素。

1. 立即加载

在 Dept.hbm.xml 文件的<set>元素中添加 lazy="false"，表示 Dept 类的 emps 集合采用立即加载策略，代码如下所示。

```
<set name="emps" inverse="true" lazy="false">...</set>
```

调用下面的代码，查询 OID 为 10 的 Dept 对象。

```
Dept dept = (Dept) session.get(Dept.class, new Integer(10));
```

调用 get()方法时，对于 Dept 对象是采用立即加载方法的，但其关联的 emps 集合要符合<set>元素的设置，这里 lazy 属性值为 false，表示立即加载。当加载 Dept 对象时，同时加载 emps 集合，所以，Hibernate 会产生以下两条 select 语句。

```
select * from DEPT where DEPTNO=?
select * from EMP where DEPTNO=?
```

需要注意的是，一般情况下，访问 Dept 对象的同时无须访问 Emp 对象，加载 emps 集合显然是多余的，也造成了性能的耗费。所以，在一对多关联中不要随意使用立即加载。

2. 延迟加载

鉴于以上原因，应该优先使用默认的延迟加载策略，在<set>元素中，延迟加载的两种设置如下。

```
<set name="emps" inverse="true">...</set>
<set name="emps" inverse="true" lazy="true">...</set>
```

使用 get()方法加载 Dept 对象：

```
Dept dept = (Dept) session.get(Dept.class, new Integer(10));
```

Hibernate 只产生一条 select 语句，仅加载 Dept 对象。那么 Dept 对象中的 emps 集合只是一个代理实例，其中没有存放任何的 Emp 对象。只有当 emps 代理实例被初始化时才真正访问数据库。以下情况都可以初始化 emps 代理实例。

（1）调用 emps 集合类的方法，如 size()、interator()、isEmpty()、contains()等。

```
Dept dept = (Dept) session.get(Dept.class, new Integer(10));
Set<Emp> empSet = dept.getEmps();
Interator it = empSet.interator();
```

（2）通过 org.hibernate.Hibernate 类的 initialize()方法初始化。

```
Dept dept = (Dept) session.get(Dept.class, new Integer(10));
Set<Emp> empSet = dept.getEmps();
Hibernate.initialize(empSet);
```

以上代码运行后，都会产生查询 Emp 表的 select 语句：

```
select * from SCOTT.EMP emps0_ where emps0_.DEPTNO=?
```

3. 增强延迟加载

<set>元素的 lazy 属性还有第 3 个取值：extra，即设置增强延迟加载策略。增强延迟加载本身也是延迟加载，只不过在原来的基础上多了一些增强的特性而已。当程序访问 emps 的 size()、isEmpty()、contains()等方法时，Hibernate 不会初始化 emps 集合代理实例，仅通过特定的 SQL 语句查询必要的信息。其代码如下所示。

```
Dept dept = (Dept) session.get(Dept.class, new Integer(10));
Set<Emp> empSet = dept.getEmps();
int count = empSet.size();
```

以上代码是查询编号为 10 的部门的员工个数，它产生了下面的 SQL 语句。

```
select count(EMPNO) from SCOTT.EMP where DEPTNO =?
```

由此可见，使用增强延迟加载不会查询所有的 Emp 对象，它比较“聪明”，发送聚合函数查询数据的记录数，起到了性能优化的作用。

9.4.3 多对一关联的查询策略

在映射文件的<many-to-one>元素中设置 lazy 属性，有以下取值：proxy（代理延迟加载）、

no-proxy（无代理延迟加载）、false（立即加载）。

1. 代理延迟加载

配置<many-to-one name=*"dept"* class=*"org.newboy.entity.Dept"* lazy=*"proxy"*>，测试代码如下。

```
Emp emp = (Emp) session.get(Emp.class, 7369);
Dept dept = emp.getDept();
dept.getDname();
```

执行 get()方法时，仅加载 Emp 对象，它引用的 Dept 对象只是代理实例，这个代理实例仅保存实例的 OID，这个值就是 Emp 表的外键 deptno 的值。当执行 dept.getDname()方法时，才发送 select 语句到数据库中查询 Dept 对象，总共产生以下两条 SQL 语句。

```
select * from SCOTT.EMP emp0_ where emp0_.EMPNO=?
select * from DEPT dept0_ where dept0_.DEPTNO=?
```

2. 无代理延迟加载

配置<many-to-one name=*"dept"* class=*"org.newboy.entity.Dept"* lazy=*"no-proxy"*>，测试代码如下。

```
Emp emp = (Emp) session.get(Emp.class, 7369);
Dept dept = emp.getDept();
dept.getDname();
```

如果 lazy="no-proxy"，则程序执行第一行代码时，Emp 对象的 dept 属性为 null；当执行第二行代码时，Hibernate 将会发送查询 Dept 对象的 select 语句，加载 Dept 对象。

因此，当 lazy="proxy"时，可以延长延迟加载 Dept 对象的时间；当 lazy="no-proxy"时，则可以避免使用 Hibernate 提供的 Dept 代理类实例，使 Hibernate 对程序提供更加透明的持久服务。值得注意的是，使用 no-proxy 需要编译时增强持久化类的字节码，否则其和 proxy 没有区别。增强持久化类字节码请查看 Hibernate 帮助文档，这里不做介绍。

3. 立即加载

配置<many-to-one name=*"dept"* class=*"org.newboy.entity.Dept"* lazy=*"false"*>，测试代码如下。

```
Emp emp = (Emp) session.get(Emp.class, 7369);
```

运行后，产生以下 select 语句。

```
select * from SCOTT.EMP emp0_ where emp0_.EMPNO=?
select * from DEPT dept0_ where dept0_.DEPTNO=?
```

9.5 OpenSessionInView 模式

在 Java Web 应用开发中，基本上采用了 MVC 设计模式，如果持久层使用 Hibernate 框架实现，则通常会遇到以下问题。例如，在 JSP 中访问某个对象的关联对象时，该关联对象的加载方式是延迟加载的，Hibernate 就会抛出 LazyInitializationException 异常。因为当调用完模型层，请求来到视图层时，再次访问关联对象，意味着要访问数据库，但 Hibernate 的 Session 已经关闭了。要解决这个问题，应使用 OpenSessionInView 模式，意为“在视图层中打开 Session”。

它的主要目的是，在用户的每一次请求过程中，初始时保持一个 Session 对象打开。也可以这样理解：把一个 Hibernate 的 Session 和一次完整的请求过程对应的线程相绑定。

OpenSessionInView 模式的实现步骤如下。

1. 把 Session 绑定到当前线程

要保证在一次请求中只有一个 Session 对象，应先在 Hibernate 的配置文件中加入以下配置。

```
<property name="hibernate.current_session_context_class">thread</property>
```

再使用 SessionFactory 的 getCurrentSession()方法获取 Session 对象。

2. 创建过滤器 OpenSessionInViewFilter

在请求到达之前打开 Session，在响应返回前关闭 Session。其代码如下。

```
public class OpenSessionInViewFilter implements Filter {
    public void doFilter(ServletRequest request, ServletResponse response,
            FilterChain chain) throws IOException, ServletException {
        Transaction tx = null;
        try {
            Session session = HibernateSessionUtil.getSessionFactory()
                    .getCurrentSession();
            tx = session.beginTransaction();
            chain.doFilter(request, response);
            //返回响应时提交事务
            tx.commit();
        } catch (HibernateException e) {
            e.printStackTrace();
            tx.rollback();
        } finally {
            //关闭 Session 时，必须调用 closeSession()方法来关闭
            HibernateSessionUtil.closeSession();
        }
    }
    public void init(FilterConfig arg0) throws ServletException {
    }
    public void destroy() {
    }
}
```

在 web.xml 中配置以上 Filter。

```
<filter>
    <filter-name>openSessionInView</filter-name>
    <filter-class>org.newboy.web.OpenSessionInViewFilter</filter-class>
</filter>
<filter-mapping>
    <filter-name>openSessionInView</filter-name>
    <url-pattern>/*</url-pattern>
</filter-mapping>
```

每次请求都会在 OpenSessionInView 过滤器中打开 Session，开启事务。响应完毕后，返回

到过滤器提交事务，关闭 Session。

3. 编写 DAO 层的访问代码

```
public class DeptDaoImpl implements DeptDao {
    public Dept getDept(Integer id) {
        Session session = HibernateSessionUtil.getSessionFactory()
                .getCurrentSession();
        return (Dept) session.get(Dept.class, id);
    }
}
```

在 DeptDaoImpl 类中获取的 Session 对象就是 OpenSessionInViewFilter 过滤器中打开的 Session 对象。在这里无须关闭 Session 对象，当 JSP 在视图层中访问完延迟加载的关联对象时，请求会返回到过滤器中，关闭 Session 对象。

实现 OpenSessionInView 模式的技术要点已经介绍完毕。在此实现的过程当中，获取 Session 对象的方法和以前的有所不同，这里采用的是 getCurrentSession()方法，而不是 openSession()方法。SessionFactory 的这两个方法有何区别呢？

（1）使用 getCurrentSession()时，首先要在 Hibernate 配置文件中做如下配置。

```
<property name="hibernate.current_session_context_class">thread</property>
```

如果没有配置，将会报异常：

```
org.hibernate.HibernateException: No CurrentSessionContext configured!
```

（2）getCurrentSession()创建的 Session 会绑定到当前线程，而 openSession()不会。

（3）getCurrentSession()创建的线程会在事务回滚或事务提交后自动关闭，而 openSession 必须手动关闭（调用 Session 对象的 close()方法）。

（4）在 SessionFactory 启动的时候，Hibernate 会根据配置创建相应的 CurrentSessionContext，在 getCurrentSession()被调用的时候，实际被执行的方法是 CurrentSessionContext. currentSession()。在 currentSession()执行时，如果当前 Session 为空，则 currentSession()会调用 SessionFactory 的 openSession()方法。所以，getCurrentSession()对于 Java EE 来说是更好的获取 Session 的方法。

本章小结

本章介绍了 Hibernate 的关系映射及延迟加载对性能的影响，采用 OpenSessionInView 过滤器解决延迟加载产生的问题。第 10 章将详细介绍 Hibernate 的查询。

第10章 Hibernate的查询

对于一个运行在服务器上的信息化管理系统，往往大部分的操作是查询操作，所以查询在一个 ORM 框架中显得尤其重要。Hibernate 主要支持 3 种查询：Hibernate 查询语言（Hibernate Query Language，HQL）查询、按条件查询（Query By Criteria，QBC）、结构化查询语言（Structured Query Language，SQL）查询。

（1）HQL 查询：使用 Hibernate 语法来进行查询，提供更加丰富灵活、更为强大的查询能力；学习过 SQL 的人很容易上手，它的语法与 SQL 类似。但 HQL 是面向对象的，SQL 是关系型的语言。

（2）QBC 查询：其实是一组 API，提供了完全面向对象的接口、类和方法，不需写任何一条 HQL 或 SQL 语句，这组 API 会在运行时动态生成查询语句。

（3）SQL 查询：这是 Hibernate 提供的原生的 SQL 查询方式，支持使用 SQL 语句的方式去查询数据库。

10.1 HQL 查询

使用 HQL 可以避免使用 JDBC 查询的一些弊端：如不需要再编写烦琐复杂的 SQL 语句；HQL 是针对实体类及其属性进行查询的，而不是表的列和字段；它的查询结果直接存放在 List 对象中（查询多条记录）或者直接返回单个实体类对象（查询单条记录），不需要编写代码来自己封装。另外，它独立于数据库，对于不同的数据库，根据 Hibernate Dialect （数据库方言）属性的配置可以自动生成不同的数据库 SQL 语句操作（如 Oracle、MySQL、MS SQL Server 等）。

HQL 更接近 SQL 语句查询语法：

```
[select/delete/update…][from 实体类][where…][group by…][having…][order by…]
```

由于 HQL 是面向对象的，因此依然使用前面的 Oracle 数据库提供的员工表和部门表进行查询操作。

Hibernate 使用的是目前主流的 4.x 和 3.3 版本，映射出来的实体类和 XML 映射文件如下。

```
/** 员工实体类 */
public class Emp implements java.io.Serializable {
    private Integer empno;              //员工编号
    private Dept dept;                  //部门对象，多对一的关系
    private String ename;               //员工姓名
    private String job;                 //职位
    private Integer mgr;                //员工上司的编号
    private Date hiredate;              //入职日期
    private Double sal;                 //工资
    private Double comm;                //奖金
    //setter 和 getter 方法省略，构造方法省略
}
```

员工表映射文件为 Emp.hbm.xml。注意：主键生成器<generator class="assigned" />由 Java 代码生成主键。

```
<?xml version="1.0" encoding="utf-8"?>
<!DOCTYPE hibernate-mapping PUBLIC "-//Hibernate/Hibernate Mapping DTD 3.0//EN"
"http://hibernate.sourceforge.net/hibernate-mapping-3.0.dtd">
<hibernate-mapping>
    <class name="org.newboy.entity.Emp" table="EMP" schema="SCOTT">
        <id name="empno" type="java.lang.Integer">
            <column name="EMPNO" precision="4" scale="0" />
            <generator class="assigned" />
        </id>
        <many-to-one name="dept" class="org.newboy.entity.Dept" fetch="select">
            <column name="DEPTNO" precision="2" scale="0" />
        </many-to-one>
        <property name="ename" type="java.lang.String">
            <column name="ENAME" length="10" />
        </property>
        <property name="job" type="java.lang.String">
            <column name="JOB" length="9" />
        </property>
        <property name="mgr" type="java.lang.Integer">
            <column name="MGR" precision="4" scale="0" />
        </property>
        <property name="hiredate" type="java.util.Date">
            <column name="HIREDATE" length="7" />
        </property>
        <property name="sal" type="java.lang.Double">
            <column name="SAL" precision="7" />
        </property>
        <property name="comm" type="java.lang.Double">
```

```
                <column name="COMM" precision="7" />
            </property>
        </class>
</hibernate-mapping>
/** 部门实体类 */
public class Dept implements java.io.Serializable {
    private Integer deptno;                                 //部门编号
    private String dname;                                   //部门名称
    private String loc;                                     //所在城市
    private Set<Emp> emps = new HashSet<Emp>(0);   //一对多的关系
    //setter 和 getter 方法省略，构造方法省略
}
```

部门表的映射文件为 Dept.hbm.xml，主键生成器<generator class="assigned" />也是由 Java 代码生成主键的。

```
<?xml version="1.0" encoding="utf-8"?>
<!DOCTYPE hibernate-mapping PUBLIC "-//Hibernate/Hibernate Mapping DTD 3.0//EN"
"http://hibernate.sourceforge.net/hibernate-mapping-3.0.dtd">
<hibernate-mapping>
    <class name="org.newboy.entity.Dept" table="DEPT" schema="SCOTT">
        <id name="deptno" type="java.lang.Integer">
            <column name="DEPTNO" precision="2" scale="0" />
            <generator class="assigned" />
        </id>
        <property name="dname" type="java.lang.String">
            <column name="DNAME" length="14" />
        </property>
        <property name="loc" type="java.lang.String">
            <column name="LOC" length="13" />
        </property>
        <set name="emps" inverse="true">
            <key>
                <column name="DEPTNO" precision="2" scale="0" />
            </key>
            <one-to-many class="org.newboy.entity.Emp" />
        </set>
    </class>
</hibernate-mapping>
```

hibernate.cfg.xml 配置文件的内容如下。

```
<?xml version="1.0" encoding="UTF-8"?>
<!DOCTYPE hibernate-configuration PUBLIC
          "-//Hibernate/Hibernate Configuration DTD 3.0//EN"
          "http://hibernate.sourceforge.net/hibernate-configuration-3.0.dtd">
<hibernate-configuration>
    <session-factory>
        <property name="dialect">
```

```
                org.hibernate.dialect.Oracle10gDialect
            </property>
            <property name="connection.url">
                jdbc:oracle:thin:@localhost:1521:orcl
            </property>
            <property name="connection.username">scott</property>
            <property name="connection.password">tiger</property>
            <property name="connection.driver_class">
                oracle.jdbc.OracleDriver
            </property>
            <property name="show_sql">true</property>
            <mapping resource="org/newboy/entity/Emp.hbm.xml" />
            <mapping resource="org/newboy/entity/Dept.hbm.xml" />
        </session-factory>
    </hibernate-configuration>
```

10.1.1 使用 HQL 的方法

使用 HQL 可分解成以下 4 步：①得到 Session 对象；②编写 HQL 语句；③创建 Query 接口的实现类；④执行查询，得到查询结果。下面来看一段查询所有员工信息的代码。

```
//开始使用 HQL 查询
public class TestHql {
  public static void main(String[] args) {
    //声明会话工厂和会话
    SessionFactory sessionFactory = null;
    Session session = null;
    try {
      sessionFactory = new Configuration().configure().buildSessionFactory();
      // ①得到会话
      session = sessionFactory.openSession();
      // ②编写 HQL 语句
      String hql = "from Emp";
      // ③创建 Query 接口对象
      Query query = session.createQuery(hql);
      // ④得到封装好的查询结果
      List<Emp> emps = query.list();
      for (Emp emp : emps) {
        System.out.println("ID:" + emp.getEmpno() + "\t 姓名:" + emp.getEname());
      }
    } catch (HibernateException e) {
      e.printStackTrace();
    } finally {
      //关闭会话和会话工厂
      session.close();
      sessionFactory.close();
    }
  }
```

```
}
```

输出结果：

```
ID:7839    姓名:KING
ID:7844    姓名:TURNER
ID:7876    姓名:ADAMS
ID:7900    姓名:JAMES
```

其中，Query 接口是 HQL 查询接口，提供了各种查询功能，它的操作都是面向对象的，通过 Session.createQuery()方法来得到。它定义的大部分查询方法的返回值依然是 Query 接口，这样就可以采用有趣的链式代码的编写方式。

注意 HQL 的写法：from Emp。其中，select 部分可以省略；from 等关键字大小写可以随意；但 Emp 只能这样写，其代表一个类名，写成 EMP 或 emp 都是错误的。

完整的写法：

```
select e from Emp e//或者 select e from Emp as e
```

as 关键字可以省略，不能写成 select * from Emp e。其中，e 理解为对象名，表示查询整个对象；Emp 理解为类名；Emp e 理解为类名定义对象名 e。

后面的代码可省略，得到会话工厂、会话，以及关闭会话工厂、会话类的代码。这里只写出主要的 HQL 核心代码，其他部分的代码与前面相同。

建议把 SessionFactory 和 Session 写成一个通用的工具类，供其他 DAO 方法进行调用，代码如下。

```
/** 会话工具类 */
public class HibernateUtil {
    //指定配置文件
    private static String CONFIG_FILE_LOCATION = "/hibernate.cfg.xml";
    //创建会话安全的 Session，建立本地线程对象
    private static final ThreadLocal<Session> threadLocal = new ThreadLocal<Session>();
    private static Configuration configuration = new Configuration();
    private static org.hibernate.SessionFactory sessionFactory;
    static {
        try {
            configuration.configure(CONFIG_FILE_LOCATION);
            sessionFactory = configuration.buildSessionFactory();
        } catch (Exception e) {
            System.err.println("会话工厂创建失败");
            e.printStackTrace();
        }
    }
    /* 私有的构造方法，限制通过 new 方法进行实例化 */
    private HibernateUtil() { }
    /**得到一个线程安全的实例
     * @return Session 返回会话对象
     * @throws HibernateException */
    public static Session getSession() throws HibernateException {
```

```
            Session session = threadLocal.get();
            if (session == null || !session.isOpen()) {
                session = (sessionFactory != null) ? sessionFactory.openSession() : null;
                threadLocal.set(session);
            }
            return session;
        }
        /** 关闭单个会话实例的方法 */
        public static void closeSession() throws HibernateException {
            Session session = threadLocal.get();
            threadLocal.set(null);
            if (session != null) {
                session.close();
            }
        }
}
```

10.1.2 参数绑定

查询中应用最多的是带条件的查询，带条件就是有参数需要传递进来。

例如，查询姓名是 WARD 的员工：

```
String hql = "from Emp e where e.ename=?";
Query query = session.createQuery(hql);
query.setString(0, "WARD");
List<Emp> emps = query.list();
for (Emp emp : emps) {
    System.out.println("ID:" + emp.getEmpno() + "\t 姓名:" + emp.getEname());
}
```

其中，HQL 语句写成 String hql = "from Emp where ename=?" 也可以正常运行。对于 query.setString(0,"WARD");，学过 JDBC 的读者应该比较熟悉，不过这里的参数从 0 开始，而 JDBC 从 1 开始，其表示 HQL 语句中第 1 个问号用字符串 WARD 代替。当然，也可使用 setInteger() 等来设置数据类型。无论什么类型，都可以使用 setParameter()方法来赋值。

例如，模糊查询姓名包含 S、工资大于 2000 的员工信息：

```
String hql = "from Emp where ename like ? and sal>?";
Query query = session.createQuery(hql);
List<Emp> emps = query.setString(0, "%S%").setInteger(1, 2000).list();
for (Emp emp : emps) {
    System.out.println("姓名:" + emp.getEname() + "\t 工资:" + emp.getSal());
}
```

这里用到了链式写法，模糊查询参数%要与值一起传递过去。

除了用?作为占位符之外，也可以使用名称占位。使用名称占位的写法如下。

```
String hql = "from Emp where ename like :name and sal>:salary";
Query query = session.createQuery(hql);
```

```
List<Emp> emps = query.setInteger("salary", 2000).setString("name", "%S%").list();
for (Emp emp : emps) {
    System.out.println("姓名:" + emp.getEname() + "\t 工资:" + emp.getSal());
}
```

使用名称占位有一个好处——先后顺序可以打乱，在前面的代码中，笔者故意把 salary 写在了前面。这样，当参数多的时候，不容易混乱。在 HQL 中，名称前面要加上冒号（:），代码中要去掉冒号。

例如，查询单个员工的信息时，如果确认查询结果只有一条记录，则可以用 uniqueResult()方法返回唯一的结果，代码如下。

```
String hql = "from Emp where ename = ?";
Query query = session.createQuery(hql);
query.setString(0, "WARD");
Emp emp = (Emp) query.uniqueResult();
System.out.println("姓名:" + emp.getEname() + "\t 工资:" + emp.getSal());
```

uniqueResult()方法返回的结果是一个 Object 对象，所以要进行(Emp)类型转换。如果有两个用户名为 WARD，就会返回两条记录，那么代码就会抛出异常。但无论返回几条记录，都可以使用 query.list()返回结果，如果是一条记录，则 List 包含 1 个元素。

10.1.3 投影查询

前面的实例都是封装员工所有的属性，如果只希望查询员工 ID 和姓名两列呢？这就称为投影查询，投影即只返回一部分字段。

查询代码如下：String hql = "select id,ename from Emp";。但运行结果却与想象的不同。List emps = query.list();，在投影查询返回的结果集中，元素类型为 Object[]，数组中元素个数即为 select 语句后的字段个数。所以输出代码应该这样写：

```
String hql = "select id,ename from Emp";
Query query = session.createQuery(hql);
List<Object[]>   emps = query.list();
for (Object[] obj : emps) {
    System.out.println("员工 id:" + obj[0] + "\t 姓名:" + obj[1]);
}
```

如果想返回的每条记录是 Emp 对象，且只有 id 和 ename 属性有值，其他属性为 null 呢？这也是可以的。代码改写如下。

```
String hql = "select new Emp(id,ename) from Emp";
Query query = session.createQuery(hql);
List<Emp>   emps = query.list();
for (Emp emp : emps) {
    System.out.println("员工 id:" + emp.getEmpno()+ "\t 姓名:" + emp.getEname());
}
```

如果代码报错，并且抛出异常：

```
Unable to locate appropriate constructor on class [org.newboy.entity.Emp]
```

是因为必须要在 Emp 实体类中加上带 id 和 ename 这两个参数的构造方法，即在 Emp 实体类中加上如下代码。

```
public Emp(Integer empno, String ename) {
        super();
        this.empno = empno;
        this.ename = ename;
}
```

现在程序应该可以正常运行了。new Emp(id,ename)其实是需要调用一个带有这两个参数的构造方法，开始时并没有这个构造方法，故实体类实例化出错，就会出现问题。

10.1.4 排序

与 SQL 类似，HQL 通过 order by 子句实现对查询结果的排序，默认情况下按升序排列。例如，查询所有的员工信息，按工资降序排列：

```
String hql = "select e from Emp e order by e.sal desc";
Query query = session.createQuery(hql);
List<Emp> emps = query.list();
for (Emp emp : emps) {
        System.out.println(emp.getEname() + "\t" + emp.getSal());
}
```

和 SQL 一样，order by 后面也支持多列，如果第 1 列数据完全相同，则按第 2 列排序。

10.1.5 分页

Query 对象提供了简便的分页方法。

（1）setFirstResult(int firstResult)方法：设置第一条记录的开始位置，从 0 开始计数。

（2）setMaxResults(int maxResults)方法：设置最大返回的记录条数，指每页的大小，一般这个值是固定不变的数。例如，每页显示 10 条记录，这个方法就会设置成 setMaxResults(10)。

注意：setFirstResult 后面没有 s，setMaxResults 后面有 s。

例如，每页显示 5 条记录，查询第 3 页的记录：

```
String hql = "select e from Emp e";
Query query = session.createQuery(hql);
query.setFirstResult(10).setMaxResults(5);
List<Emp> emps = query.list();
for (Emp emp : emps) {
        System.out.println(emp.getEname() + "\t" + emp.getSal());
}
```

setFirstResult(10)表示从第 10 条记录开始显示，0～4 表示第 1 页，5～9 表示第 2 页，第 3 页从 10 开始；setMaxResults(5)表示最多显示 5 条记录，即从 10 开始的 5 条记录，即 10～14 这 5 条记录。HQL 语句中只需简单地写上“select e from Emp e”即可，相应的 SQL 分页代码会由 Hibernate 生成，前面生成的 Oracle 查询代码如下：

```
Hibernate: select * from ( select row_.*, rownum rownum_ from ( select emp0_.EMPNO as EMPNO0_, emp0_.DEPTNO as DEPTNO0_, emp0_.ENAME as ENAME0_, emp0_.JOB as JOB0_, emp0_.MGR as MGR0_, emp0_.HIREDATE as HIREDATE0_, emp0_.SAL as SAL0_, emp0_.COMM as COMM0_ from SCOTT.EMP emp0_ ) row_ where rownum <= ?) where rownum_ > ?
```

Oracle 的分页查询代码是比较复杂的，需要用到 3 层 select 查询嵌套，而用 HQL 则无须考虑这些问题。

注意：后面有些实例中 Hibernate 会自动产生 SQL 语句，中间列名部分因为太长而将使用省略号进行省略。

10.1.6　聚合函数与分组查询

例如，要统计一共有多少个员工，就需要用到聚合函数，其与 SQL 中的聚合函数类似。

```
String hql = "select count(e) from Emp e";
Query query = session.createQuery(hql);
Long count = (Long) query.uniqueResult();
System.out.println("一共有员工:" + count);
```

聚合函数返回的值是 Object 类型，而且只有一条记录。注意：加粗的一行代码返回的是长整型数据，Hibernate 3.2 以上的函数（如 count()）的唯一返回值已经从 Integer 类型变为 Long 类型，低版本中返回的值是 Integer 类型的，这点在使用时要注意。

上面的 HQL 语句中，如果把 count(e)换成 count(*)，即写为 String hql = "select count(*) from Emp"; 也是可以正常运行的。

例如，查询员工中最高的工资、最低的工资和所有人的平均工资，代码如下：

```
String hql = "select max(e.sal),min(e.sal),avg(e.sal) from Emp e";
Query query = session.createQuery(hql);
Object[] sals = (Object[]) query.uniqueResult();
for (int i = 0; i < sals.length; i++) {
    System.out.print(sals[i] + "\t");
}
```

这一次同时查询 3 项值，但返回的记录依然只有一条，所以还是使用 uniqueResult()方法，但返回的结果是 Object[]数组，max、min 和 avg 这 3 个聚合函数返回的值是 Double 类型的。

例如，查询每个部门员工的平均工资时，需要用到分组查询，按部门进行分组，关键字也和 SQL 中的一样，即 **group by**。

```
String hql = "select e.dept.dname, avg(e.sal) from Emp e group by e.dept.dname";
Query query = session.createQuery(hql);
List<Object[]> sals = query.list();
for (Object[] obj : sals) {
    System.out.println("部门:" + obj[0] + "\t" + "平均工资:" + new
    DecimalFormat("0.00").format((Double)obj[1]));
}
```

这里的代码使用“部门名称”进行分组，是为了使输出结果便于查看，实际开发中最好按部门 ID 进行分组。

输出结果：

```
部门：ACCOUNTING          平均工资：3690.00
部门：RESEARCH            平均工资：2479.17
部门：SALES               平均工资：1766.67
```

其中，DecimalFormat 类是 java.text.DecimalFormat 包中的，它的 format 方法用于将数据四舍五入并保留 2 位小数。

例如，查询每个部门员工的平均工资，但不包括 ACCOUNTING 部门的，此时要使用 having 关键字。

```
String hql = "select e.dept.dname, avg(e.sal) from Emp e group by e.dept.dname having e.dept.dname <>?";
Query query = session.createQuery(hql).setString(0, "ACCOUNTING");
List<Object[]> sals = query.list();
for (Object[] obj : sals) {
      System.out.println("部门:" + obj[0] + "\t" + "平均工资:" + new
DecimalFormat("0.00").format((Double)obj[1]));
}
```

输出结果：

```
部门：RESEARCH          平均工资：2479.17
部门：SALES             平均工资：1766.67
```

10.1.7 子查询

例如，找出所有工资大于平均工资的员工信息，这需要用到子查询，类似于 SQL 语句。

```
String hql = "from Emp where sal > (select avg(e.sal) from Emp e)";
Query query = session.createQuery(hql);
List<Emp> sals = query.list();
for (Emp emp : sals) {
      System.out.println("姓名:" + emp.getEname() + "\t 工资:" + emp.getSal());
}
```

其中，select avg(e.sal) from Emp e 即为子查询，即求出所有员工的平均工资，外面的查询把子查询的结果作为比较的条件，程序的查询结果是输出所有高于平均工资的员工的信息。

10.1.8 表连接

HQL 支持表连接的查询操作，只是查询的是对象，结果也封装成了集合或对象。Hibernate 中的各种表连接查询如表 10-1 所示。

表 10-1　Hibernate 中的各种表连接查询

连接方式	关键字
内连接	inner join 或者 join
迫切内连接	inner join fetch 或者 join fetch
左外连接	left outer join 或者 left join

续表

连接方式	关键字
迫切左外连接	left outer join fetch 或者 left join fetch
右外连接	right outer join 或者 right join

从表 10-1 中可以看出，关键字 inner 或 outer 是可以省略的，加上 fetch 关键字的连接称为迫切连接。

10.1.9　内连接

简单回忆一下 SQL 中的表连接（图 10-1）：有两张表，1 张 R、1 张 S，R 表有 A、B、C 3 列，S 表有 C、D 2 列，表中各有 3 条记录。

R

A	B	C
a1	b1	c1
a2	b2	c2
a3	b3	c3

S

C	D
c1	d1
c2	d2
c4	d3

图 10-1　SQL 表连接

内连接的 SQL 语句如下，结果如表 10-2 所示。

```
select r.*,s.* from r inner join s on r.c=s.c
```

表 10-2　内连接结果

A	B	C	C	D
a1	b1	c1	c1	d1
a2	b2	c2	c2	d2

Hibernate 的内连接语法如下。

```
from Entity inner join [fetch] Entity.property
```

注意：其写法与 SQL 还是有区别的，后面使用的是 Entity.property 属性，还有一个可选的关键字 fetch（后面会解释它的作用，这里先使用没有 fetch 关键字的语句）。

例如，使用内连接查询所有的员工和部门信息，因为员工对象中包含了部门对象，两者是多对一的关系。查看一下员工的实体类，部门是作为员工的属性存在的。

```
public class Emp implements java.io.Serializable {
        private Dept dept;                      //部门对象，多对一的关系
        ...
}
```

代码如下。

```
String hql = "from Emp e inner join e.dept";
Query query = session.createQuery(hql);
```

```
List<Object[]> emps = query.list();
for (Object[] obj : emps) {
    System.out.println(obj[0]);
    System.out.println(obj[1]);
}
```

原本以为查询结果会是 List<Emp>的形式，但其实返回的是 List<Object[]>，每条记录都是一个数组，输出这些数据对象的结果如下。

```
org.newboy.entity.Emp@45c3e9ba
org.newboy.entity.Dept@a21d23b  …
```

原来每条记录中有两个元素，第一个元素是 Emp 对象，第二个元素是 Dept 对象，这个 List 结果集把两个关联对象的所有属性值都分别封装到了两个对象中，所以在使用时一定要注意。

如果希望返回的 List 集合中只包含 Emp 对象，而没有 Dept 对象，又应该怎样做呢？其实，此时加上 fetch 关键字即可，代码如下。

```
String hql = "from Emp e inner join fetch e.dept";
Query query = session.createQuery(hql);
List<Emp> emps = query.list();
for (Emp emp : emps) {
    System.out.println(emp);
}
```

输出结果：

```
org.newboy.entity.Emp@259a8416
org.newboy.entity.Emp@4355d3a3
org.newboy.entity.Emp@37b994de  …
```

如果想看到上面结果的实体类的属性值，则重写 Emp 类的 toString()方法即可。

```
@Override
public String toString() {
    return "编号:" + empno + ", 姓名:" + ename + ", 职位:" + job + ", 上司 ID:" + mgr + ", 入职日期:
    " + hiredate + ", 工资:" + sal + ", 奖金:" + comm;
}
```

这两种做法最终产生的 SQL 语句是一样的，SQL 语句如下。

```
select … from SCOTT.EMP emp0_ inner join SCOTT.DEPT dept1_ on emp0_.DEPTNO= dept1_.DEPTNO
/*中间列名部分用省略号进行了省略，这样便于查看，后面有些较长的 SQL 代码也会出现相同的省略*/
```

所以，有没有 fetch 关键字的一个主要区别是，最终封装的记录不同：不加 fetch，每条记录封装成两个对象；加上 fetch 时只封装成一个对象。后面的左连接和右连接也是一样的。

10.1.10 左外连接

左外连接也称左连接，只是查询结果不同。这里仍以前面的 R、S 两张表为例，SQL 中左连接的语句如下，结果如表 10-3 所示。

```
select r.*,s.* from r left join s on r.c=s.c
```

表 10-3 左连接结果

A	B	C	C	D
a1	b1	c1	c1	d1
a2	b2	c2	c2	d2
a3	b3	c3		

由此可以看出，在左连接时，右边对象中的一个属性有可能是没有值的。HQL 的左外连接的语法如下。

```
from Entity left join [fetch] Entity.property
```

测试代码如下。

```
String hql = "from Emp e left join fetch e.dept";
```

其他代码与上面完全一样，产生的 SQL 语句（注意加粗部分）如下。

```
select … from SCOTT.EMP emp0_ left outer join SCOTT.DEPT dept1_ on emp0_.DEPTNO=
dept1_.DEPTNO
```

同样，其有没有 fetch 关键字的效果和内连接是一样的。

10.1.11 右外连接

右外连接也称右连接。这里依然以前面的 R、S 两张表为例，SQL 中右连接的查询语句如下，结果如表 10-4 所示。

```
select r.*,s.* from r right join s on r.c=s.c
```

表 10-4 右连接结果

A	B	C	C	D
a1	b1	c1	c1	d1
a2	b2	c2	c2	d2
			c4	d3

Hibernate 的右外连接语法如下。

```
from Entity right join [fetch] Entity.property
```

通过连接结果可以看出，左边对象中的属性可能是没有值的，因此，在右连接中，加上 fetch 关键字时，因为只返回左边的实体对象集合，左边的实体对象可能存在为 null 的对象，这一点在使用时要注意，如下面的代码所示。

```
String hql = "from Emp e right join fetch e.dept";
Query query = session.createQuery(hql);
List<Emp> emps = query.list();
for (Emp emp : emps) {
```

```
        System.out.println(emp);
    }
```

输出结果：

```
...
org.newboy.entity.Emp@34c7e8a7
org.newboy.entity.Emp@307b4703
null
```

产生的 SQL 语句如下，注意加粗的部分。

```
select … from SCOTT.EMP emp0_ right outer join SCOTT.DEPT dept1_ on emp0_.DEPTNO=
dept1_.DEPTNO
```

另外， SQL 中还有完全表连接的操作，前面的 R、S 表的完全表连接的效果如表 10-5 所示。

```
select r.*,s.* from r full join s on r.c=s.c
```

表 10-5　完全表连接

A	B	C	C	D
a1	b1	c1	c1	d1
a2	b2	c2	c2	d2
a3	b3	c3		
			c4	d3

但在 Hibernate 中并未提供完全表连接相关的支持。

10.2　QBC

有的开发者可能对 SQL 不太熟悉，可能比较难写出一些复杂的 SQL 查询代码，此时就可以考虑使用 QBC。QBC API 是 Hibernate 提供的另一种查询方式，它主要由 Criteria 接口、Criterion 接口和 Expression 类组成。它是一种完全面向对象的查询方式，不用写任何 SQL 或 HQL 代码，其在运行时会动态生成 SQL 查询语句。

10.2.1　QBC 的使用

使用 QBC 查询数据的步骤如下。

（1）得到 Session 对象。

（2）调用 Session 的 createCriteria()方法创建一个 Criteria 对象。

（3）用面向对象的方式设置查询条件。其中，使用比较多的是 Restrictions 类，它提供了一系列用于设定查询条件的静态方法，这些静态方法都返回 Criterion 实例，每个 Criterion 实例代表一个查询条件。

（4）调用 Criteria 的 add()方法加入查询条件。

（5）调用 Criteria 的 list()方法执行查询语句，该方法返回 List 类型的查询结果，在 List 集合中存放了符合查询条件的持久化对象。

例如，查询 Emp 对象的所有记录。这次使用前面创建的 HibernateUtil 工具类来得到 Session 和关闭 Session。具体的代码如下。

```
/* QBC 的使用 */
public class TestQBC {
    public static void main(String[] args) {
        //（1）调用 HibernateUtil 得到会话
        Session session = HibernateUtil.getSession();
        //（2）创建 Criteria，参数是要封装成集合的实体类
        Criteria criteria = session.createCriteria(Emp.class);
        //（3）调用 list()方法查询
        List<Emp> emps = criteria.list();
        //（4）输出查询结果
        for (Emp emp : emps) {
            System.out.println(emp);
        }
        //（5）调用 HibernateUtil 关闭会话
        HibernateUtil.closeSession();
    }
}
```

其中，最核心的代码如下。

```
//创建 Criteria，参数是要封装成集合的实体类
Criteria criteria = session.createCriteria(Emp.class);
//调用 list()方法查询
List<Emp> emps = criteria.list();
```

本节后面的演示代码中也只写出了核心代码，其他的代码与前面介绍的代码相同。

10.2.2 排序

如果想按工资降序排列查询到的所有的员工信息，则代码如下。

```
Criteria criteria = session.createCriteria(Emp.class);
criteria.addOrder(Order.desc("sal"));
List<Emp> emps = criteria.list();
```

使用 addOrder()方法，参数是 org.hibernate.criterion.Order 对象。Order 类有两个静态方法：asc()和 desc()。其中，asc 表示升序，desc 表示降序，方法的参数是需要排序的属性名。产生的 SQL 语句如下。

```
select … from SCOTT.EMP this_ order by this_.SAL desc
```

10.2.3 分页查询

分页查询与 HQL 的分页类似，使用 setFirstResult()和 setMaxResults()方法即可。下面的代码表示查询从第 5 条记录（从 0 开始计数）开始，显示 5 条记录。

```
Criteria criteria = session.createCriteria(Emp.class);
criteria.setFirstResult(5).setMaxResults(5);
List<Emp> emps = criteria.list();
for (Emp emp : emps) {
    System.out.println("编号:" + emp.getEmpno() + "\t 姓名:" + emp.getEname());
}
```

产生的 SQL 语句如下。

```
select * from ( select row_.*, rownum rownum_ from ( select … from SCOTT.EMP this_ ) row_ where rownum <= ?) where rownum_ > ?
```

其与前面的 HQL 分页产生的 SQL 代码是一样的。

10.2.4 条件查询

例如，查询所有职位是 ENGINEER 的员工的信息：

```
Criteria criteria = session.createCriteria(Emp.class);
criteria.add(Restrictions.eq("job", "ENGINEER"));
List<Emp> emps = criteria.list();
for (Emp emp : emps) {
    System.out.println(emp.getEname() + "\t" + emp.getJob());
}
```

产生的 SQL 语句如下。

```
select … from SCOTT.EMP this_ where this_.JOB=?
```

Restrictions 类中的 eq（equals 的缩写）方法表示等于，即 eq("属性名","属性值")，Restrictions 常用的方法如表 10-6 所示。

表 10-6 Restrictions 常用的方法

方　法	说　明
Restrictions.eq()	对应 SQL 的等于（=）
Restrictions.allEq()	使用 Map，使用 key/value 进行多个相等的值的比对
Restrictions.gt()	对应 SQL 的大于 (>)
Restrictions.ge()	对应 SQL 的大于等于 (>=)
Restrictions.lt()	对应 SQL 的小于 (<)
Restrictions.le()	对应 SQL 的小于等于 (<=)
Restrictions.between()	对应 SQL 的 between 子句
Restrictions.like()	对应 SQL 的 like 子句
Restrictions.in()	对应 SQL 的 in 子句
Restrictions.and()	对应 SQL 的 and
Restrictions.or()	对应 SQL 的 or
Restrictions.not()	对应 SQL 的 not

下面来看几个例子，分别学习这些方法的使用。

例如，查询员工姓名是 MARTIN、CLARK、JAMES 的 3 个人的信息：

```
String[] names = new String[] { "MARTIN", "CLARK", "JAMES" };
List<Emp> emps = session.createCriteria(Emp.class)
        .add(Restrictions.in("ename", names)).list();
for (Emp emp : emps) {
        System.out.println(emp.getEname() + "\t" + emp.getJob());
}
```

此例演示了 in 方法的使用，in 方法后面的 names 可以是一个数组，也可以是一个 Collection 集合。

产生的 SQL 语句如下。

```
select … from SCOTT.EMP this_ where this_.ENAME in (?, ?, ?)
```

例如，查询工资大于 3000 或者奖金大于等于 300 的员工的信息：

```
List<Emp> emps = session.createCriteria(Emp.class)
        .add(Restrictions.or(Restrictions.gt("sal", 3000d), Restrictions.ge("comm",300d))).list();
for (Emp emp : emps) {
        System.out.println(emp.getEname() + "\t" + emp.getSal() + "\t" + emp.getComm());
}
```

产生的 SQL 语句如下。

```
select … from SCOTT.EMP this_ where (this_.SAL>? or this_.COMM>=?)
```

使用 or 或 and 方法可以对两个条件进行操作，但如果有 3 个及以上的 or 或 and 操作呢？有的读者可能会想到使用 or 方法嵌套，其实 QBC 提供了专门的类——org.hibernate.criterion.Disjunction 实现 or 操作。

例如，查询工资大于 3000，或者奖金大于等于 300 的员工的信息，或者职位是 ENGINEER 的员工的信息：

```
List<Emp> emps = session.createCriteria(Emp.class)
.add(Restrictions.disjunction().add(Restrictions.gt("sal", 3000d))
.add(Restrictions.ge("comm",300d)).add(Restrictions.eq("job", "ENGINEER"))).list();
for (Emp emp : emps) {
System.out.println(emp.getEname() + "\t" + emp.getSal() + "\t" +
emp.getComm() + "\t" + emp.getJob());
}
```

产生的 SQL 语句如下。

```
select … from SCOTT.EMP this_ where (this_.SAL>? or this_.COMM>=? or this_.JOB=?)
```

如果要进行的是几个 and 操作，则只需要把前面的代码 **Restrictions.disjunction()**换成 **Restrictions.conjunction()**，所有的 or 操作就会变成 and 操作。conjunction()方法返回的是 org.hibernate.criterion.Conjunction 类，用于几个 and 操作的连接。

例如，查询工资大于 1500、奖金大于等于 200、职位是 SALESMAN 的员工的信息：

```
List<Emp> emps = session.createCriteria(Emp.class)
.add(Restrictions.conjunction().add(Restrictions.gt("sal", 1500d))
```

```
        .add(Restrictions.ge("comm",200d)).add(Restrictions.eq("job", "SALESMAN"))).list();
for (Emp emp : emps) {
        System.out.println(emp.getEname() + "\t" + emp.getSal() + "\t" +
                emp.getComm() + "\t" + emp.getJob());
}
```

产生的 SQL 语句如下。

```
select … from SCOTT.EMP this_ where (this_.SAL>? and this_.COMM>=? and this_.JOB=?)
```

如果有多个条件按相等条件进行查询，则可以使用 allEq()方法进行查询，即将多个条件封装成一个 Map 对象进行查询。

例如，查询员工职位为 MANAGER、部门 ID 是 30 的员工的信息：

```
//封装查询条件
Map<String, Object> conditions = new HashMap<String, Object>();
conditions.put("job", "MANAGER");
conditions.put("dept.deptno", 30);
List<Emp> emps = session.createCriteria(Emp.class)
        .add(Restrictions.allEq(conditions)).list();
for (Emp emp : emps) {
        System.out.println(emp.getEname() + "\t" + emp.getJob() + "\t" +
        emp.getDept().getDeptno());
}
```

此代码产生的 SQL 语句的条件部分为“select … from SCOTT.EMP **where (this_.DEPTNO=? and this_.JOB=?)**”，Hibernate 会自动将 QBC 转成相应的 SQL 的查询语句。

10.2.5 Example 查询

当查询条件比较多的时候，会把查询条件封装成一个类，避免了一个查询方法中参数过多的问题，如想同时按编号、姓名、工资 3 个条件进行查询，若定义成如下方法：

```
List<Emp> findEmployees(Integer empno,String name,Double sal);
```

就不如写为

```
List<Emp> findEmployees(Emp emp);
```

下面的写法对多个查询参数进行了封装，而且查询条件为只要是 Emp 对象的属性即可，在代码中进行判断，如果 Emp 中某个属性有值，则作为方法的查询条件，如果为 null 或者为空字符串就不作为查询条件。在 Hibernate 中，org.hibernate.criterion.Example 类已经帮我们实现了这样的功能，它允许用户通过一个给定实例构建一个条件查询，此实例的属性值将作为查询条件。

例如，查询编号是 7369、姓名是 SMITH、工资为 1000.00 的员工的信息：

```
Emp emp = new Emp();
emp.setEmpno(7369);
emp.setEname("SMITH");
emp.setSal(1000.00);
List<Emp> emps = session.createCriteria(Emp.class).add(Example.create(emp)).list();
```

```
for (Emp e : emps) {
        System.out.println("员工 id:" + e.getEmpno()+ "\t 姓名:"
         + e.getEname() + "\t 工资:" + e.getSal());
}
```

默认情况下，值为 null 的属性将被排除，还可以添加其他的方法使 Example 更实用。

excludeZeroes()：　　排除值为 0 的属性。

excludeProperty("sal")：　　排除 sal 属性。

ignoreCase()：　　忽略大小写进行比较。

enableLike()：　　使用模糊查询。

例如，查询姓名中包含字母 A、工资等于 1450 的员工的信息：

```
Emp emp = new Emp();
emp.setEmpno(7369);
emp.setEname("%A%");
emp.setSal(1450d);
List<Emp> emps = session.createCriteria(Emp.class).add(Example.create(emp)
        .enableLike().excludeProperty("empno")).list();
for (Emp e : emps) {
        System.out.println("员工 id:" + e.getEmpno()+ "\t 姓名:" +
        e.getEname() + "\t 工资:" + e.getSal());
}
```

在此例中，虽然员工编号 empno 属性中有值，但通过 Hibernate 输出的 SQL 可以看出 empno 并没有作为查询条件 where (this_.ENAME like ? and this_.SAL=?)，因为排除了这个属性。

10.2.6 表连接

如果要查询所属部门是 SALES 的员工有哪些，应该怎么实现呢？因为部门名称在 Dept 表中，而查询结果是 Emp 表中的内容，所以这里需要用表连接查询。在 QBC 中，表连接查询需要使用两次 createCriteria 方法。其代码如下。

```
Criteria criteria = session.createCriteria(Emp.class).createCriteria("dept")
        .add(Restrictions.eq("dname", "SALES"));
List<Emp> emps = criteria.list();
for (Emp emp : emps) {
        System.out.println("姓名:" + emp.getEname() + "\t 部门:" + emp.getDept().getDname());
}
```

第二次 createCriteria("dept")可以理解为建立表连接，dept 是 Emp 中的属性对象，后面的 add()加入的查询条件是 Dept 类中的 dname 属性和查询值。

产生的 SQL 语句如下。

```
select ··· from SCOTT.EMP this_ inner join SCOTT.DEPT dept1_ on this_.DEPTNO = dept1_.DEPTNO
where dept1_.DNAME=?
```

可以看到建立的是 inner join 表连接。

输出结果：

```
姓名:JAMES    部门:SALES
姓名:MARTIN   部门:SALES
…
```

可能有读者会想到，这里创建Criteria的代码改成只写一次createCriteria方法是否可行呢？

```
session.createCriteria(Emp.class).add(Restrictions.eq("dept.dname", "SALES"));
```

答案是否定的，因为运行会出现异常。org.hibernate.QueryException: could not resolve property: dept.dname of: org.newboy.entity.Emp，意思是无法解析属性dept.name，因为在Emp类中没有dept.name属性。但如果把此行代码换为

```
session.createCriteria(Emp.class).add(Restrictions.eq("dept.deptno", 30));
```

运行结果便是正确的，产生的SQL语句如下。

```
select … from SCOTT.EMP this_ where this_.DEPTNO=?
```

可以看到，并没有表连接代码产生。虽然dept.deptno看起来是查询Dept表中的deptno列，但deptno是主键列，在Emp表中是有一列完全相等的外键列deptno存在的，所以没有用到表连接的查询。

10.2.7 聚合函数

QBC中也是支持聚合函数的，聚合函数要使用到org.hibernate.criterion.Projections类，Projections类包含了如表10-7所示的常用静态聚合函数。

表10-7 Projections常用静态聚合函数

方法名	功能
avg(String propertyName)	计算属性字段的平均值
count(String propertyName)	统计一个属性在结果中出现的次数
countDistinct(String propertyName)	统计属性包含的不重复值的数量
max(String propertyName)	计算属性值的最大值
min(String propertyName)	计算属性值的最小值
sum(String propertyName)	计算属性值的总和

例如，查询一共有多少名员工时，可选择count()函数。count()函数后面有一个参数，表示要统计的属性名，这里不能写为count("*")。为了得到正确的员工人数，最好选择唯一值的列，这里选择主键列empno，代码如下。

```
Criteria criteria = session.createCriteria(Emp.class);
criteria.setProjection(Projections.count("empno"));
Integer count = (Integer) criteria.uniqueResult();
System.out.println("员工人数:" + count);
```

使用setProjection方法把org.hibernate.criterion.Projection对象设置给criteria对象。注意：Projection是一个接口，而Projections是一个类，这个类实现了Projection接口；单词末尾有s的是类，没有s的是接口。类似的设计模式还有不少，如java.util.Collection是接口，

java.util.Collections 是类，类往往包含大量的静态方法。因为只返回 1 条记录，而且是 Integer 类型的，所以使用 uniqueResult()方法返回值，并进行类型转换。

例如，同时查询员工的最高工资、最低工资和平均工资：

```
Criteria criteria = session.createCriteria(Emp.class);
ProjectionList projList = Projections.projectionList();
projList.add(Projections.max("sal"));
projList.add(Projections.min("sal"));
projList.add(Projections.avg("sal"));
criteria.setProjection(projList);
Object[] sals =  (Object[]) criteria.uniqueResult();
System.out.println("最高工资:" + sals[0] + "\t 最低工资:" + sals[1] + "\t 平均工资:" + new DecimalFormat
("0.00").format((Double)sals[2]));
```

如果同时查询多列聚合函数，则要使用到 org.hibernate.criterion.ProjectionList 类，把所有的聚合函数加入到列表中，再用 setProjection()方法传给 criteria 对象。ProjectionList 类也实现了 Projection 接口，可以直接使用。平均工资使用 java.text.DecimalFormat 保留两位小数。

产生的 SQL 语句和结果如下。

```
select max(this_.SAL) as y0_, min(this_.SAL) as y1_, avg(this_.SAL) as y2_ from SCOTT.EMP this_
最高工资:6000.0最低工资:1000.0平均工资:2773.61
```

10.2.8　DetachedCriteria

DetachedCriteria 即为分离的 Criteria。可以利用 DetachedCriteria 对一些常用的 Criteria 查询条件进行抽离，当需要进行检索时再与 Session 实例关联，获得运行期的 Criteria 实例，从而实现查询条件的重用。

例如，查询 1981 年 7 月 1 日到 1982 年 1 月 1 日之间入职、职位是 SALESMAN 的员工信息，职位要求使用模糊查询，并使用相同的查询条件，统计这些员工的工资总和。

在本示例中，使用了两个不同的 Session 和两个不同的 Criteria，但使用了同一个 DetachedCriteria，注意看代码的注释。先创建 1 个实体类，用来封装查询条件：

```
/** 封装查询条件的实体类 */
public class EmpCondition {
    private Date minDate;         // 查询开始日期
    private Date maxDate;         // 查询结束日期
    private String job;           // 职位名称
    //getter 和 setter 方法省略
}
```

得到 Session 和关闭 Session 依然使用前面创建的 HibernateUtil 工具类，代码如下。

```
//省略 import 语句
/* DetachedCriteria 的使用 */
public class TestDetachedCriteria {
  public static void main(String[] args) {
    //对查询条件进行封装
    EmpCondition condition = new EmpCondition();
```

```
        condition.setMinDate(java.sql.Date.valueOf("1981-07-01"));
        condition.setMaxDate(java.sql.Date.valueOf("1982-01-01"));
        //因为是模糊查询，所以故意没有输入完整
        condition.setJob("SALE");
        //创建 DetachedCriteria 查询规则，通过 forClass()方法创建，参数是查询的类对象
        DetachedCriteria dc = DetachedCriteria.forClass(Emp.class);
        //添加查询条件，与 Criteria 的 add()方法相同
        dc.add(Restrictions.between("hiredate", condition.getMinDate(), condition.getMaxDate()));
        //这里使用模糊查询，忽略大小写比较，匹配模式为前后均可
dc.add(Restrictions.ilike("job", condition.getJob(), MatchMode.ANYWHERE));

        //打开第一个会话
        Session session1 = HibernateUtil.getSession();
        //通过 DetachedCriteria 得到 Criteria 对象，参数为活动的 Session 对象
        Criteria criteria1 = dc.getExecutableCriteria(session1);
        List<Emp> emps = criteria1.list();
        for (Emp emp : emps) {
          System.out.println("姓名:" + emp.getEname() + "\t 职位:" + emp.getJob() + "\t 入职日期:"
                + emp.getHiredate() + "\t 工资:" + emp.getSal());
        }
        //关闭第一个会话
        HibernateUtil.closeSession();

        //重新得到新的会话
        Session session2 = HibernateUtil.getSession();
        //这里的运行结果是 false，表示不是同一个会话
        System.out.println(session1 == session2);
        //再次得到查询条件
        Criteria criteria2 = dc.getExecutableCriteria(session2);
        //运行 sum()聚合函数
        criteria2.setProjection(Projections.sum("sal"));
        double sum = (Double) criteria2.uniqueResult();
        System.out.println("工资总和是:" + sum);
        HibernateUtil.closeSession();
    }
}
```

输出结果：

```
姓名:MARTIN  职位:SALESMAN    入职日期:1981-09-28 00:00:00.0  工资:1450.0
姓名:TURNER  职位:SALESMAN    入职日期:1981-09-08 00:00:00.0  工资:1700.0
false
工资总和是:3150.0
```

中间输出的 false 表示 session1 和 session2 得到的是不同的 Session 对象。

运行产生的 SQL 语句如下。

```
select … from SCOTT.EMP this_ where this_.HIREDATE between ? and ? and lower(this_.JOB) like ?
select sum(this_.SAL) as y0_ from SCOTT.EMP this_ where this_.HIREDATE between ? and ? and
```

```
lower(this_.JOB) like ?
```

可以看出，两次运行的 where 后面的条件是一样的，因为使用了 like 方法，所以 Oracle 产生的代码中出现了 lower()函数，先将查询值转成小写再进行比较，起到了忽略字母大小写的作用。第 1 次产生的 SQL 语句是查询 Emp 表中所有的列，第 2 次产生的 SQL 语句是查询 sum()聚合函数。通过代码可以发现，DetachedCriteria 构建的多条件查询在后面是可以重用的，只是每次在使用前要绑定一个活动的 Session 对象，从而转成 Criteria 来查询。

如果这段代码写在 DAO 类中，则可以写为 3 个不同的方法，把构建 DetachedCriteria 单独写为一个方法，另两个查询写为两个方法，以便业务层重用。

10.2.9 子查询

DetachedCriteria 的另一个应用是子查询。

例如，查询所有大于平均工资的员工信息。此时需要用到子查询，先用子查询计算出所有员工的平均工资，再查询大于平均工资的员工信息。其代码如下。

```
//使用 DetachedCriteria 构建子查询，计算平均工资
DetachedCriteria avgSalary =
        DetachedCriteria.forClass(Emp.class).setProjection(Property.forName("sal").avg());
//使用 Criteria 构建父查询进行比较
List<Emp> emps = session.createCriteria(Emp.class)
        .add(Property.forName("sal").gt(avgSalary)).list();
for (Emp emp : emps) {
        System.out.println("姓名:" + emp.getEname() + "\t 职位:" + emp.getJob() + "\t 工资:" + emp.getSal());
}
```

产生的 SQL 语句如下。

```
select … from SCOTT.EMP this_ where this_.SAL > (select avg(this_.SAL) as y0_ from SCOTT.EMP this_)
```

由 SQL 语句可以看出，这是一个子查询的操作。注意代码中的 Property 类，Property 类是对某个字段或属性进行查询条件设置的类，通过其自身的 forName()方法加载某个属性并进行实体化，然后调用相应的方法。其中，avg()方法返回的是实现了 Projection 接口的类，从而构建出子查询；方法 gt(DetachedCriteria subselect)所需的参数即为子查询 DetachedCriteria 对象，从而构建出父查询。

本章小结

本章比较系统地讲解了 HQL 和 QBC 两种查询，原生的 SQL 查询在 Hibernate 中也是支持的，但其使用相对简单，学习过 SQL 的读者已掌握，所以本章对第 3 种方法未做讲解。

同时，Hibernate 也支持把 HQL 或 SQL 写在映射文件（*.hbm.xml）中的开发方式，主要是把查询语句与 Java 源代码分离。这些知识点使用相对较少，如果有兴趣或工作中要使用到，可以自学。

至此，Hibernate 的基本知识就介绍完了。第 11 章将学习一个新的框架——Spring。

第11章 Spring 框架（IoC 和 AOP）

Spring 的最大优点就是使 Java EE 开发变得更加容易。同时，Spring 之所以与 Struts、Hibernate 等框架不同，是因为 Spring 致力于提供一个以统一的、高效的方式构造整个应用程序，并且可以将单层框架以最佳的组合糅合在一起。可以说 Spring 是一个提供了更完善开发环境的框架，可以为普通 Java 对象（Plain Ordinary Java Object，POJO）提供企业级的服务。

大家可以认为它是一个黏合剂，将不同的框架黏合在一起，让它们可以更好地为 Java EE 程序服务，而且 Spring 又为这些黏合在一起的框架提供新的、强大的功能。

11.1 Spring 概述

了解一下 Spring 的作者——Rod Johnson，如图 11-1 所示，澳大利亚人。他在悉尼大学不仅获得了计算机学位，更令人吃惊的是，在回到软件开发领域之前，他还获得了音乐学的博士学位。他有着相当丰富的 C/C++技术背景，在 1996 年就开始了对 Java 服务器端技术的研究。同时，他也是 JSR-154（Servlet 2.4）和 JDO 2.0 的规范专家、JCP 的积极成员。也许正是这样的人才能设计出如此有艺术性的 Spring 框架吧。

图 11-1　Rod Johnson

Spring 框架由 7 个定义明确的模块组成，如图 11-2 所示。这些模块为用户提供了开发企业应用所需的一切。但用户可以自由地挑选适合自己的应用模块而忽略其余的模块。用户不必学会 Spring 所有的东西，一切以实用和够用为主。

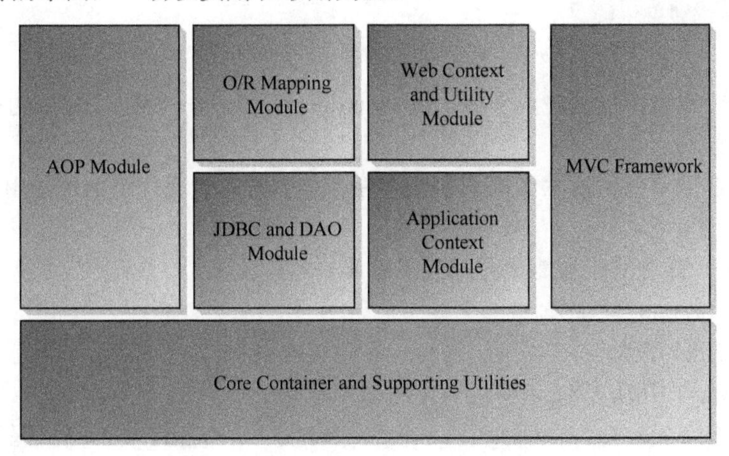

图 11-2　Spring 的模块

11.2　Spring 的特征

Spring 是一个轻量级的控制反转（Inversion of Control，IoC）和面向切面（Aspect Oriented Programming，AOP）的容器框架。Spring 具有如下特征。

容器——Spring 是一个容器，Spring 包含并管理 JavaBean 的配置和生命周期，在这个意义上它是一种容器，用户可以配置自己的每个 Bean 如何被创建，Bean 可以创建一个单独的实例或者每次需要时都生成一个新的实例，以及 Bean 之间的关系。

框架——Spring 可以将简单的组件配置、组合成为复杂的应用。在 Spring 中，应用对象被配置在一个 XML 文件中。Spring 也提供了很多基础功能（事务管理、持久化框架集成等），所以它本身也是一个功能强大的框架。

轻量——从大小与开销两方面而言，Spring 都是轻量的。完整的 Spring 框架可以在一个大小只有 1MB 左右的 JAR 文件中发布，并且 Spring 所需的处理开销也是微不足道的。此外，Spring 是非侵入式的，即 Spring 应用中的对象不依赖于 Spring 的特定类，从这点上也可以理解为，应用程序与 Spring 框架是松耦合的。

控制反转——Spring 通过一种称为控制反转的技术促进了松耦合。当使用 IoC 时，一个对象依赖的其他对象会通过被动的方式传递进来，而不是这个对象自己创建或者查找依赖对象。不是对象从容器中查找依赖，而是容器在对象初始化时不等对象请求就主动将依赖传递给它。

面向切面——Spring 提供了面向切面编程的丰富支持，允许通过分离应用的业务逻辑与其他系统级服务进行开发。应用对象只实现它们的业务逻辑即可，即与应用无关但又必需的一些代码，如日志记录、事务处理、错误处理等功能。我们可以将其写在另外一个地方，然后由 Spring 把它们组合在一起运行，实现相应的功能。

前面的这些 Spring 的特征使用户能够编写更干净、更可管理、更易于测试的代码。由此也可以看出，Spring 框架是充满魅力的。下面来学习其最核心的两个功能。

11.3 IoC 容器

先来学习一个概念，依赖注入（Dependence Injection）——将组件对象的控制权从代码本身转移到外部容器。

这里通过一个简单的生活案例来解释依赖注入，下面的示例代码都是使用 MyEclipse 2013 或 2014 进行演示的。

把汽车（Car）开动的步骤简单分成以下 3 步：

（1）发动机（Engine）点火。

（2）轮胎（Tire）滚动。

（3）汽车（Car）开动。

这里抽象出 3 个类——1 个 Car 类，1 个 Engine 类，1 个 Tire 类。其代码如下。

```
/** 发动机类 */
public class Engine {
    /*发动机点火的方法 */
    public void fire() {
        System.out.println("（1）发动机点火");
    }
}

/** 轮胎类 */
public class Tire {
    /* 轮胎转动的方法 */
    public void roll() {
        System.out.println("（2）轮胎滚动");
    }
}

/** 汽车类 */
public class Car {
    //实例化发动机
    Engine engine = new Engine();
    //实例化轮胎类
    Tire tire = new Tire();
    /* 汽车发动 */
    public void run() {
        //调用发动机的点火方法
        engine.fire();
        //调用轮胎的滚动方法
        tire.roll();
        //汽车开动
        System.out.println("（3）汽车开动");
    }
```

```
}

/* 汽车的测试类 */
public class TestCar {
    public static void main(String[] args) {
        //实例化一辆汽车
        Car car = new Car();
        //调用汽车开动的方法
        car.run();
    }
}
```

输出结果：

```
(1) 发动机点火
(2) 轮胎滚动
(3) 汽车开动
```

这是很简单的代码，相信每个学过 Java 面向对象编程的人都能看得懂。这个示例中共有 3 个类，Car 类是依赖于 Engine 类和 Tire 类的。

```
engine.fire();          //调用发动机类的点火方法
tire.roll();            //调用轮胎的滚动方法
```

这两条语句在 Car 类的 run()方法中，想象一下，如果 Engine 或 Tire 类实例化失败，或是 fire()或 roll()方法出现异常，必然导致 run()方法无法正常运行。这说明 Car 类是依赖于 Engine 和 Tire 类的，这就是一种依赖关系。

在一个系统中，类与类之间都存在着大量的依赖关系。大型的项目中这种情况尤其突出，少说也有上百个类。如果在这成百上千个类的依赖关系中，因为其中一两个类出现问题，而导致整个系统出现问题甚至瘫痪，那么这样的系统是很脆弱的。

现实生活中的汽车产品（图 11-3）可不能这样，不能因为某一个生产厂商的轮胎出现质量问题，而使汽车生产线报废。只需要换一家轮胎生产厂家，使用相同的型号即可，这就是解除依赖关系。

图 11-3 汽车内部复杂的结构

那么如何解除前面代码中的依赖关系呢？可以把主从关系倒过来，即原来是汽车厂商去找轮胎厂商，现在变成由很多家轮胎厂商来找汽车厂商，哪家的轮胎质量不合格就换为另一家，始终保证汽车的生产质量。代码中需要用到 Spring 的容器来管理所有的 JavaBean 类，把这种主动的依赖关系变成被动的依赖注入。也就是说，不主动实例化对象，将看不到类似于 new Engine()这样的代码，而是通过 Spring 容器来管理类的实例化及类与类之间的关系。当需要某个对象（Engine 或 Tire）的时候，由 Spring 容器来实例化需要的对象，它们共同存在于 Spring 容器中，在主动请求方（Car）需要 Engine 或 Tire 类的时候，再由 Spring 容器注入 Car 中，这就称为依赖注入。而这种主动与被动关系也就发生了反转，称为控制反转，所以 Spring 容器就是一个 IoC 容器。

下面来看看 Spring 是如何实现的吧！

11.3.1 IoC 容器中装配 Bean

整个工程的结构如图 11-4 所示。

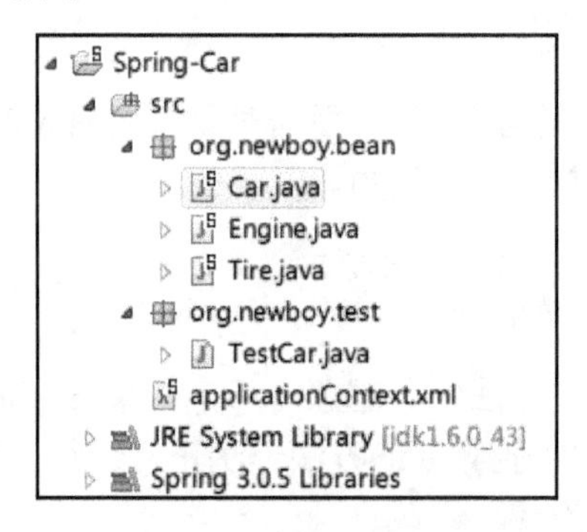

图 11-4 整个工程的结构

可以看到，几个类图标前面都有一个 S 的标记，表示这个类由 Spring 容器来管理。

步骤 1：需要将所有的 JavaBean 放入 Spring 容器，由 Spring 实例化对象。在 src 目录中建立了“applicationContext.xml”，这是 Spring 默认的配置文件。也可以通过 MyEclipse 的向导来自动完成。在选中项目名称“Spring-Car”的前提下打开主菜单，按图 11-5 所示进行操作即可。

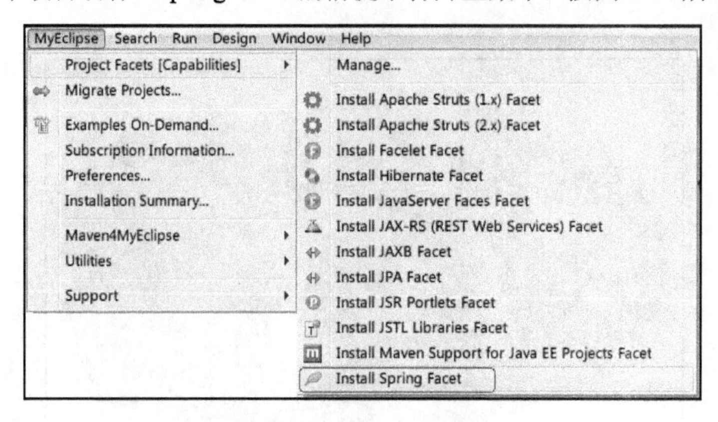

图 11-5 添加 Spring 框架

步骤 2：对 Car 类进行一些改造，因为后期不在 Car 内部通过 new 方法产生 Engine 和 Tire 对象，而是通过注入对象的方式，那么如何注入呢？Spring 中主要有 3 种注入方式：接口注入；

setter 方式注入；构造方法注入。这里使用第 2 种方式，所以先给 Car 类加上 setter 方法。改造后的代码如下。

```
/**汽车类 */
public class Car {
    private Engine engine;                                //发动机类
    private Tire tire;                                    //轮胎类
    //添加 setter 方法用于注入
    public void setEngine(Engine engine) {
        this.engine = engine;
    }
    public void setTire(Tire tire) {
        this.tire = tire;
    }
    /*汽车发动的方法 */
    public void run() {
        engine.fire();                                    //调用发动机类的点火方法
        tire.roll();                                      //调用轮胎的滚动方法
        System.out.println("（3）汽车开动");              //汽车开动
    }
}
```

可以看出，Engine 和 Tire 类都不再用 new 的方式实例化对象，而是通过 setter 方法从外面注入进来。其他两个类的内容不变。

步骤 3：修改 applicationContext.xml 文件，加入如下代码。

```
<?xml version="1.0" encoding="UTF-8"?>
<beans xmlns="http://www.springframework.org/schema/beans"
xmlns:xsi="http://www.w3.org/2001/XMLSchema-instance"
xmlns:p="http://www.springframework.org/schema/p"
    xsi:schemaLocation="http://www.springframework.org/schema/beans
    http://www.springframework.org/schema/beans/spring-beans-3.0.xsd">
    <!-- 发动机类 -->
    <bean id="engine" class="org.newboy.bean.Engine"/>
    <!-- 轮胎类 -->
    <bean id="tire" class="org.newboy.bean.Tire"/>
    <!-- 汽车类 -->
    <bean id="car" class="org.newboy.bean.Car">
        <description>通过 setter 方法注入 Engine 和 Tire 对象</description>
        <property name="engine" ref="engine"/>
        <property name="tire" ref="tire"/>
    </bean>
</beans>
```

下面解释一下配置文件中几个标记的作用。

（1）<bean>即代表放入 Spring 容器中的 JavaBean 对象，所有的类现在都由 Spring 来管理，id 可以理解为对象名，class 则是完全限定类名（包含包名的类名），基本上有这两个属性就够用了。

（2）<description>相当于注释，可以使用汉字。

（3）<property>代表 Car 类中的属性，要使用 setter 方法。这里有两个属性：一个 tire，一个 engine，属性名应小写。ref 表示引用上面的两个对象，名称要和前面的<bean>中的 id 相同。ref 有两个使用比较多的属性：一个是 ref，另一个是 value。传递引用类型时使用 ref，传递值类型时使用 value。

步骤 4：修改 TestCar 类。其代码如下。

```
/* 汽车的测试类 */
public class TestCar {
        public static void main(String[] args) {
                /* 创建 Spring 的上下文，相当于得到 Spring 的容器
                 * ApplicationContext 是一个接口，ClassPathXmlApplicationContext 是实现类
                 * 所带的参数 applicationContext.xml 是配置文件名 */
                ApplicationContext context = new ClassPathXmlApplicationContext("applicationContext.xml");
                /* getBean("car")相当于从 Spring 容器中取出 id=car 的对象
                 * 这个方法返回的是对象，所以将其强制转换成 Car 对象 */
                Car car = (Car) context.getBean("car");
                //调用 Car 的 run()方法
                car.run();
        }
}
```

输出结果：

```
（1）发动机点火
（2）轮胎滚动
（3）汽车开动
```

输出结果中控制台前面的几句话是因为 Spring 容器使用了 log4j 作为日志记录组件，工程中没有编写 log4j 的配置文件，只需加上 log4j.properties 放在 src 目录中即可（其实不加也没有关系）。其内容如下。

```
#显示在控制台上#
log4j.appender.stdout=org.apache.log4j.ConsoleAppender
log4j.appender.stdout.Target=System.out
log4j.appender.stdout.layout=org.apache.log4j.SimpleLayout
#记录在文件中#
log4j.appender.file=org.apache.log4j.FileAppender
log4j.appender.file.File=newboy.log
log4j.appender.file.layout=org.apache.log4j.PatternLayout
log4j.appender.file.layout.ConversionPattern=%d{yyyy-MM-dd HH:mm:ss}    %l    %m%n
#日志输出级别：fatal/error/warn/info/debug#
log4j.rootLogger=warn, stdout, file
```

这样看到的输出结果就和前面一样了，Car、Engine 和 Tire 三者之间没有了依赖关系，而且三者可以分别开发，也有利于模块化分工。所以依赖注入有一个重要的思想：将组件的构建和使用分开。它的组件化思想实现的方法是分离关注点、接口和实现分离。

因此，在实际应用中，需要把注入的类写为接口，即 Engine 和 Tire 定义为接口，这样可

以进一步分离三者之间的关系，降低耦合度。

将 Spring-Car 项目复制一份，并进行修改，项目结构如图 11-6 所示。

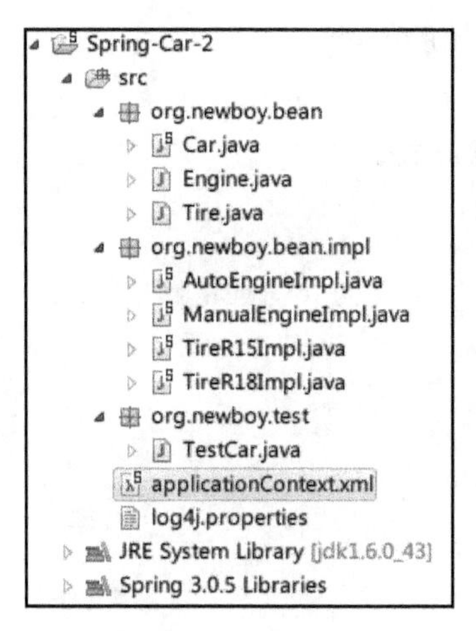

图 11-6 项目结构

假设发动机有手动与自动两种工作方式（其实这是变速箱的工作，读者可忽略），轮胎也有很多种，如 15 寸、18 寸，同一款汽车也因为各种配置的不同而有不同的档次，价格也不同。如何自由组合搭配这些模块造出不同型号的汽车呢？

步骤 1：将 Engine 和 Tire 改为接口。

```
/** 发动机的接口 */
public interface Engine {
	/** 发动机点火的方法 */
	public void fire();
}
/** 轮胎类 */
public interface Tire {
	/** 轮胎转动的方法 */
	public void roll();
}
```

步骤 2：实现自动发动机和手动发动机。

```
/**自动发动机的实现类 */
public class AutoEngineImpl implements Engine {
	/** 实现发动机点火的方法 */
	public void fire() {
		System.out.println("（1）自动挡发动点火");
	}
}
/**手动发动机类 */
public class ManualEngineImpl implements Engine {
	/** 手动发动机点火的方法 */
	public void fire() {
		System.out.println("（1）手动挡发动点火");
```

```
        }
    }
```

步骤 3：实现 15 寸和 18 寸轮胎的类。

```
    /** 15 寸轮胎实现类 */
    public class TireR15Impl implements Tire {
        /** 轮胎转动的方法 */
        public void roll() {
            System.out.println("（2）半径为 15 寸的轮胎滚动");
        }
    }
    /** 18 寸轮胎的实现类 */
    public class TireR18Impl implements Tire {
        /**
         * 轮胎转动的方法
         */
        public void roll() {
            System.out.println("（2）半径为 18 寸的轮胎滚动");
        }
    }
```

Car 类的代码基本不变，但要注意 Engine 和 Tire 已经变为接口，setter 方法的形参也是接口。

```
    //发动机接口
    private Engine engine;
    //轮胎接口
    private Tire tire;
    //添加 setter 方法用于注入
    public void setEngine(Engine engine) {
        this.engine = engine;
    }
    public void setTire(Tire tire) {
        this.tire = tire;
    }
```

步骤 4：在 applicationContext.xml 配置文件中动态组装各个实现类。

```
    <?xml version="1.0" encoding="UTF-8"?>
    <beans xmlns="http://www.springframework.org/schema/beans"
        xmlns:xsi="http://www.w3.org/2001/XMLSchema-instance"
    xmlns:p="http://www.springframework.org/schema/p"
        xsi:schemaLocation="http://www.springframework.org/schema/beans
        http://www.springframework.org/schema/beans/spring-beans-3.0.xsd">
        <!-- 自动挡发动机 -->
        <bean id="autoEngine" class="org.newboy.bean.impl.AutoEngineImpl"/>
        <!-- 手动挡发动机 -->
        <bean id="manualEngine" class="org.newboy.bean.impl.ManualEngineImpl"/>
        <!-- 半径为 18 寸的轮胎 -->
```

```
        <bean id="tire18" class="org.newboy.bean.impl.TireR18Impl"/>
        <!-- 半径为 15 寸的轮胎 -->
        <bean id="tire15" class="org.newboy.bean.impl.TireR15Impl"/>
        <!-- 自动挡，轮胎为 18 寸的汽车 -->
        <bean id="autoCar" class="org.newboy.bean.Car">
                <property name="engine" ref="autoEngine"/>
                <property name="tire" ref="tire18"/>
        </bean>
        <!-- 手动挡，轮胎为 15 寸的汽车 -->
        <bean id="manualCar" class="org.newboy.bean.Car">
                <property name="engine" ref="manualEngine"/>
                <property name="tire" ref="tire15"/>
        </bean>
</beans>
```

这里一共组装了两种型号的汽车：一种是自动挡、轮胎为 18 寸的汽车；另一种是手动挡、轮胎为 15 寸的汽车。

步骤 5：Car 的代码也有少量变化。

```
/* 汽车的测试类 */
public class TestCar {
        public static void main(String[] args) {
                ApplicationContext context = new ClassPathXmlApplicationContext("applicationContext.xml");
                //分别得到自动挡和手动挡汽车
                Car autoCar = (Car) context.getBean("autoCar");
                Car manualCar = (Car) context.getBean("manualCar");
                // 调用 Car 的 run()方法
                autoCar.run();
                System.out.println();
                manualCar.run();
        }
}
```

输出结果：

```
（1）自动挡发动点火
（2）半径为 18 寸的轮胎滚动
（3）汽车开动

（1）手动挡发动点火
（2）半径为 15 寸的轮胎滚动
（3）汽车开动
```

代码运行到此处可发现 Spring 的魅力所在：其各个类之间都是松耦合的，而且可以灵活动态组合。例如，修改以下配置代码：

```
<!-- 自动挡，轮胎为 15 寸的汽车 -->
<bean id="autoCar" class="org.newboy.bean.Car">
        <property name="engine" ref="autoEngine"/>
        <property name="tire" ref="tire15"/>
```

```
</bean>
<!-- 手动挡，轮胎为 18 寸的汽车 -->
<bean id="manualCar" class="org.newboy.bean.Car">
        <property name="engine" ref="manualEngine"/>
        <property name="tire" ref="tire18"/>
</bean>
```

就能得出两款新型号的汽车：自动挡、轮胎为 15 寸的汽车；手动挡、轮胎为 18 寸的汽车。而这仅仅只是交换了前面加粗的两行代码的位置，其他地方的代码都无须任何修改。

输出结果：

```
（1）自动挡发动点火
（2）半径为 15 寸的轮胎滚动
（3）汽车开动

（1）手动挡发动点火
（2）半径为 18 寸的轮胎滚动
（3）汽车开动
```

11.3.2 使用 p 命名空间

在新版本的 Spring 中，加入了使用 p 命名空间注入属性值的方法，它的特点是使用<bean>的属性而不是子元素的形式来配置 Bean 的属性注入，从而简化配置代码。例如：

```
<bean id="autoCar" class="org.newboy.bean.Car">
        <property name="engine" ref="autoEngine"/>
        <property name="tire" ref="tire15"/>
</bean>
```

可以改写为

```
<bean id="autoCar" class="org.newboy.bean.Car" p:engine-ref="autoEngine" p:tire-ref="tire15"/>
```

其运行的效果是一样的。p 命名空间的语法如下。

（1）对于传值（基本数据类型、字符串）属性：p:属性名="属性值"。

（2）对于传引用类型 Bean 的属性：p:属性名-ref="Bean 的 id"。

使用前先要在 Spring 配置文件中引入 p 命名空间，此语句在 MyEclipse 默认产生的配置文件中已经配置了，即：

```
xmlns:p="http://www.springframework.org/schema/p"
```

接下来，再次修改 Tire 实现类（注意类名发生了变化，项目结构如图 11-7 所示），使其半径也变成动态的，可以在配置文件中注入。

```
/** 轮胎实现类 */
public class TireImpl implements Tire {
        private int radius;      //轮胎的半径，新添加的代码
        public void setRadius(int radius) {
                this.radius = radius;
        }
```

```
    /** 轮胎转动的方法 */
    public void roll() {
        System.out.println("（2）半径为" + radius + "的轮胎滚动");
    }
}
```

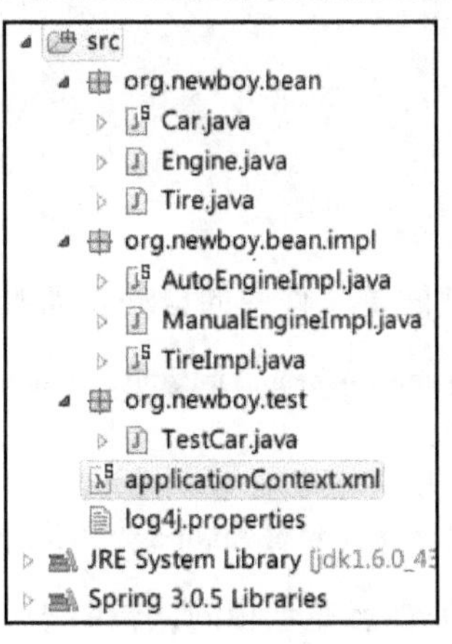

图 11-7　项目结构

采用以前的写法，Spring 中的配置代码如下。

```
<!-- 轮胎 -->
<bean id="tire" class="org.newboy.bean.impl.TireImpl">
    <property name="radius" value="20"/>
</bean>
```

这里注入了一个半径为 20 的数值给 Tire 类。注意：写法是 value，而不是引用 ref。

采用 p 命名空间方式的写法如下。

```
<bean id="tire" class="org.newboy.bean.impl.TireImpl" p:radius="20"/>
```

修改以后的输出结果如下。

```
（1）自动挡发动点火
（2）半径为 20 寸的轮胎滚动
（3）汽车开动
```

11.3.3　自动注入

通过 applicationContext.xml 配置文件会发现一个问题：当一个类需要注入的属性特别多的时候，就需要编写大量的注入代码。尤其是项目多时，会有大量的类需要注入。Spring 提供了自动注入的方式减少开发者的工作量。例如：

```
<bean id="autoCar" class="org.newboy.bean.Car" p:engine-ref="autoEngine" p:tire-ref="tire" />
```

向 Car 类中注入了两个引用类型的对象：一个 Engine，一个 Tire。再来看一下 Car 类中有关属性名称的代码段。

```
//发动机接口
```

```
    private Engine engine;
    //轮胎接口
    private Tire tire;
    //添加 setter 方法用于注入
    public void setEngine(Engine engine) {
        this.engine = engine;
    }
    public void setTire(Tire tire) {
        this.tire = tire;
    }
```

如果把 applicationContext.xml 配置文件中的自动发动机语句

```
<bean id="autoEngine" class="org.newboy.bean.impl.AutoEngineImpl" />
```

改写为

```
<bean id="engine" class="org.newboy.bean.impl.AutoEngineImpl" />
```

即 id 的名称与 Car 中的接口属性名完全相同，轮胎语句

```
<bean id="tire" class="org.newboy.bean.impl.TireImpl" p:radius="20" />
```

不变，则组装汽车的代码就会变为

```
<bean id="autoCar" class="org.newboy.bean.Car" autowire="byName"/>
```

它们的输出结果是一样的，autowire 表示自动注入所有的属性，当 Car 类中需要注入的属性比较多的时候，这样可以节省不少代码。autowire 一共有 4 个取值，如表 11-1 所示。

表 11-1　autowire 的 4 个取值

取　值	说　明
no	默认值为 default。Spring 默认不进行自动装配，必须显式指定依赖对象
byName	根据属性名自动装配。Spring 自动查找与属性名相同的 ID，如果找到，则自动注入，否则什么都不做
byType	根据属性的类型自动装配。Spring 自动查找与属性类型相同的 Bean，如果刚好找到唯一的那个 Bean，则自动注入；如果找到多个与属性类型相同的 Bean，则抛出异常；如果没有找到，则什么也不做
constructor	和 byType 类似，但它针对构造方法。如果 Spring 找到一个 Bean 和构造方法的参数类型相匹配，则通过构造注入该依赖对象；如果找不到，则抛出异常

代码<bean id="autoCar" class="org.newboy.bean.Car" **autowire="byName"**/>只是指 Car 类中所有的属性采用自动注入的方式，如果想让 Spring 容器中所有的引用类型都采用自动注入的方式，则可以在配置文件的第一条语句后面加上 **default-autowire="byName"**，这样，Car 类的自动注入 **autowire="byName"**即可省略。注意下面代码中加粗的部分，完整配置代码如下。

```
<?xml version="1.0" encoding="UTF-8"?>
<beans xmlns="http://www.springframework.org/schema/beans"
    xmlns:xsi="http://www.w3.org/2001/XMLSchema-instance"
    xmlns:p="http://www.springframework.org/schema/p"
    xsi:schemaLocation="http://www.springframework.org/schema/beans
    http://www.springframework.org/schema/beans/spring-beans-3.0.xsd" default-autowire="byName">
```

```
        <!-- 自动挡发动机 -->
        <bean id="engine" class="org.newboy.bean.impl.AutoEngineImpl" />
        <!-- 轮胎 -->
        <bean id="tire" class="org.newboy.bean.impl.TireImpl" p:radius="20" />
        <!-- 自动挡、轮胎为 20 寸的汽车 -->
        <bean id="autoCar" class="org.newboy.bean.Car"/>
</beans>
```

自动装配使得配置文件非常简洁，但同时也造成组件之间的依赖关系不明确，容易引发一些潜在的错误，在实际项目中要谨慎使用。

11.3.4　构造器注入

Spring 提供了多种注入的方式，如接口注入、setter 方式注入、构造器注入。接口注入平时使用得不多，下面介绍构造器注入的方式。顾名思义，这是在用类的构造方法实例化的时候，通过传递参数进行注入。

步骤 1：修改 Car 类，添加无参和全参的构造方法。

```
//发动机接口
private Engine engine;
//轮胎接口
private Tire tire;
//默认构造方法
public Car() {
    super();
}
//带全部参数的构造方法
public Car(Engine engine, Tire tire) {
    this();
    this.engine = engine;
    this.tire = tire;
}
```

步骤 2：修改 applicationContext.xml 配置文件，即使用构造器的注入方式。

```
<bean id="autoCar" class="org.newboy.bean.Car">
    <!-- 采用构造方法参数注入 -->
    <constructor-arg ref="engine"/>
    <constructor-arg ref="tire"/>
</bean>
```

其他代码不变，输出结果也是一样的。这就是构造器注入，只是换了一种方式而已。构造器注入的几个要点如下。

（1）一个<constructor-arg>元素表示构造方法的一个参数，且使用时不区分顺序。

（2）通过<constructor-arg>元素的 index 属性可以指定该参数的位置索引，位置从 0 开始。

（3）<constructor-arg>元素还提供了 type 属性用来指定参数的类型，避免字符串和基本数据类型的混淆。

通过控制反转，能使代码层次更加清晰。Spring 的 IoC 容器是一个轻量级的容器，没有侵入性，不需要依赖容器的 API，也不需要实现一些特殊接口。而一个合理的设计最好尽量避免侵入性，以减少代码中的耦合，将耦合分离到配置文件中，这样，发生了变化也更容易控制和修改，这些都是 IoC 带来的好处。

11.3.5 Bean 的作用域

以前 Bean 只有两种作用域，即 singleton（单例））和 non-singleton（也称 prototype），Spring 2.0 以后增加了 session、request、global session 3 种专用于 Web 应用程序上下文的 Bean。

1. singleton 作用域（scope 默认值）

当一个 Bean 的作用域设置为 singleton 时，Spring IoC 容器中只会存在一个共享的 Bean 实例。换言之，当把一个 Bean 定义设置为 singleton 作用域时，Spring IoC 容器只会创建该 Bean 定义的唯一实例。这个单一实例会被存储到单例缓存（singleton cache）中，并且所有针对该 Bean 的后续请求和引用都将返回被缓存的对象实例。

2. prototype

prototype 作用域部署的 Bean，每一次请求（将其注入到另一个 Bean 中，或者以程序的方式调用容器的 getBean()方法）都会产生一个新的 Bean 实例，相当于一个 new 操作。Spring 容器不对一个 prototype Bean 的整个生命周期负责，容器在初始化、配置或者装配完一个 prototype 实例后，将它交给客户端，随后就不再理会该 prototype 实例。清除 prototype 作用域的对象并释放任何 prototype Bean 所持有的资源，都需要自己编写代码完成。

3. request、session、global session

request：在一次 HTTP 请求中，容器会返回该 Bean 的同一个实例，而对于不同的用户请求，会返回不同的实例。

session：同上，唯一的区别是请求的作用域变为了 session。

global session：在全局的 HttpSession 中，容器会返回该 Bean 的同一个实例。

这 3 个作用域仅在基于 Web 的 ApplicationContext 情形下有效，在整合 Struts 等框架的时候可以使用。但在使用的时候需要在 web.xml 中额外配置如下代码。

```
<listener>
    <listener-class>
        org.springframework.web.context.request.RequestContextListener
    </listener-class>
</listener>
```

4. 自定义 Bean 装配作用域

作用域是可以任意扩展的，用户可以自定义作用域，但是不能覆盖 singleton 和 prototype。Spring 的作用域由接口 org.springframework.beans.factory.config.Scope 来定义。

通过一个简单的示例来说明具体操作方法。项目结构如图 11-8 所示。

步骤 1：编写一个 Counter（计数器）类。

```
/**
 * 计数器实体类
 * @author LiuBo
 */
```

```
public class Counter {
    private int num = 0;    //初始值
    public int getNum() {
        return num;
    }
    public void setNum(int num) {
        this.num = num;
    }
}
```

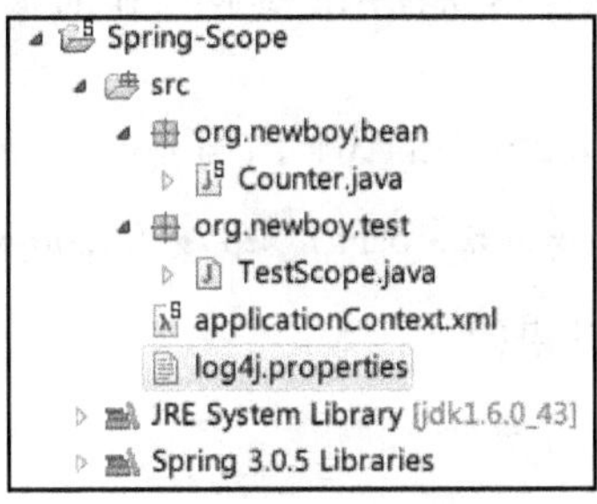

图 11-8　项目结构

步骤 2：在 IoC 容器中配置 Counter。此处为 Counter 添加 scope 属性为 singleton，即单例模式。当然，即使不加 scope=singleton，默认也是这个取值。applicationContext.xml 的代码如下。

```
<?xml version="1.0" encoding="UTF-8"?>
<beans xmlns="http://www.springframework.org/schema/beans"
    xmlns:xsi="http://www.w3.org/2001/XMLSchema-instance"
    xmlns:p="http://www.springframework.org/schema/p"
    xsi:schemaLocation="http://www.springframework.org/schema/beans
    http://www.springframework.org/schema/beans/spring-beans-3.0.xsd">
    <!-- 计数器 -->
    <bean id="counter" class="org.newboy.bean.Counter" scope="singleton" />
</beans>
```

步骤 3：编写 TestScope 类的代码。先通过 getBean("counter")得到 counter 对象，对计数器加 1，再通过 getBean("counter")得到第二次 counter 对象并加 1。

```
/* 测试计数器 */
public class TestScope {
    public static void main(String[] args) {
        ApplicationContext context = new
            ClassPathXmlApplicationContext("applicationContext.xml");
        //得到计数器
        Counter counter = (Counter) context.getBean("counter");
        //计数器加 1
        counter.setNum(counter.getNum() + 1);
        System.out.println("第 1 次: " + counter.getNum());
        //再次得到这个对象并且计数器加 1
        counter = (Counter) context.getBean("counter");
```

```
            counter.setNum(counter.getNum() + 1);
            System.out.println("第 2 次: " +counter.getNum());
        }
}
```

输出结果：

```
第 1 次: 1
第 2 次: 2
```

由此可见，counter 的属性 num 两次使用的是同一个对象，第 1 次加了 1，第 2 次在原有的数值上又加了 1。

步骤 4：把 applicationContext.xml 中的代码改写为

```
<bean id="counter" class="org.newboy.bean.Counter" scope="prototype" />
```

再次运行相同的代码，输出结果如下。

```
第 1 次: 1
第 2 次: 1
```

可以发现，counter 的属性 num 值每次都是从 1 开始计数的，无论运行多少次，都是这样，可见其每次都是重新创建的一个对象。

11.4 AOP 概述

开发软件的目的是解决生活中的各种问题，也就是业务功能。例如，想实现登录的功能，理想中的代码就应该只有登录的代码。但服务器端的 Java EE 开发却远不止这些，还要处理记录日志、异常处理、事务控制等一些与业务无关的事情。而这些代码又是必需的，如日志记录功能，服务器端重要的操作步骤是需要用日志记录下来的，以便于以后服务器的管理和维护，所以系统中就会出现如下的类似代码。

```
logger.info("管理员登录");                //日志记录
userBiz.login();                          //业务操作
logger.info("管理员删除用户");            //日志记录
userBiz.deleteUser();                     //业务操作
logger.info("管理员退出");                //日志记录
userBiz.logout();                         //业务操作
```

这些业务代码和日志记录代码会分布在整个系统中，而且是零散的，几乎所有的重要操作方法前面都会加上日志记录代码，这样的代码写起来非常烦琐，又占用了开发时间和精力，还不容易维护。统一把这些代码称为切面代码。有没有什么办法把专注点只放在业务逻辑代码上，对这些切面代码统一管理，在运行的时候再把这些切面代码与业务代码组织到一起呢？

汉堡包（图 11-9）最上面一层是面包，加一层蔬菜，中间是鸡肉，下面又有蔬菜和面包。一片片切片，若将其比作切面代码，而中间的鸡肉就是业务代码，只关注中间的鸡肉即可。在现实生活中，蔬菜、鸡肉、面包是分别生产的，最后再一片片叠到一起变成汉堡包。开发软件也应该这样，分别开发切面代码和业务代码，最后组织到一起，这就可以通过 AOP 来实现。

下面就来学习 Spring 的另一个重要的功能——AOP。

图 11-9　汉堡包

之前学过面向对象编程，面向对象编程是从静态角度考虑程序结构的，AOP 则是从动态角度考虑程序的运行过程的。

AOP 的原理：将复杂的需求分解成不同方面，将散布在系统中的公共功能集中起来解决。

AOP 的作用：处理一些具有横切性质的系统性服务，如事务管理、安全检查、缓存、对象池管理等。

11.4.1　AOP 代理

AOP 实际上是由目标类的代理类实现的。这就像生活中的各种中介，例如房产中介，消费者并不直接和对方打交道，而是通过中介来处理。AOP 代理其实是由 AOP 框架动态生成的一个对象，该对象可作为目标对象使用。AOP 代理包含了目标对象的全部方法，但 AOP 代理中的方法与目标对象的方法存在差异，AOP 方法在特定切入点添加了增强处理，并回调了目标对象的方法。

Spring 中的 AOP 代理由 Spring 的 IoC 容器负责生成、管理，其依赖关系也由 IoC 容器负责管理。因此，AOP 代理可以直接使用容器中的其他 Bean 实例作为目标，这种关系可由 IoC 容器的依赖注入提供。

11.4.2　AOP 的实现

AOP 编程其实并不难，可以简单分成以下 3 个步骤：

（1）定义普通业务功能的实现（汉堡包中的鸡肉）。

（2）定义切入点，一个切入点可能横切多个业务方法（面包和蔬菜）。

（3）定义增强处理，增强处理就是在 AOP 框架中为普通业务组件织入的处理动作（把三者叠在一起，做成汉堡包）。

所以进行 AOP 编程的关键就是定义切入点和定义增强处理。一旦定义了合适的切入点和增强处理，AOP 框架将会自动生成 AOP 代理，即代理对象的方法（汉堡包）=增强处理（面包和蔬菜）+被代理对象（鸡肉）的方法。

常用的 AOP 代码增强主要包括前置增强（Before Advice）、后置增强（After Returning Advice）、异常增强（After Throwing Advice）、最终增强（After Finally Advice）、环绕增强（Around

Advice）等。

（1）前置增强：在某连接点之前执行的增强，但这个增强不能阻止连接点之前的执行流程（除非它抛出一个异常）。

（2）后置增强：在某连接点正常完成后执行的增强。例如，若一个方法没有抛出任何异常，则正常返回。

（3）异常增强：在方法抛出异常退出时执行的增强。

（4）最终增强：当某连接点退出的时候执行的增强（不论是正常返回还是异常退出）。

（5）环绕增强：包围一个连接点的增强，如方法调用。这是最强大的一种增强类型。环绕增强可以在方法调用前后完成自定义的行为。它也会选择是否继续执行连接点或直接返回其自己的返回值或抛出异常来结束执行。

这 5 种类型的增强，在内部调用时这样组织：

```
try {
    调用前置增强
    环绕前置处理
    调用目标对象方法
    环绕后置处理
    调用后置增强
} catch(Exception e) {
    调用异常增强
} finally {
    调用最终增强
}
```

Spring 中目前有 3 种实现 AOP 的方法，第 1 种方法是早期的实现方式，需要先实现 Spring 提供的一系列接口：

```
org.springframework.aop.MethodBeforeAdvice; 前置增强
org.springframework.aop.AfterReturningAdvice; 后置增强
org.springframework.aop.ThrowsAdvice; 异常增强
org.springframework.aop.AfterAdvice; 最终增强
org.aopalliance.intercept.MethodInterceptor; 环绕增强
```

并实现接口中相应的方法，然后在 Spring 文件中使用<aop:config>等标记进行配置，方法比较烦琐，不推荐使用。接下来介绍第 2 种方法，也就是 Spring 3.0 以后新添加的方法，其配置简单，以注解的方式来实现。

11.4.3 注解实现 AOP

使用注解方式实现 AOP 之前，先了解一下 AspectJ。AspectJ 是一个面向切面的框架，它扩展了 Java 语言，定义了 AOP 语法，能够在编译期提供代码的织入。Spring 通过集成 AspectJ 实现了以注解的方式定义增强类，大大减少了配置文件中的工作量。

来看一个示例，它的业务需求是在登录的方法前面输出日志，如张三开始登录，在登录方法的后面输出提示日志，如张三登录成功或者失败。使用注解定义前置增强和后置增强实现日志功能。

（1）创建 Java 项目，添加 Spring 框架，项目的结构如图 11-10 所示。

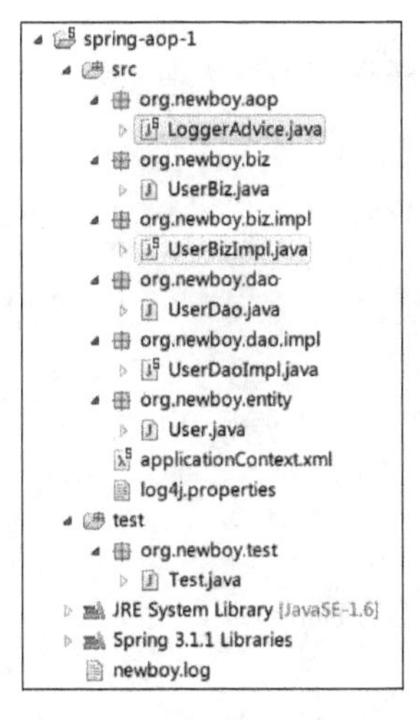

图 11-10　项目的结构

（2）各个类的代码如下，注意看代码的注释。

```
package org.newboy.entity;
public class User {
	private int id;                          //主键
	private String name;                     //用户名
	private String password;                 //密码
	//有参数和无参数的构造方法、getter 和 setter 方法省略
}
package org.newboy.biz;
//用户的业务接口
public interface UserBiz {
	 //登录的方法
	public User login(String name,String password);
}

package org.newboy.biz.impl;
//用户业务类的实现
public class UserBizImpl implements UserBiz {
	private UserDao userDao;            //依赖于 userDao 对象
	//通过 setter 方法注入
	public void setUserDao(UserDao userDao) {
		this.userDao = userDao;
	}
	@Override
	public User login(String name, String password) {
		try {
			//这里随机产生 1 个 4s 以内的暂停，模拟现实中的登录操作
			Thread.sleep(new Random().nextInt(4000));
			System.out.println("业务方法 login 运行，正在登录...");
		} catch (InterruptedException e) {
```

```
                e.printStackTrace();
            }
            return userDao.findUser(name, password);
        }
}
package org.newboy.dao;
//用户 DAO 的接口
public interface UserDao {
        //通过名字和密码查询用户
        public User findUser(String name,String password);
}
package org.newboy.dao.impl;
//用户 DAO 的实现类
public class UserDaoImpl implements UserDao {
        @Override
        public User findUser(String name, String password) {
            if ("张三".equals(name) && "123".equals(password)) {
                //假设从数据库中查询得出结果
                return new User(1000, "张三", "123");
            } else {
                return null;
            }
        }
}
package org.newboy.aop;
/* 需要织入的日志切面类 */
@Aspect
public class LoggerAdvice {
        //log4j 日志类
        Logger logger = Logger.getLogger(LoggerAdvice.class);
        //后置增强
        @AfterReturning(pointcut = "execution(* org.newboy.biz..*.*(..))", returning = "ret")
        public void afterReturning(JoinPoint join, Object ret) {
            String method = join.getSignature().getName();
            Object[] args = join.getArgs();
            if ("login".equals(method)) {
                if (ret != null) {
                logger.info(new Timestamp(System.currentTimeMillis()) + " " + args[0] + "登录成功");
                } else {
                logger.info(new Timestamp(System.currentTimeMillis()) + " " + args[0] + "登录失败");
                }
            }
        }
        //前置增强
        @Before(value="execution(* org.newboy.biz..*.*(..))")
        public void methodBefore(JoinPoint join) {
            String method = join.getSignature().getName();
            Object[] args = join.getArgs();
```

```
            if ("login".equals(method)) {
                logger.info(new Timestamp(System.currentTimeMillis()) + " " + args[0] + "开始登录");
            }
        }
    }
```

现在来解释 LoggerAdvice 类中使用到的几个注解。

① @Aspect：放在类的上面，表示这个类在 Spring 容器中是一个切点，即要织入的类。

② @Before：前置增强，它有以下两个参数。

value：该成员用于定义切点。

后面的 execution(* org.newboy.biz..*.*(..))是切点函数，告诉 Spring 哪些地方进行前置增强的织入。

通配符的作用如下。

*：匹配任意字符，但它只能匹配一个元素。

..：匹配任意字符，可以匹配多个元素，表示类时，其必须和*一起使用；表示参数时，其可单独使用。

+：表示按类型匹配指定类的所有类，仅能跟在类名后面。

execution(* org.newboy.biz..*.*(..))的含义：括号中第 1 个*表示返回值，..*表示包和所有的子包，.*表示所有的类，(..)表示所有的参数。整个表达式的意思是 org.newboy.biz 包和子包中所有的类、所有的方法，方法的参数为任意类型，方法的返回类型为任意值，都可以适用。

例如，execution(* org..*.*Dao.find*(..)) 表示匹配包名前缀为 org 的任何包下类名后缀为 Dao 的方法，方法名以 find 为前缀，如 org.newboy.UserDao#findById()就是匹配的。

argNames：当用户想在切点方法内得到调用方法的入参的时候，就必须通过这个成员指定注解所标注增强方法的参数名，两个名称必须完全相同，多个参数名用逗号分隔。也可以像代码中写的一样，在 methodBefore(JoinPoint join)中带一个 JoinPoint 参数，这个参数对象 Spring 会自动注入，通过这个对象可以得到业务方法的各种属性。例如，String method = join.getSignature().getName(); 可以得到业务调用方法的方法名。

③ @AfterReturning：后置增强，其有以下 4 个成员。

value：该成员用于定义切点。

pointcut：表示切点的信息，如果指定 pointcut 值，则将覆盖 value 的值，可以理解为它们的作用是相同的。

returning：将目标对象方法的返回值绑定给增强的方法；此名称也要与实际返回的变量名相同。

argNames：同上。

④ @Around：环绕增强，有两个成员——value 和 argNames。

⑤ @AfterThrowing：抛出增强，拥有 4 个成员，即 value、pointcut、argNames 和 throwing。其中，throwing 将抛出的异常绑定到增强方法中。

⑥ @After：最终增强，不管是抛出异常或是正常退出，该增强都会得到执行，它有两个成员——value 和 argNames。

（3）配置 applicationContext.xml，在 XML 文件头部添加 AOP 命名空间，以使用与 AOP 相关的标签。同时，因为代码中用到了 p 的方式注解，所以也增加了 p 命名空间。

```
<?xml version="1.0" encoding="UTF-8"?>
<beans xmlns="http://www.springframework.org/schema/beans"
    xmlns:xsi="http://www.w3.org/2001/XMLSchema-instance"
    xmlns:p="http://www.springframework.org/schema/p"
    xmlns:aop="http://www.springframework.org/schema/aop"
    xsi:schemaLocation="http://www.springframework.org/schema/beans
http://www.springframework.org/schema/beans/spring-beans-3.1.xsd
http://www.springframework.org/schema/aop
http://www.springframework.org/schema/aop/spring-aop-3.1.xsd">
    <!-- 日志记录类（需要织入的方法：水果和蔬菜）-->
    <bean id="loggerAdvice" class="org.newboy.aop.LoggerAdvice" />
    <!-- 业务类（鸡肉），通过 p 注入 DAO 类 -->
    <bean id="userBiz" class="org.newboy.biz.impl.UserBizImpl"
        p:userDao-ref="userDao" />
    <!-- 数据访问类 -->
    <bean id="userDao" class="org.newboy.dao.impl.UserDaoImpl" />
    <!-- 织入使用注解定义的增强，需要引入 AOP 命名空间 -->
    <aop:aspectj-autoproxy />
</beans>
```

这里的配置将所有的 Java Bean 加入到了 Spring 容器中，并把 userDao（数据访问对象）类注入给业务对象 userBiz。其中，最重要的一句是<aop:aspectj-autoproxy />，表示所有的 AOP 自动代理，通过注解的方式织入。

测试类的代码和 log4j 的代码如下。

```
package org.newboy.test;
public class Test {
    public static void main(String[] args) {
        ApplicationContext ctx = new ClassPathXmlApplicationContext("applicationContext.xml");
        //得到业务类
        UserBiz userBiz = (UserBiz) ctx.getBean("userBiz");
        //运行业务登录方法
        userBiz.login("张三", "123");
    }
}
```

log4j.properties 的代码（可选）如下。

```
#to console#
log4j.appender.stdout=org.apache.log4j.ConsoleAppender
log4j.appender.stdout.Target=System.out
log4j.appender.stdout.layout=org.apache.log4j.PatternLayout
log4j.appender.file.layout.ConversionPattern=%m%n
#fatal/error/warn/info/debug#
log4j.rootLogger=info, stdout
```

（4）最终的输出结果如下。

```
2014-10-11 11:48:12.563 张三开始登录
业务方法 login 运行，正在登录...
```

```
2014-10-11 11:48:13.514 张三登录成功
```

如果把 userBiz.login("张三", "123");换成 userBiz.login("李四", "12345");，则会发现输出结果如下。

```
2014-10-11 12:12:41.752 李四开始登录
业务方法 login 运行，正在登录...
2014-10-11 12:12:43.537 李四登录失败
```

在业务类代码运行的时候，这个方法的前面和后面各输出了日志的内容，这就是代码的织入。开发的时候，业务代码和日志代码是分开写的，有利于分工，也有利于把关注点放在业务类上，这就是 AOP 带来的效果。

11.5 Spring 注解管理 IoC

11.5.1 使用注解

随着 Java Bean 开发数量的添加，Spring 的 applicationContext.xml 配置文件中的<bean>标记也会越来越多，配置文件也越来越庞大。几乎每写一个 Java Bean 代码，Spring 中就需要配置 1 项。

在 Spring 2.5 以后的版本中，增加了注解的方式来管理容器中的 Java Bean，可以极大地减少 applicationContext.xml 配置文件中的代码，Spring 提供了通过扫描类路径中的特殊注解类来自动注册 Bean 定义。注解方式将 Bean 的定义信息和 Bean 实现类结合在一起。以下是 Spring 提供的注解。

（1）@Component：通用注解，可以用在任何一个类上，表示该类定义为 Spring 管理 Bean，使用默认 value（可选）属性表示 Bean 标识符。

（2）@Repository：用于标注 DAO 类，使用方法与@Component 相同。

（3）@Service：用于标注业务类，使用方法与@Component 相同。

（4）@Controller：用于标注控制器类，使用方法与@Component 相同。

（5）@Autowired：注解实现 Bean 的自动注入，默认按类型进行匹配。这个注解是 Spring 提供的。

（6）@Resource：其作用相当于@Autowired，只不过@Autowired 按 byType 自动注入，而@Resource 默认按 byName 自动注入，这个注解是由 Java JDK 自带的。

（7）@Qualifier：按指定名称匹配进行注入。

（8）@Scope：注解指定 Bean 的作用域。

11.5.2 注解应用案例

以前面的用户登录并记录日志作为案例，这次改用 Spring 注解的方式管理 Java Bean，AOP 增强处理改成环绕增强，增强处理的修改不是必需的，之所以修改是想同时介绍环绕增强代码的写法，其输出结果也和前面的用户登录是相同的。

读者可以将前面编写的代码重新复制一份，在一个新的项目中进行操作。其项目结构完全一样，来看几个需要变动的类。

```
/**
 * 用户业务类的实现
 */
@Service("userBiz")
public class UserBizImpl implements UserBiz {
	@Autowired
	private UserDao userDao;	//此次连 set 方法都没有使用
	@Override
	public User login(String name, String password) {
		try {
			//这里随机产生 1 个 4s 以内的暂停，模拟现实中的登录操作
			Thread.sleep(new Random().nextInt(4000));
			System.out.println("业务方法 login 运行，正在登录...");
		} catch (InterruptedException e) {
			e.printStackTrace();
		}
		return userDao.findUser(name, password);
	}
}
```

UserBizImpl 业务类上加了@Service 注解，("userBiz")中间的字符串相当于<bean>标记的id，即当前类在 Spring 容器中的 id 名为 userBiz，方便其类引用或注入。@ Autowired 即自动注入 userDao 类，它是按类型匹配的模式去查找 Java Bean 中实现 UserDao 接口的对象，找到后自动注入。注意，这里是写在 userDao 的属性名上，而不是 set 方法上，而且此次连 set 方法都没有使用。

```
/**
 * 用户 DAO 的实现类
 */
@Repository("userDao")
public class UserDaoImpl implements UserDao {
	@Override
	public User findUser(String name, String password) {
		if ("张三".equals(name) && "123".equals(password)) {
			//假设从数据库中查询得出结果
			return new User(1000, "张三", "123");
		} else {
			return null;
		}
	}
}
```

@Repository("userDao")用在 DAO 类上，"userDao"表示这个类在 Spring 容器中的 ID，使用方法类似。

```
/**
 * 日志记录类（需要织入的方法：水果和蔬菜）
```

```
 */
@Aspect
@Component("loggerAdvice")
//放在 Spring 容器中，ID 名为 loggerAdvice
public class LoggerAdvice {
    // log4j 日志类
    Logger logger = Logger.getLogger(LoggerAdvice.class);
    //此次试用环绕通知（切点函数中的..*换成了.*）
    @Around("execution(* org.newboy.biz.*.*(..))")
    public Object aroundLogger(ProceedingJoinPoint joinPoint) throws Throwable {
        String methodName = joinPoint.getSignature().getName();
        Object[] args = joinPoint.getArgs();
        //方法运行前
        if ("login".equals(methodName)) {
            logger.info(new Timestamp(System.currentTimeMillis()) + " " + args[0] + "开始登录");
        }
        //运行方法
        Object result = joinPoint.proceed();
        //方法运行后
        if ("login".equals(methodName)) {
            if (result != null) {
            logger.info(new Timestamp(System.currentTimeMillis()) + " " + args[0] + "登录成功");
            } else {
            logger.info(new Timestamp(System.currentTimeMillis()) + " " + args[0] + "登录失败");
            }
        }
        return result;
    }
}
```

这个类变动比较大，因为把前面的前置增强和后置增强换成了环绕增强。@Component 即表示这是一个普通的 Java Bean，这个注解可以通用。

@Around("execution(* org.newboy.biz.*.*(..))") 即环绕通知，切点函数中的..*换成了.*，表示只包含当前包，不包含子包，它们的运行效果是一样的。当然，不更换也是可以的。

代码 Object result = joinPoint.proceed();表示调用目标的方法，如果没有运行此语句，则目标的方法不被调用，所以可以在代码中通过环绕通知有条件地控制目标方法是否运行。变量 result 即方法的返回值。

最后是 applicationContext.xml 的配置，其内容少了很多。

```
<?xml version="1.0" encoding="UTF-8"?>
<beans xmlns="http://www.springframework.org/schema/beans"
    xmlns:xsi="http://www.w3.org/2001/XMLSchema-instance"
    xmlns:aop="http://www.springframework.org/schema/aop"
    xmlns:context="http://www.springframework.org/schema/context"
    xsi:schemaLocation="
        http://www.springframework.org/schema/beans
        http://www.springframework.org/schema/beans/spring-beans-3.0.xsd
```

```
                http://www.springframework.org/schema/aop
                http://www.springframework.org/schema/aop/spring-aop-3.0.xsd
                http://www.springframework.org/schema/context
                http://www.springframework.org/schema/context/spring-context-3.0.xsd">
        <!-- 织入使用注解定义的增强，需要引入 AOP 命名空间 -->
        <aop:aspectj-autoproxy />
        <!-- 所有基包都是 org.newboy，其下所有的类将由 Spring 容器扫描是否添加到容器中 -->
        <context:component-scan base-package="org.newboy"/>
</beans>
```

<context:component-scan base-package="org.newboy"/>语句表示 org.newboy 下面所有的类将由 Spring 容器扫描，如果有注解，则加到 Spring 的容器中。读者会发现 Spring 容器中一个<bean>的标记都没有了。

同时，要注意<beans>标记的头部信息发生了变化，加入了 context、AOP 等空间，因为没有用到 p 的标识的注入，所以笔者把 p 空间也删除了。若要用到，P 空间也可以保留。

其他类没有任何变化，输出结果如下。

```
2014-10-14 11:10:17.374 张三开始登录
业务方法 login 运行，正在登录...
2014-10-14 11:10:21.085 张三登录成功
2014-10-14 11:09:45.316 李四开始登录
业务方法 login 运行，正在登录...
2014-10-14 11:09:48.931 李四登录失败
```

读者可以发现，输出结果是相同的，这就是 Spring 注解管理 JavaBean 带来的好处，后期可以减轻不少工作量，减少了 Spring 的 XML 配置代码。

本章小结

本章介绍了 Spring 框架的 IoC 和 AOP 的使用。第 12 章将介绍 Spring 整合 Struts 2 和 Hibernate 框架的使用。

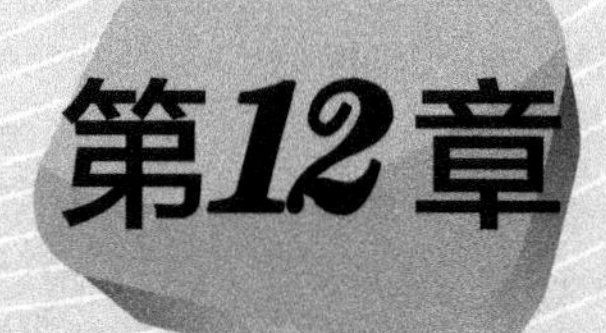

Spring 整合 Struts 2 和 Hibernate

Spring 框架被称为全栈框架，本章将对 Spring 全面整合 Java EE 项目中的其他开源框架（例如，Web MVC 框架常用的 Struts 2 和 ORM 框架 Hibernate）进行详细介绍。

12.1　Spring 对 ORM 框架的支持

在单独使用 ORM 框架时，必须为每个 DAO 操作重复执行某些常规的任务。例如，在 Hibernate 中，必须打开和关闭会话或者实体管理器，使用原生的 API 来管理事务。

Spring 对所有的 ORM 框架包括 Hibernate 都采用了相同的方法：定义模板类和 DAO 支持类来简化 ORM 框架的使用。

12.1.1　Spring 对于 Hibernate 3 的支持

Spring 中对 Hibernate 3 的模板支持类是 HibernateTemplate，对 DAO 的支持类是 HibernateDaoSupport。

接下来详细介绍 Spring 集成 Hibernate 3 的方式。

首先，请读者到第 1 章中回顾 Dept 表的表结构。其次，建立对应的实体类。

程序清单：Dept.java

```
package org.newboy.entity;
 //部门实体类
public class Dept implements java.io.Serializable {
        private Integer deptno;          //部门编号
        private String dname;            //部门名称
        private String loc;              //所在城市
        //省略有参数和无参数的构造方法，以及 getter 和 setter 方法
}
```

最后，定义 Hibernate 的映射文件 Dept.hbm.xml。

```
<?xml version="1.0" encoding="UTF-8"?>
<!DOCTYPE hibernate-mapping PUBLIC "-//Hibernate/Hibernate Mapping DTD 3.0//EN"
"http://hibernate.sourceforge.net/hibernate-mapping-3.0.dtd">
<hibernate-mapping>
    <class name="org.newboy.entity.Dept" table="DEPT" schema="SCOTT">
        <id name="deptno" type="java.lang.Integer">
            <column name="DEPTNO" precision="2" scale="0" />
            <generator class="assigned" />
        </id>
        <property name="dname" type="java.lang.String">
            <column name="DNAME" length="14" />
        </property>
        <property name="loc" type="java.lang.String">
            <column name="LOC" length="13" />
        </property>
    </class>
</hibernate-mapping>
```

Hibernate 的主配置 hibernate.cfg.xml 文件如下。

```
<?xml version='1.0' encoding='UTF-8'?>
<!DOCTYPE hibernate-configuration PUBLIC
          "-//Hibernate/Hibernate Configuration DTD 3.0//EN"
          "http://hibernate.sourceforge.net/hibernate-configuration-3.0.dtd">
<hibernate-configuration>
    <session-factory>
        <property name="dialect">
            org.hibernate.dialect.Oracle10gDialect
        </property>
        <property name="connection.url">
            jdbc:oracle:thin:@localhost:1521:orcl
        </property>
        <property name="connection.username">scott</property>
        <property name="connection.password">tiger</property>
        <property name="connection.driver_class">
            oracle.jdbc.OracleDriver
        </property>
        <property name="show_sql">true</property>
        <mapping resource="org/newboy/entity/Dept.hbm.xml" />
    </session-factory>
</hibernate-configuration>
```

12.1.2 使用 HibernateDaoSupport 类

DAO 模式是一种常见的 Java EE 模式。

首先，定义部门类的访问数据的相关方法。

程序清单：DeptDao.java

```
package org.newboy.dao;
public interface DeptDao {
    public List<Dept> getAllDept();
    public int save(Dept dept);                         //保存部门信息
    public Dept getDeptByCondition(Dept dept);  //根据某个条件查询某个部门的信息
}
```

其次，在项目中导入 Spring 框架和 Spring 对 ORM 的支持的 JAR 包。MyEclipse 会检测到项目已经导入了 Hibernate，所以会在生成的 applicationContext.xml 中生产 sessionFactory 的 Bean。

程序清单：applicationContext.xml

```
<?xml version="1.0" encoding="UTF-8"?>
<beans
    xmlns="http://www.springframework.org/schema/beans"
    xmlns:xsi="http://www.w3.org/2001/XMLSchema-instance"
    xmlns:p="http://www.springframework.org/schema/p"
    xsi:schemaLocation="http://www.springframework.org/schema/beans
http://www.springframework.org/schema/beans/spring-beans-2.5.xsd">
<beanid="sessionFactory" class="org.springframework.orm.hibernate3.LocalSessionFactoryBean">
    <!-- 这里使用了 Hibernate 的配置文件来配置 sessionFactory -->
        <property name="configLocation"
            value="classpath:hibernate.cfg.xml">
        </property>
    </bean>
</beans>
```

这里使用了 Hibernate 的配置文件来生成 sessionFactory。但是在实际的生产环境中，会有数据库连接池的配置，所以一般会配置 DataSource。以下的配置更为常用，而且不需要 Hibernate 的配置文件。

修改后的 Spring 配置文件 applicationContext 的内容如下。

程序清单：applicationContext.xml

```
<?xml version="1.0" encoding="UTF-8"?>
<beans
    xmlns="http://www.springframework.org/schema/beans"
    xmlns:xsi="http://www.w3.org/2001/XMLSchema-instance"
    xmlns:p="http://www.springframework.org/schema/p"
    xsi:schemaLocation="http://www.springframework.org/schema/beans
http://www.springframework.org/schema/beans/spring-beans-2.5.xsd">
<!-- 定义数据源 -->
 <bean id="dataSource"
        class="org.apache.commons.dbcp.BasicDataSource">
         <property name="driverClassName" value="oracle.jdbc.OracleDriver" />
         <property name="url" value="jdbc:oracle:thin:@localhost:1521:orcl" />
        <property name="username" value="scott"/>
```

```
        <property name="password" value="tiger"/>
    </bean>
    <!-- 配置 sessionFactory -->
        <bean id="sessionFactory"
        class="org.springframework.orm.hibernate3.LocalSessionFactoryBean">
            <property name="dataSource">
            <!-- 引用以上定义好的数据源 -->
                <ref bean="dataSource" />
            </property>
            <!-- Hibernate 所有属性的配置 -->
            <property name="hibernateProperties">
                <props>
                    <prop key="hibernate.dialect">
                            org.hibernate.dialect.Oracle10gDialect
                        </prop>
                    <prop key="hibernate.show_sql">true</prop>
                </props>
            </property>
             <property name="mappingResources">
             <value>org/newboy/entity/Dept.hbm.xml</value>
             </property>
    </bean>
</beans>
```

最后，完成 DeptDao 的实现类 DeptDaoImpl.java。

在没有使用 Spring 前，单独使用 Hibernate 的代码如下所示。

```
package org.newboy.dao.impl;
public class DeptDaoImpl implements DeptDao {
        public List<Dept> getAllDept() {
                Session session = HibernateUtil.getSession();
                Query query = session.createQuery("select d from Dept d");
                return query.list();
        }
        public int save(Dept dept) {
                Session session = HibernateUtil.getSession();
                Transaction tx = session.beginTransaction();
                int id = 0;
                try {
                        tx.begin(); //开启事务
                        id = (Integer) session.save(dept);
                        tx.commit(); //提交事务
                } catch (Exception e) {
                        e.printStackTrace();
                        tx.rollback();//事务回滚
                }
                return id;
        }       }
```

仔细观察代码，可以发现，实现最终的目的只有一行代码：

```
id = (Integer) session.save(dept);
```

会话获取和事务的处理代码占了很多行，这就到了 Spring 发挥用武之地的时候了。来看看使用 Spring 支持的 ORM 类是如何精简代码的。

程序清单：精简的 DeptDaoSupportImpl.java

```
public class DeptDaoSupportImpl extends HibernateDaoSupport implements DeptDao {
    public List<Dept> getAllDept() {
        return (List<Dept>)super.getHibernateTemplate().find("from Dept");
    }
    public int save(Dept dept) {
        return (Integer)super.getHibernateTemplate().save(dept);
    }
      public Dept getDeptByCondition(Dept dept) {
            List<Dept> list =super.getHibernateTemplate().findByExample(dept);
        if(list!=null&&list.size()>0){
            return list.get(0);
        }
        return null;
    }
}
```

通过以上代码可以看出其极其简练，能提高编程者的开发效率。

查询 Spring 的源代码可以发现 HibernateDaoSupport 类中有 HibernateTemplate 属性。HibernateTemplate 对原始的 Hibernate 的方法进行了二次封装，这样对于 save()方法等可以减少事务开启和提交的代码。可能有的读者会疑惑，事务控制的代码到哪里去了？的确，事务控制的代码还是需要的，对于查询的方法，这些代码是可以正常工作的，但是对于执行 SQL 语句中的 insert、update、delete 等操作，以上代码还不能正常工作。

以上的 DeptDaoSupportImpl 类中还需要注入 Hibernate 的 SessionFactory 对象，必须在 Spring 的配置文件中将 SessionFactory 对象注入进去。

完成的 Spring 配置文件 applicationContext.xml 内容如下。

```
<?xml version="1.0" encoding="UTF-8"?>
<beans xmlns="http://www.springframework.org/schema/beans"
    xmlns:xsi="http://www.w3.org/2001/XMLSchema-instance"
xmlns:p="http://www.springframework.org/schema/p"
    xsi:schemaLocation="http://www.springframework.org/schema/beans
http://www.springframework.org/schema/beans/spring-beans-2.5.xsd">
    <!-- 定义数据源 -->
    <bean id="dataSource" class="org.apache.commons.dbcp.BasicDataSource">
        <property name="driverClassName" value="oracle.jdbc.OracleDriver">
        </property>
        <property name="url" value="jdbc:oracle:thin:@localhost:1521:orcl"></property>
        <property name="username" value="scott" />
        <property name="password" value="tiger" />
    </bean>
```

```
        <!-- 配置 SessionFactory -->
        <bean id="sessionFactory"
            class="org.springframework.orm.hibernate3.LocalSessionFactoryBean">
            <property name="dataSource">
                <!-- 引用以上定义好的数据源 -->
                <ref bean="dataSource" />
            </property>
            <!-- Hibernate 所有属性的配置 -->
            <property name="hibernateProperties">
                <props>
                    <prop key="hibernate.dialect">
                        org.hibernate.dialect.Oracle10gDialect
                  </prop>
                    <prop key="hibernate.show_sql">true</prop>
                </props>
            </property>
            <property name="mappingResources">
                <value>org/newboy/entity/Dept.hbm.xml</value>
            </property>
        </bean>
        <!--将 SessionFactory 注入到 DeptDaoSupportImpl 中 -->
       <bean id="deptDao" class="org.newboy.dao.impl.DeptDaoSupportImpl">
          <property name="sessionFactory" ref="sessionFactory" />
       </bean>
</beans>
```

测试的代码如下。

```
public class SshTest {
        //测试 Spring 和 Hibernate 整合的方法
        public static void main(String[] args) {
ApplicationContext context = new ClassPathXmlApplicati//onContext("applicationContext.xml");
                DeptDao deptdao = (DeptDao) context.getBean("deptDao");
                List<Dept> list = deptdao.getAllDept();
                System.out.println("size:" + list.size());
        }
}
```

输出结果：

```
size:4
```

可以看出系统能正常工作。接下来测试插入一个新对象的功能。

```
public static void main(String[] args) {
                testSave();
}
public static void testSave() {
                        ApplicationContext context = new ClassPathXmlApplicationContext(
                                "applicationContext.xml");
```

```
                DeptDao deptdao = (DeptDao) context.getBean("deptDao");
                Dept dept =new Dept(50, "TestDept", "gz");
                deptdao.save(dept);
}
```

因为默认 Hibernate 中的 Session 事务是自动提交的，所以本次 save()方法能够成功向数据库插入一条新的记录。

12.1.3 使用 Hibernate 3 原生 API

在 Hibernate 3 中引入了一个新的特性：带上下文环境的 Session。这一特性使得 Hibernate 自身具备每个事务绑定当前一个 Session 对象的功能。

```
public class DeptHibernateDaoImpl implements DeptDao {
                //Hibernate 原生的 SessionFactory
                private SessionFactory sessionFactory;

    public void setSessionFactory(SessionFactory sessionFactory) {
        this.sessionFactory = sessionFactory;
    }

public List<Dept> getAllDept() {
        Query query= sessionFactory.getCurrentSession().createQuery("from Dept");
    return query.list();
}
//省略其他两种方法
}
```

在 Spring 配置文件的 Bean 定义中注入 SessionFactory。

```
<beans>
<bean id="myDpetDao" class="org.newboy.dao.impl.DeptHibernateDaoImpl">
<property name="sessionFactory" ref="mySessionFactory"/>
</bean>
</beans>
```

这种方式的好处是避免了在 DAO 层中使 Spring 的 API 和 Hibernate 的 API 进行耦合。不管使用原生 API 这种方式是否合适，使用原生 API 的理念在后续的 Spring 版本开发中已经占有主动权。所以，Spring 在后续的 Hibernate 4 和 Spring 4 中已经采用了此种方式。当然，选择权在于读者，毕竟使用 Spring 提供的 HibernateDaoSupport 在某些地方要比使用原生的 Hibernate API 要方便一些。

12.1.4 Spring 管理事务

事务管理是企业级应用程序重要的部分。一般情况下，事务管理是基于数据库级别的。可以使用 Spring 来使某几个业务成为一个事务，即数据库级别的事务管理是细粒度的，Spring 的事务管理是相比数据库事务高粗粒度的。当然，事务归根到底还是数据库的，只是 Spring 的介入会使事务管理编程更为方便，代码耦合度也会降低。

Spring 提供了两种管理事务的方式：编程式事务和声明式事务。

先来看编程式事务的使用方法。

```
//定义业务层的接口
public interface DeptService {
        public List<Dept> getAllDept();
        //保存部门信息
        public int save(Dept dept);
        //根据某个条件查询某个部门的信息
        public Dept getDeptByCondition(Dept dept);
}
```

定义业务层的实现类。

```
public class DeptServiceImpl implements DeptService {
        private DeptDao deptDao;
        private TransactionTemplate transactionTemplate;
        public void setTransactionManager(PlatformTransactionManager transactionManager){
                this.transactionTemplate=new     TransactionTemplate(transactionManager);
        }
        //事务管理的模板类
        public void setTransactionTemplate(TransactionTemplate transactionTemplate) {
                this.transactionTemplate = transactionTemplate;
        }
        public void setDeptDao(DeptDao deptDao) {
                this.deptDao = deptDao;
        }

        public List<Dept> getAllDept() {
                return deptDao.getAllDept();
        }

        public Integer save(final Dept dept) {
                return (Integer) this.transactionTemplate
                                .execute(
      new TransactionCallback() {//匿名内部类
           public Object doInTransaction(TransactionStatus arg0) {
                                          return (Integer) deptDao.save(dept);
                                   }
                            });
        }
        public Dept getDeptByCondition(Dept dept) {
                return deptDao.getDeptByCondition(dept);
        }
}
```

下面的代码用于在 Spring 的 applicationContext.xml 中定义一个事务管理器和一个业务对象，其具体的业务方法实现如下。

```
<beans>
    <!-- 整合 Hibernate 3 事务管理的类 -->
    <bean id="myTxManager"
    class="org.springframework.orm.hibernate3.HibernateTransactionManager">
        <property name="sessionFactory" ref="mysessionFactory" />
    </bean>
        <bean id="deptService" class="org.newboy.service.impl.DeptServiceImpl">
        <property name="deptDao" ref="deptDao" />
        <!-- 将事务管理类注入到业务层 -->
        <property name="transactionManager" ref="myTxManager" />
    </bean>
</beans>
```

注意观察 DeptServiceImpl 类的 save()方法，其使用了 TransactionTemplate 类的回调函数。

可以看出，整个编程式事务的方法比较烦琐，但 Spring 把事务的管理看作一个通知（Advice），可以使用声明式事务来简化事务的管理。

12.1.5 Spring 对 Hibernate 4 的声明式事务管理

可以使用 Spring 声明式的事务支持。声明式的事务支持通过配置 Spring 容器中的 AOP 事务拦截器来替换事务划分的硬编码。这使得编程者从每个业务方法重复的事务代码中解放出来，真正专注于业务逻辑代码。

注意：如果是 Hibernate 4，Spring 支持的包名应该改为 hibernate4。具体见如下代码（实际开发中根据所使用的 Hibernate 版本选择其一即可）。

```
    <!-- 整合 Hibernate 3 事务管理的类 -->
    <bean id="myTxManager"
    class="org.springframework.orm.hibernate3.HibernateTransactionManager"> </bean>
<!-- 整合 Hibernate 4 事务管理的类 -->
    <bean id="myTxManager4"
    class="org.springframework.orm.hibernate4.HibernateTransactionManager"> </bean>
```

接下来详细地介绍 Spring 的 AOP 方式如何管理声明式事务。

首先，在 Spring 的 XML 配置文件中加入相关 tx 和 aop 的 schema 声明。

```
<?xml version="1.0" encoding="UTF-8"?>
<beans xmlns="http://www.springframework.org/schema/beans"
    xmlns:xsi="http://www.w3.org/2001/XMLSchema-instance"
    xmlns:aop="http://www.springframework.org/schema/aop"
    xmlns:tx="http://www.springframework.org/schema/tx"
    xsi:schemaLocation="
http://www.springframework.org/schema/beans
http://www.springframework.org/schema/beans/spring-beans-3.0.xsd
http://www.springframework.org/schema/tx
http://www.springframework.org/schema/tx/spring-tx-3.0.xsd
http://www.springframework.org/schema/aop
http://www.springframework.org/schema/aop/spring-aop-3.0.xsd">
</beans>
```

其次，定义如下的Bean和相互之间的引用关系。

```
<!-- 整合 Hibernate 4 事务管理的类 -->
<bean id="myTxManager4"
class="org.springframework.orm.hibernate4.HibernateTransactionManager">
    <property name="sessionFactory" ref="mysessionFactory" />
</bean>
<aop:config>
    <aop:pointcut id="deptServiceMethods"
        expression="execution(* org.newboy.service.DeptService.*(..))" />
    <aop:advisor advice-ref="txAdvice" pointcut-ref="deptServiceMethods" />
</aop:config>
<tx:advice id="txAdvice" transaction-manager="myTxManager">
    <tx:attributes>
        <!-- 以下以 save 方法开头的必须要求事务 -->
        <tx:method name="save*" propagation="REQUIRED" />
        <!--
            某些方法要求在一个新事务中 <tx:method name="get*" propagation=
"REQUIRES_NEW"/>-->
        <!-- 除以上的方法之外，其他方法支持事务，并且只读 -->
        <tx:method name="*" propagation="SUPPORTS" read-only="true" />
    </tx:attributes>
</tx:advice>
```

这样，服务层为了和原来的DeptServiceImpl类区分，改名为DeptServiceTxImpl.java，变成如下形式。

```
//使用声明式事务管理
public class DeptServiceTxImpl implements DeptService {
    private DeptDao deptDao;
    public void setDeptDao(DeptDao deptDao) {
        this.deptDao = deptDao;
    }
    public List<Dept> getAllDept() {
        return deptDao.getAllDept();
    }
    public Integer save(Dept dept) {
        return deptDao.save(dept);
    }
    public Dept getDeptByCondition(Dept dept) {
        return deptDao.getDeptByCondition(dept);
    }
}
```

可以看出，由于事务管理的代码成为了通知，因此这里不用再编写事务管理的Java代码。

除此之外，由于Hibernate 4也全面支持和建议使用注解的方式来配置，因此可以在业务层中直接用注解来配置事务的管理策略。其代码如下。

```
public class DeptServiceTxAnImpl implements DeptService {
```

```
    //使用注解的方式配置 get 方法支持事务
    @Transactional(propagation=Propagation.SUPPORTS)
    public List<Dept> getAllDept() {
        return deptDao.getAllDept();
    }
    @Transactional(propagation=Propagation.REQUIRED)
    public Integer save(Dept dept) {
        return deptDao.save(dept);
    }
    public Dept getDeptByCondition(Dept dept) {
        return deptDao.getDeptByCondition(dept);
    }
    public void setDeptDao(DeptDao deptDao) {
        this.deptDao = deptDao;
    }
    private DeptDao deptDao;
}
```

最后，必须在 Spring 配置文件中添加一行代码，告诉 Spring 要使用对应的类中的事务注解规则。

```
<tx:annotation-driven transaction-manager="myTxManager"/>
```

以上就是 Spring 和 Hibernate 整合的全过程。

如果 Hibernate 中使用了延迟加载技术，则需要在 web.xml 中加入 OpenSessionInView 过滤器，具体参见 9.5 节。接下来将介绍 Spring 和 Web 层框架 Struts 2 整合的过程。

12.2 Spring 和 Struts 2 的整合

由于 Struts 2 中使用了 Spring 的 IoC 机制，所以 Spring 整合 Struts 2 是很简单的事情。下面以一个简单的登录案例来演示 Struts 和 Spring 的整合过程。

先来看项目中 Struts 2 未整合 Spring 时的配置情况。

12.2.1 Struts 2 登录案例

（1）login.jsp 文件主要内容如下。

```
<body>
    <form action="login.action" method="post">
        账户:<input type="text" name="userName"><br/>
        密码:<input type="password" name="password"><br/>
        <input type="submit" value="登录" />
    </form>
</body>
```

（2）loginFail.jsp 文件的内容如下。

```
主要内容: <body>登录失败.</body>
```

（3）loginSuccess.jsp 文件的内容如下。

```
主要内容: <body>登录成功.</body>
```

（4）web.xml 中关于 Struts 2 的配置文件如下。

```
<?xml version="1.0" encoding="UTF-8"?>
<web-app xmlns:xsi="http://www.w3.org/2001/XMLSchema-instance" xmlns="http://java.sun.com/xml/ns/javaee" xmlns:web="http://java.sun.com/xml/ns/javaee/web-app_2_5.xsd" xsi:schemaLocation="http://java.sun.com/xml/ns/javaee http://java.sun.com/xml/ns/javaee/web-app_2_5.xsd" version="2.5">
    <!--Struts 2 的过滤器 -->
    <filter>
      <filter-name>Struts 2</filter-name>
      <filter-class>
            org.apache.Struts 2.dispatcher.ng.filter.StrutsPrepareAndExecuteFilter
            </filter-class>
    </filter>
    <filter-mapping>
      <filter-name>Struts 2</filter-name>
      <url-pattern>/*</url-pattern>
    </filter-mapping>
</web-app>
```

（5）在系统的后台中有 UserAction.java 文件。

```
package action;
public class UserAction {
      //对应 login.jsp 页面的输入域
      private String userName;
      private String password;
      public String execute(){
      //暂时使用固定用户名和密码
            if(userName.equals("jack")&&password.equals("123")){
                  return "success";
            }else{
                  return "fail";
            }
      }
//省略 getter 和 setter 方法
}
```

（6）在 src 文件夹中有 Struts 2 的配置文件 struts.xml，内容如下。

```
<?xml version="1.0" encoding="UTF-8" ?>
<!DOCTYPE struts PUBLIC "-//Apache Software Foundation//DTD Struts Configuration 2.1//EN" "http://struts.apache.org/dtds/struts-2.1.dtd">
<struts>
      <package name="userPackage" namespace="/" extends="struts-default">
            <action name="login" class="action.UserAction">
                  <result name="success">/loginSuccess.JSP</result>
                  <result name="fail">/loginFail.JSP</result>
```

```
        </action>
    </package>
</struts>
```

12.2.2 Spring 整合 Struts 2 的步骤

在整合前，Struts 2 的 Action 中的 execute()方法有硬编码字符串判断用户名、密码是否正确的代码：

```
public String execute(){
        if(userName.equals("james")&&password.equals("123")){
            return "success";
        }else{
            return "fail";
        }
    }
```

整合前项目的文件结构如图 12-1 所示。

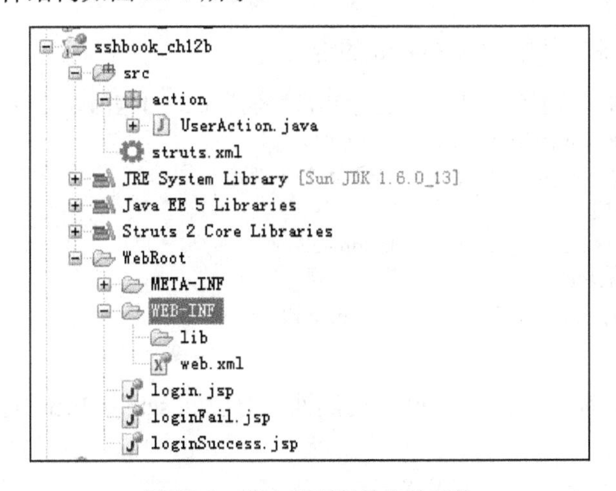

图 12-1 整合前项目的文件结构

在实际应用中，用户名和密码一般是保存在数据库中的。

为了完整地演示 Struts 2 和 Spring 整合的过程，在后台新建一个业务层接口和一个实现类，分别为 UserBiz.java 和 UserBizImpl.java。

程序清单：UserBiz.java

```
package com.biz;
public interface UserBiz {
    public boolean checkUser(String userName,String password);
}
```

程序清单：UserBizImpl.java

```
package com.biz;
public class UserBizImpl implements UserBiz {
    public boolean checkUser(String userName,String password) {
```

```
            if(userName.equals("jack")&&password.equals("123456"))
            return true;
            else return false; }        }
    } //UserBizImpl 类结束
```

（1）加入 Struts-Spring 的 JAR 包。

（2）在 web.xml 中配置 Spring 监听器。其中，applicationContext.xml 是 Spring 的配置文件所在的位置。

```
        <!-- Spring 配置 -->
        <context-param>
        <param-name>contextConfigLocation</param-name>
        <param-value>classpath:applicationContext.xml</param-value>
        </context-param>
        <listener>
            <listener-class>
                org.springframework.web.context.ContextLoaderListener
            </listener-class>
        </listener>
```

（3）在 Spring 配置文件中加入 Action 的定义。

```
    <!--定义业务层的 Biz，在实际开发中，业务层中常常会注入 DAO 层的对象-->
    <bean id="myuserBiz" class="com.biz.UserBizImpl" />
    <!-- 控制层（id 为 struts.xml 中的 class），每个 Bean 都必须增加
    scope="prototype"属性  -->
        <bean id="loginAction" class="action.LoginAction"
            scope="prototype">
            <property name="userbiz" ref="myuserBiz"></property>
        </bean>
```

在 LoginAction 中有一个名为 userbiz 的属性和对应的 setUserbiz()方法，这样 Spring 就可以完成注入过程。

（4）修改 struts.xml 配置文件的定义。

```
            <!--  class 对应的不是类，而是 Spring 中对应的 Bean 的 id -->
             <action name="login" class="loginAction">
                 <result>/loginSuccess.JSP</result>
                 <result name="fail">/loginFail.JSP</result>
             </action>
```

整合好后，系统的流程如下。

用户发送请求→Struts 2 拦截请求→根据对应的 struts.xml 配置文件找到 Action→根据 Action 的名称找到对应的 Spring Action→Bean→Action 中请求注入业务层对象→业务层对象请求注入 DAO 层对象→DAO 层请求注入 SessionFactory→SesssionFactory 请求注入 DataSource。

现在即可测试 Spring 3 和 Struts 2 整合后的效果，请读者自行测试，这里不再赘述。

本章小结

本章先介绍了 Spring 框架整合 Hibernate 框架的流程，接着介绍了 Spring 框架整合 Struts 2 框架的流程。经过以上步骤之后，整个项目就达成了 Struts 2+Spring 3+Hibernate 4 的完全整合。

第13章 使用jQuery和SSH开发书籍管理系统

13.1 综述

到目前为止，已经比较系统地介绍了 SSH（Spring+Struts+Hibernate）三大框架。本章选择了一个书籍管理系统来介绍最后的 SSH 整合项目开发，整个项目只有一张表，业务很简单，模拟众多的后台管理系统中的一个模块。有读者可能会质疑，这样一个简单的项目对学习有帮助吗？其实，这也是该实例的目的，笔者希望通过一个简单的业务把 SSH 中的技术要点和一些 SSH 中新的特性都用到。这个书籍管理系统中用到了前面的大部分知识点，并且加入了一些新的技术点和项目开发过程中解决常见问题的经验。

用一个业务复杂的项目来告诉读者如何实现 SSH 的开发是不合适的。因为业务在不同的公司、不同的项目中是千变万化的，作为一个初学者会非常困惑。所以当下学习的要点应该放在技术上，业务可以在以后的实践中慢慢了解。笔者希望用一个大家都看得懂的业务来介绍如何使用 jQuery+SSH 来开发一个企业级的 Java EE 模块，这个项目也结合了大多数业务功能模块所必需的增、删、改、查、分页、条件组合查询等功能。

Ajax 在一个 Java EE 的管理系统中可以非常好地增加用户体验，如果没有使用 Ajax，则这个书籍管理系统是没有太多活力的。而目前 jQuery 技术在企业中的使用已经非常普遍，因此笔者最终还是决定使用 jQuery+SSH 来进行项目开发。本章中也介绍了 jQuery 的使用方法。项目中使用到 Struts 2 返回 JSON 对象，这部分内容前面也没有介绍，因此本章也会介绍其相关技术点，项目的代码中也加入了详细的注释，相信大家能看得懂。

jQuery 和 Ajax 技术的引入，使项目的用户体验得到了很大的提升。项目中的 Spring 管理 Java Bean 的 IoC 功能，笔者更多地使用了注解方式，可以大大减少 XML 的配置工作量。同时，项目中增加了注解 AOP 的方式来记录服务器后台的各种业务操作日志，并使用了 JUnit 对业务模块的方法进行单元测试，这些知识点在项目中都有介绍。

此项目采用的是比较新的技术——Struts 2.x+Spring 3.x+Hibernate 4.x，这个框架的整合与之前的 Spring 2.x+Hibernate 3.x 有了比较大的变化，这些在项目中也都会体现出来。

用最原生的 HTML 表格加 DIV 的方式实现界面，实际开发中可以使用 jQuery Easy UI 之类的 jQuery 插件，以实现更加强大的表示层功能。

13.2　项目需求

书籍管理系统的后台管理模块主要实现书籍的条件组合查询、添加、修改、删除、分页等基础功能。其页面运行效果如图 13-1 所示。

行号	ISBN	书名	价格	出版日期	添加 查询
1	345345-232-131	Java编程思想	¥120	2009-05-06	删除 修改
2	5674302-274459	Java Swing程序设计	¥55.34	2009-12-15	删除 修改
3	97871-1129-1954	Android应用开发揭秘	¥69	2011-05-25	删除 修改
4	9-787111-251767	ExtJS Web应用程序开发指南	¥70	2010-08-03	删除 修改
5	978-7-115-21542-0	jQuery基础教程（第2版）	¥49	2009-11-02	删除 修改
首页 上页 下页 末页 共62条13页 第 1 页 每页 5 条					

图 13-1　运行效果

其中，第一行显示列标题，第一行最后一列显示两个功能按钮——“添加”和“查询”，分别用于打开“添加”和“查询”窗体；每一行最后一列显示“删除”和“修改”按钮，用于这一行记录的删除和修改；表格使用隔行变色的效果，光标移到每一行或移出每一行时，颜色也会发生变化；最下面一行为状态栏，显示分页的功能链接，并且有两个下拉列表，第一个下拉列表可以快速跳转到指定页，第二个下拉列表可以调整每页显示记录的数量。

“添加”和“修改”共用一个窗体，如图 13-2 所示，左边是“添加”窗体，右边是“修改”窗体。

ISBN	
书名	
价格¥	
出版日期	格式：(YYYY-MM-DD)
简介	
	确认 关闭

ISBN	345345-232-131
书名	Java编程思想
价格¥	120
出版日期	2009-05-06 格式：(YYYY-MM-DD)
简介	一本全面介绍Java的书籍，适合任何层次的读者
	确认 关闭

图 13-2 “添加”和“修改”共用一个窗体

条件组合查询窗体如图 13-3 所示，可以有选择地输入一个或多个查询条件。

“查询”按钮用于根据指定条件查询相应的书籍，可以输入一个或多个条件，如果没有输入则查询全部信息；“清除”按钮用于清除查询条件，并显示所有的书籍信息；“关闭”按钮用于关闭查询窗体。

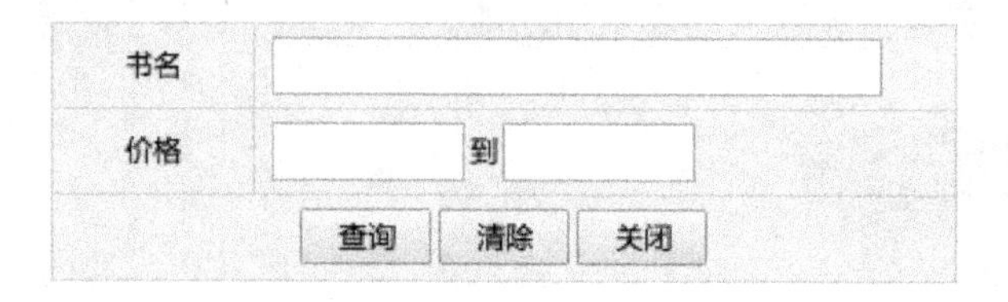

图 13-3　条件组合查询窗体

13.3　数据库设计

数据库中只有一张表——Book（书籍表），选用学习过的 Oracle 数据库，数据表结构如图 13-4 所示。

名称	Virtual	类型	可为空	Default/Expr.	存储	注释
ID	☐	NUMBER(6)	☐			主键，由序列自动产生
ISBN	☐	VARCHAR2(50)	☑			书籍的ISBN编号
TITLE	☐	VARCHAR2(100)	☑			书名
PRICE	☐	NUMBER(6,2)	☐			价格
PUBDATE	☐	DATE	☐			出版日期
INTRO	☐	VARCHAR2(1000)	☑			书籍简介

图 13-4　数据表结构

相应的 Oracle 代码如下。

```
-- 先以 System 用户身份登录，创建 booker 用户对象，密码自定义，这里的密码是 helloworld
create user booker identified by helloworld
-- 为 booker 对象赋权限
grant resource,connect to booker;
-- 以下操作是以 booker 用户身份登录
create table BOOK (
   id     number(6,0) primary key not null,
   isbn       VARCHAR2(50),
   title     VARCHAR2(100),
   price     number(6,2) not null,
   pubdate date not null,
   intro     VARCHAR2(1000)
);
-- 为列加上注释
comment on column BOOK.id   is '主键，由序列自动产生';
comment on column BOOK.isbn   is '书籍的 ISBN 编号';
comment on column BOOK.title   is '书名';
comment on column BOOK.price   is '价格';
comment on column BOOK.pubdate is '出版日期';
comment on column BOOK.intro is '书籍简介';
```

```
--创建序列，自动生成主键
create sequence book_seq minvalue 100 start with 100 cache 10 increment by 1;
-- 插入测试数据，只写入了 1 条记录，读者可自己多插入几条记录用于分页
insert into BOOK (id, isbn, title, price, pubdate, intro) values (book_seq.nextval, '9-787302-274469', 'JSF2 入门到精通', 108, to_date('15-11-2012', 'dd-mm-yyyy'), '全面介绍 JSF 2.0，详细介绍如何使用 Ajax，以及如何按照 JSF 2.0 的方式构建组件');
commit;
```

13.4　项目结构

整个项目采用 SSH 框架实现服务器端，客户端使用 jQuery 和 Ajax 技术实现，整个项目的结构如图 13-5 所示。

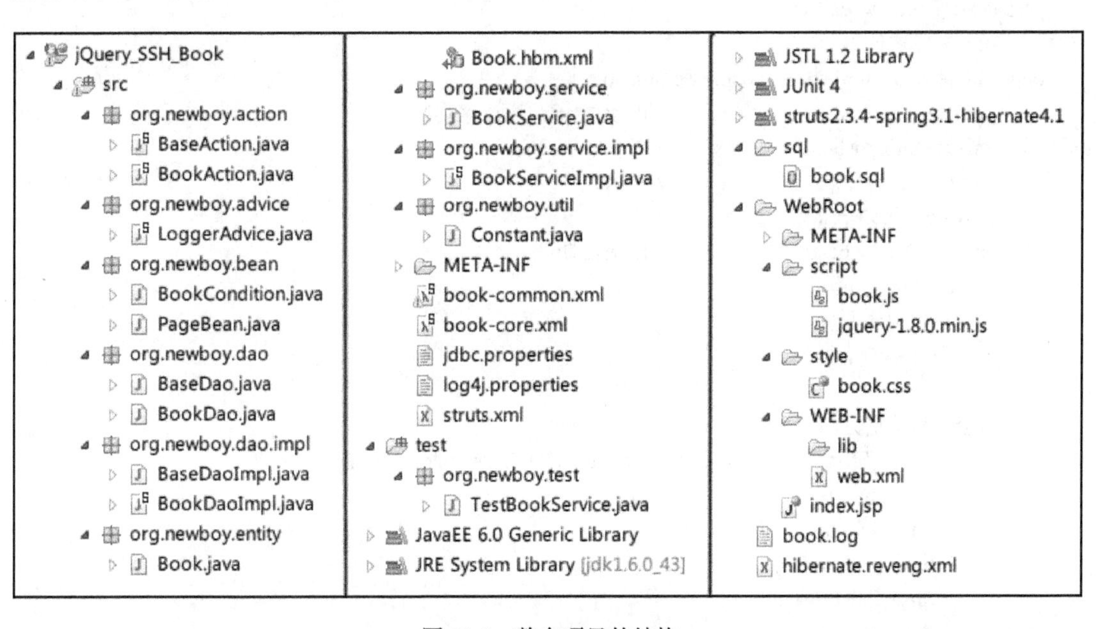

图 13-5　整个项目的结构

使用 Struts 2.3.4、Spring 3.1 和 Hiberante 4.1 来开发这个项目。这里做了一个自定义的用户库，这 3 个框架本身并不是同一家公司开发的，不可避免地会用到一些相同的公共库，如 commons-logging.jar、commons-io.jar 等，这就可能存在 2 个或 3 个框架用到了相同的 common 库，又有版本不同的情况，于是会出现服务器端运行包冲突的问题。笔者自己整理了一份 3 个框架没有冲突的包并做成了一个用户库，以方便使用。

用户可以在 MyEclipse 中正常加入 3 个框架，部署好项目以后，在 Web 容器（如 Tomcat）的 webapps/项目文件夹/WEB-INF/lib 目录中找到这个项目部署的所有包，然后删除一些文件名看起来类似的包即可，如果包上有版本号，则保留高的版本；如果没有版本号，则保留日期比较新的。另外，一般保留体积比较大的文件。删除完之后可以把它们复制出来，单独做成一个没有冲突的库，再加入到项目中，把 MyEclipse 自己加进来的其他包全部删除，只使用这个自定义的包即可。

13.5 代码实现

代码的编写顺序：采用从底层向上开发的顺序，由于有了数据库和表结构，所以先从 DAO 开始。整个开发顺序如下。

数据库 Oracle→实体类（包括映射文件）→DAO（数据访问层）→Service（业务逻辑层，包括 AOP 的代码）→Action（控制层）→JSP（表示层，包括 JSP 和 JavaScript、CSS、jQuery）。

13.5.1 数据访问层

在编写 DAO 之前先从 Hibernate 映射实体类开始。实体类 Book.java 的代码如下。

```
package org.newboy.entity;
/** Book 书籍实体类 */
public class Book implements java.io.Serializable {
    private Integer id;                //ID 为主键，通过序列产生
    private String isbn;               //书籍的 ISBN
    private String title;              //书名
    private Double price;              //价格
    private Date pubdate;              //出版日期
    private String intro;              //简介
    //无参数构造方法
    public Book() {
    }
    //全参数构造方法
    public Book(String isbn, String title, Double price, Date pubdate, String intro) {
        this.isbn = isbn;
        this.title = title;
        this.price = price;
        this.pubdate = pubdate;
        this.intro = intro;
    }
    //重写 toString 方法，以方便显示日志记录
    @Override
    public String toString() {
        return "书籍  [id=" + id + ", isbn=" + isbn + ", title=" + title + ", price=" + price
                + ", pubdate=" + pubdate + ", intro=" + intro + "]";
    }
    //getter 和 setter 方法的代码省略
}
```

Book.hbm.xml 映射文件的内容如下。注意：其中的 generator 元素采用序列的方式，指定序列的名称为 book_seq。

```
<?xml version="1.0" encoding="utf-8"?>
<!DOCTYPE hibernate-mapping PUBLIC "-//Hibernate/Hibernate Mapping DTD 3.0//EN"
"http://hibernate.sourceforge.net/hibernate-mapping-3.0.dtd">
```

```
<hibernate-mapping>
    <class name="org.newboy.entity.Book" table="BOOK" schema="booker">
        <id name="id" type="java.lang.Integer">
            <column name="ID"/>
            <!-- 使用序列作为主键生成器 -->
            <generator class="sequence">
                <param name="sequence">book_seq</param>
            </generator>
        </id>
        <property name="isbn" type="java.lang.String">
            <column name="ISBN" length="50" />
        </property>
        <property name="title" type="java.lang.String">
            <column name="TITLE" length="100" />
        </property>
        <property name="price" type="java.lang.Double">
            <column name="PRICE" precision="6" scale="2" />
        </property>
        <property name="pubdate" type="java.util.Date">
            <column name="PUBDATE" length="7" />
        </property>
        <property name="intro" type="java.lang.String">
            <column name="INTRO" length="1000" />
        </property>
    </class>
</hibernate-mapping>
```

实体类编写完以后即可编写 DAO 的类。这里编写了一个 BaseDao 接口和实现类，一个通用的 DAO 基类，其他 DAO 类继承此类，可以减少很多工作量。在这个基类中已经用 Hibernate 和 Spring 的整合方式实现了通用的 CRUD 方法，它的子类无须再写这些方法，只要在子类 DAO 中写出其自己特有的方法即可。BaseDao 接口的代码如下。

```
package org.newboy.dao;
/** 所有 DAO 接口的父接口 */
public interface BaseDao<T> {
    /**根据主键删除对象 */
    public void delete(Class<T> entity, Serializable id);
    /** 删除实体对象 *
     * @param entity 实体类对象 */
    public void delete(T entity);
    /** 查找所有对象，封装成 List 对象 */
    public List<T> findAll(Class<T> entity);
    /**
     * 根据属性查找对象
     * @return 找到的 List 集合对象
     */
    public List<T> findByProperty(Class<T> clazz, String property, Object value);
     //查询某对象一共有多少条记录
```

```
    public long findCount(Class<T> entity);
    /**
     * 查询一页的数据
     * @param firstResult 第 1 页记录的索引，从 0 开始
     * @param maxResults 最多显示多少条记录
     * @return 查询的一页数据集合
     */
    public List<T> find(Class<T> entity, final int firstResult, final int maxResults);
    /** 根据主键查找对象 */
    public T get(Class<T> entity, Serializable id);
    /** 添加一条记录 */
    public Serializable save(T entity);
    /** 添加或更新数据 */
    public void saveOrUpdate(T entity);
    /** 更新数据  */
    public void update(T entity);
}
```

其实，在此项目中，并不是 BaseDao 中所有的方法都会用到，但写到这里，为便于以后在项目中使用其他方法，也可以加入自己想要的自定义方法。

T 在这里代表泛型，可以是任意的实体类。子类在继承的代码中指定具体的类名即可。BaseDao 接口的实现类 BaseDaoImpl 的代码如下。

```
package org.newboy.dao.impl;
/** 通用的 BaseDao 的实现类，作为所有 DAO 实现类的父类
 * 由于 Hibernate 4 已经完全可以实现管理事务功能
 * 所以 Spring 3.1 可以不提供 HibernateDaoSupport、HibernateTemplate
 * 使用 Hibernate 原始的方式 Session 进行操作即可  */
public class BaseDaoImpl<T> implements BaseDao<T> {
  // 通过@Resource 也可以注入会话工厂
  @Resource(name = "sessionFactory")
  protected SessionFactory sessionFactory;
  /**  得到会话的方法，访问修饰设置为子类和当前类即可访问 */
  protected   Session getSession() {
        return sessionFactory.getCurrentSession();
  }
  public void delete(Class<T> entity, Serializable id) {
    getSession().delete(getSession().get(entity, id));
  }
  public void delete(T entity) {
    getSession().delete(entity);
  }
  @SuppressWarnings("unchecked")
  public List<T> find(Class<T> entity, int firstResult, int maxResults) {
    return getSession().createCriteria(entity).setFirstResult(firstResult).setMaxResults(maxResults)
        .list();
  }
  /** 查找所有对象，封装成 List 对象
```

```
     * @param entity 类的字符串形式*/
    @SuppressWarnings("unchecked")
    public List<T> findAll(Class<T> entity) {
      return getSession().createCriteria(entity).list();
    }
    /** 根据属性查找对象
     * @param entity 类名字符串
     * @param propertyName 属性名
     * @param value 属性的值
     * @return 找到的 List 集合对象  */
    @SuppressWarnings("unchecked")
    public List<T> findByProperty(Class<T> clazz, String property, Object value) {
            return getSession().createCriteria(clazz).add(Restrictions.eq(property, value)).list();
      }
    /** 查询某对象一共有多少条记录 */
    public long findCount(Class<T> entity) {
      return (Long) getSession().createQuery("select count(*) from " + entity.getName())
            .uniqueResult();
    }
    /** 根据主键查找对象 */
    @SuppressWarnings("unchecked")
    public T get(Class<T> entity, Serializable id) {
      return (T) getSession().get(entity, id);
    }
    public Serializable save(T entity) {
      return getSession().save(entity);
    }
    public void saveOrUpdate(T entity) {
      getSession().saveOrUpdate(entity);
    }
    public void update(T entity) {
      getSession().update(entity);
    }
}
```

在 Hibernate 4 中，DAO 实现类的变化比较大，DAO 已经不再需要继承于 HibernateDaoSupport 类，Spring 3 也没有提供 HibernateTemplate 模板供用户使用，所以直接使用原生的 Session 即可。结合 Spring 的事务管理和延迟加载管理，可以很方便地操作数据库，而且代码更简单。

使用@Resource(name = "sessionFactory")对 Spring 容器中命名为 sessionFactory 的对象进行了注入，也可以使用@Autowired 进行注入，但 Autowired 由 Spring 提供，而 Resource 由 Java 的基本库提供，它们在功能上是一样的。

DAO 中写了 protected Session getSession()方法，修饰符 protected 表示同一个包和子包中的类可以访问，是比较合理的。注意：代码 sessionFactory.getCurrentSession();不要写为 sessionFactory.openSession()，即对多个操作使用同一个线程会话。

下面来编写书籍管理系统的 BookDao 接口和 BookDaoImpl 实现类，因为其中用到了分页和条件查询，需要用到 PageBean 类和查询条件的封装类 BookCondition，所以先来看这两个类的代码，注意这两个类的包名。

```
package org.newboy.bean;
/** 封装分页参数的实体类 */
public class PageBean {
    private int page;              // 当前页
    private int next;              // 下一页
    private int previous;          // 上一页
    private int first;             // 第一页
    private int last;              // 最后一页
    private long total;            // 总页数
    private long count;            // 总记录数
    private int size;              // 页面大小
    @Override
    public String toString() {
        return "分页数据 [page=" + page + ", next=" + next + ", previous=" + previous + ", 
        first=" + first + ", last=" + last + ", total=" + total + ", count=" + count + ", size=" + size + 
        "]";
    }
    //getter 和 setter 方法的代码省略
}
```

这个分页 Bean 的主要作用是封装分页的各个参数，在客户端与服务器端数据交互时进行数据的传递。这里的总页面 total 和总记录数 count 使用 long 数据类型，防止总记录大于 int 数据类型的最大范围。在 Hibernate 3.2 以后的版本中，count()聚合函数返回的类型也是 long。

以下的 BookCondition 类正好对应查询窗体的 3 个文本框，用于封装查询条件。

```
package org.newboy.bean;
/** 封装查询条件的实体类 */
public class BookCondition {
    private Double minPrice;           // 最低价格
    private Double maxPrice;           // 最高价格
    private String title;              // 书名，支持模糊查询
    @Override
    public String toString() {
        return "查询条件 [minPrice=" + minPrice + ", maxPrice=" + maxPrice + ", title=" + title + "]";
    }
    //getter 和 setter 方法的代码省略
}
```

接下来继续编写 DAO 类。BookDao 接口的代码比较简单，因为它直接继承于 BaseDao 的接口，此次把泛型 T 换成了具体类。

```
package org.newboy.dao;
/** 书籍的 DAO，只编写 Book 类中不同于 BaseDao 的方法即可
 * 基本的 CRUD 方法已经在 BaseDao 中实现 */
public interface BookDao extends BaseDao<Book> {
    /**查询满足条件的记录
```

```
     * @param pageBean 分页 Bean
     * @param condition 查询条件
     * @return 满足条件的一页书籍集合 */
    public List<Book> findBooks(PageBean pageBean, BookCondition condition);
    /**查询满足条件的记录有多少条
     * @param condition 封装的条件
     * @return 记录条数 */
    public long findCount(BookCondition condition);
}
```

BookDaoImpl 的实现类中也只需实现 BookDao 接口中定义的方法即可。

```
package org.newboy.dao.impl;
/** 书籍 DAO 的实现类 */
@Repository("bookDao")
public class BookDaoImpl extends BaseDaoImpl<Book> implements BookDao {
  /** 通过查询条件创建供其他方法调用的 DetachedCriteria 对象 */
  private DetachedCriteria createDetachedCriteria(BookCondition condition) {
    DetachedCriteria dc = DetachedCriteria.forClass(Book.class);
    if (condition != null) {
      //若不为空，也不为空字符串，则按书名忽略大小写进行模糊查询
      if (condition.getTitle() != null && !"".equals(condition)) {
        dc.add(Restrictions.ilike("title", condition.getTitle(), MatchMode.ANYWHERE));
      }
      //如果有最小价格，则查询大于等于它的价格
      if (condition.getMinPrice() != null) {
        dc.add(Restrictions.ge("price", condition.getMinPrice()));
      }
      //如果有最大价格，则查询小于等于它的价格
      if (condition.getMaxPrice() != null) {
        dc.add(Restrictions.le("price", condition.getMaxPrice()));
      }
    }
    return dc;
  }

  @SuppressWarnings("unchecked")
  public List<Book> findBooks(PageBean pageBean, BookCondition condition) {
    //通过页面大小和当前页数，计算第 1 条记录的位置
    int firstResult = (pageBean.getPage() - 1) * pageBean.getSize();
    int maxResults = pageBean.getSize();
    Criteria criteria = createDetachedCriteria(condition).getExecutableCriteria(super.getSession());
    criteria.setFirstResult(firstResult);
    criteria.setMaxResults(maxResults);
    //默认按主键降序排列
    criteria.addOrder(Order.desc("id"));
    return criteria.list();
  }
```

```
    public long findCount(final BookCondition condition) {
        //调用外部类的方法得到 DetachedCriteria 对象
        Criteria criteria = createDetachedCriteria(condition).getExecutableCriteria(super.getSession());
        criteria.setProjection(Projections.count("id"));
        return (Long) criteria.uniqueResult();
    }
}
```

private DetachedCriteria createDetachedCriteria(BookCondition condition) 方法的作用如下：当根据条件查询分页数据的时候，既要查询符合条件的数据，也要查询符合条件的记录有多少条。笔者写了两个方法：findBooks()和 findCount()。这两个方法的条件是相同的，但查询结果不同，一个是返回结果集合 List，另一个是返回整数类型。为了使这两个方法的条件部分共用，这里用 createDetachedCriteria()创建它们共同使用的查询条件。再通过 getExecutableCriteria (session)与会话绑定，得到 Criteria 对象，来生成不同的 SQL 查询语句。

可能有人会想，为什么这么麻烦？findBooks()本来返回的是 List 对象，如果想知道符合条件的记录直接返回 list.size()即可，但这里有两个问题。

（1）findBooks()方法返回的是符合条件的一页数据，而 findCount()返回的是符合条件的所有数据的条数。

（2）findCount()只需从服务器返回一个数值即可，而 list.size()返回的是结果集。读者如果只是为了得到 size()数值，这个做法是不划算的，对网络和服务器都有更高的成本，传输效率也会受影响。

以上就是 DAO 代码，如果需要编写其他 DAO 模块，读者只需要编写 XxxDao 接口继承于 BaseDao<Xxx>接口，DAO 实现类继承 BaseDaoImpl<Xxx>即可。

13.5.2 业务层

完成 DAO 类的代码之后，可以编写 DAO 的上一层——业务逻辑层。在编写业务层之前，建议先建立一个接口，把所有业务中有可能用到的常量定义在其中，这也是很多项目开发必须要做的一件事。本章所介绍的项目的业务很简单，其中只定义了一个常量。

```
package org.newboy.util;
/** 定义一组常量的接口 */
public interface Constant {
    /**默认显示 5 条记录 */
    int PAGE_SIZE = 5;
}
```

接口中的常量注释建议写成文档注释，这样在其他地方开发的时候就可以直接通过代码提示看到其具体的作用，这是比较好的编码习惯。

因为项目开发的目的是完成工作中的各项业务，所以业务逻辑的代码往往是最多也是最复杂的。但因为这个项目的业务简单，所以这里的业务代码比较少，而且直接调用 DAO 的代码。

先来完成业务层的接口，所有的业务接口方法上都应该加上文档注释，这是一个良好的编码习惯。

```
package org.newboy.service;
```

```
/** 书籍的业务逻辑接口 */
public interface BookService {
	/**  添加书籍 */
	public int addBook(Book book);
	/** 通过 ID 删除书籍 */
	public int deleteBook(Integer id);
	/** 通过 ID 查询 1 本书的信息 */
	public Book findBook(int id);
	/** 更新书籍 */
	public int updateBook(Book book);
	/** 通过查询条件得到一共有多少条记录 */
	public long findCount(BookCondition condition);
	/** 查询一页的数据
	 * @param pageBean  分页 Java Bean
	 * @param condition  查询条件 */
	public List<Book> findPageBooks(PageBean pageBean, BookCondition condition);
}
```

业务接口完成以后，要编写业务层的实现类 BookServiceImpl。

```
package org.newboy.service.impl;
/**书籍业务类的实现 */
@Service("bookService")
public class BookServiceImpl implements BookService {
	// 无须 set 方法自动注入
	@Autowired
	private BookDao bookDao;
	public int addBook(Book book) {
		try {
			bookDao.save(book);
			return 1;
		} catch (Exception e) {
			e.printStackTrace();
			return 0;
		}
	}
	public int deleteBook(Integer id) {
		try {
			bookDao.delete(Book.class, id);
			return 1;
		} catch (Exception e) {
			e.printStackTrace();
			return 0;
		}
	}
	public Book findBook(int id) {
		return bookDao.get(Book.class, id);
	}
	public int updateBook(Book book) {
```

```
            try {
                    bookDao.update(book);
                    return 1;
            } catch (Exception e) {
                    e.printStackTrace();
                    return 0;
            }
        }
        public long findCount(BookCondition condition) {
            return bookDao.findCount(condition);
        }
        public List<Book> findPageBooks(PageBean pageBean, BookCondition condition) {
            return bookDao.findBooks(pageBean, condition);
        }
    }
```

业务实现类的代码写完以后，即可对 Spring 进行配置，为了模拟团队开发中的多人配置，笔者特意把 Spring 的配置文件分成了两个，为什么需要拆分配置文件？

（1）项目规模变大，配制文件可读性、可维护性差。

（2）团队开发时，若多人修改同一配置文件，则易发生冲突。

在开发过程中，对配置文件的拆分有以下两种方式。

（1）公用配置+每个系统模块的一个单独配置文件（包含 DAO、Service、Action）。

（2）公用配置+DAO Bean 配置+业务逻辑 Bean 配置+Action Bean 配置。

这两种策略各有特色，适用于不同场合，因为笔者的 Spring 配置采用了注解方式，DAO、Service、Action 等几类配置已经消失了，所以只是简单地将配置文件拆分成了两个文件。下面演示如何拆分文件。

第 1 个 Spring 的配置文件是 book-core.xml，其内容如下。

```
<?xml version="1.0" encoding="UTF-8"?>
<beans xmlns="http://www.springframework.org/schema/beans"
  xmlns:xsi="http://www.w3.org/2001/XMLSchema-instance"
  xmlns:aop="http://www.springframework.org/schema/aop"
  xmlns:tx="http://www.springframework.org/schema/tx"
  xmlns:context="http://www.springframework.org/schema/context"
  xsi:schemaLocation="
          http://www.springframework.org/schema/beans
          http://www.springframework.org/schema/beans/spring-beans-3.0.xsd
          http://www.springframework.org/schema/aop
          http://www.springframework.org/schema/aop/spring-aop-3.0.xsd
          http://www.springframework.org/schema/tx
          http://www.springframework.org/schema/tx/spring-tx-3.0.xsd
          http://www.springframework.org/schema/context
          http://www.springframework.org/schema/context/spring-context-3.0.xsd">
  <!-- 对包中的所有类进行扫描，以实现 Bean 创建和自动依赖注入的功能 -->
  <context:component-scan base-package="org.newboy" />
  <!-- 支持注解 -->
  <context:annotation-config />
```

```
    <!-- 将与数据库有关的配置放在其他文件中 -->
    <bean id="config"
      class="org.springframework.beans.factory.config.PropertyPlaceholderConfigurer">
      <property name="locations">
        <list>
          <value>classpath:jdbc.properties</value>
        </list>
      </property>
    </bean>
    <!-- 创建数据源，从 jdbc.properties 中读取参数 -->
    <bean id="dataSource" class="org.apache.commons.dbcp.BasicDataSource"
      destroy-method="close">
      <property name="driverClassName" value="${jdbc.driver}" />
      <property name="url" value="${jdbc.url}" />
      <property name="username" value="${jdbc.username}" />
      <property name="password" value="${jdbc.password}" />
    </bean>

    <!-- 会话工厂 -->
    <bean id="sessionFactory"
      class="org.springframework.orm.hibernate4.LocalSessionFactoryBean">
      <property name="dataSource">
        <ref bean="dataSource" />
      </property>
      <property name="hibernateProperties">
        <props>
          <prop key="hibernate.dialect">
            org.hibernate.dialect.Oracle10gDialect
          </prop>
          <prop key="hibernate.show_sql">true</prop>
          <prop key="hibernate.format_sql">true</prop>
        </props>
      </property>
      <property name="mappingResources">
        <list>
          <value>org/newboy/entity/Book.hbm.xml</value>
        </list>
      </property>
    </bean>
  </beans>
```

这个配置文件只是创建了数据源和会话工厂，注意 PropertyPlaceholderConfigurer 的作用，在创建数据源的时候，所需要的数据库参数全部放在了另一个属性文件 jdbc.properties 中，这样做主要是为了方便管理和维护数据库的配置信息。

PropertyPlaceholderConfigurer 就是加载类所在目录的 jdbc.properties 文件，并在 dataSource 中引用，使用${jdbc.driver}取出 jdbc.properties 中相应的值，jdbc.driver 是属性文件的键。jdbc.properties 的内容如下。

```
jdbc.driver=oracle.jdbc.driver.OracleDriver
jdbc.url=jdbc:oracle:thin:@localhost:1521:orcl
jdbc.username=booker
jdbc.password=helloworld
```

第 2 个配置文件是 book-common.xml，主要用于配置声明式事务。在 Hibernate 4 中，声明式事务所有的操作方法都要设置成使用事务，无论是查询还是修改。因为在 BaseDaoImpl 类中，得到会话的方法使用的是 getCurrentSession()。book-common.xml 的内容如下。

```
<?xml version="1.0" encoding="UTF-8"?>
<beans xmlns="http://www.springframework.org/schema/beans"
  xmlns:xsi="http://www.w3.org/2001/XMLSchema-instance"
  xmlns:aop="http://www.springframework.org/schema/aop"
  xmlns:tx="http://www.springframework.org/schema/tx"
  xmlns:context="http://www.springframework.org/schema/context"
  xsi:schemaLocation="
            http://www.springframework.org/schema/beans
            http://www.springframework.org/schema/beans/spring-beans-3.0.xsd
            http://www.springframework.org/schema/aop
            http://www.springframework.org/schema/aop/spring-aop-3.0.xsd
            http://www.springframework.org/schema/tx
            http://www.springframework.org/schema/tx/spring-tx-3.0.xsd
            http://www.springframework.org/schema/context
            http://www.springframework.org/schema/context/spring-context-3.0.xsd">
    <!-- 事务管理器 -->
  <bean id="txManager"
    class="org.springframework.orm.hibernate4.HibernateTransactionManager">
    <!-- 注入会话工厂 -->
    <property name="sessionFactory" ref="sessionFactory" />
  </bean>
  <!-- 指定事务管理器 -->
  <tx:advice id="txAdvice" transaction-manager="txManager">
    <!-- 指定事务的规则 -->
    <tx:attributes>
      <!-- 以 add 开头的方法，使用事务 -->
      <tx:method name="add*" propagation="REQUIRED" />
      <tx:method name="insert*" propagation="REQUIRED" />
      <tx:method name="del*" propagation="REQUIRED" />
      <tx:method name="update*" propagation="REQUIRED" />
      <!-- 查询方法，只读，Hibernate 4 必须配置为开启事务 -->
      <tx:method name="get*" propagation="REQUIRED" read-only="true" />
      <tx:method name="find*" propagation="REQUIRED" read-only="true" />
      <tx:method name="search*" propagation="REQUIRED" read-only="true" />
      <tx:method name="query*" propagation="REQUIRED" read-only="true" />
      <tx:method name="*" read-only="true" />
    </tx:attributes>
  </tx:advice>
  <!-- 定义使用事务的业务接口 -->
```

```
    <aop:config>
        <aop:pointcut id="serviceMethod" expression="execution(* org.newboy.service..*.*(..))" />
        <!-- 将事务通知与应用规则的方法组合起来 -->
        <aop:advisor advice-ref="txAdvice" pointcut-ref="serviceMethod" />
    </aop:config>
</beans>
```

在 Spring 的配置中，采用的是声明式事务，也可以使用注解式事务，注解式事务可以进一步减少 Spring 中配置文件的代码量。

13.5.3　使用 JUnit 进行测试

当业务代码编写完成以后，即可建立测试代码进行测试，以检查业务层的功能是否正常。项目开发过程中，问题越早发现，解决成本越低。这里采用 JUnit 4.0 进行业务代码的单元测试。JUnit 的包需要额外增加进来，一般的开发工具（如 MyEclipse）都会自带 JUnit。

相比 Junit 3.0，JUnit 4.0 最大的区别就是以支持注解的方式进行测试代码的编写。先了解一下 JUnit 4.0 的基本使用，主要是几个注解的使用方法。

（1）@Before：用在方法上面，表示这个方法会在每一个测试方法之前运行，会运行多次，一般用于测试方法的一些初始化操作。

（2）@After：用在方法上面，表示这个方法会在每一个测试方法之前运行，会运行多次，一般用于测试方法资源的释放。

（3）@Test：用在方法上面，表示这个方法就是测试方法，在此可以测试期望异常和超时时间。

（4）@Ignore：用在方法上面，表示这个方法是忽略的测试方法。

（5）@BeforeClass：只能用在静态方法上面，表示针对整个类中的所有测试方法只执行一次，在@Before 方法之前运行，一般用于类的一些初始化的操作。

（6）@AfterClass：只能用在静态方法上面，表示针对整个类中的所有测试方法只执行一次，在@After 方法之后运行，一般用于类的一些资源释放的操作。

一个 JUnit 4.0 的单元测试用例执行顺序如下：@BeforeClass→@Before→@Test→@After→@AfterClass。

每一个测试方法的调用顺序如下：@Before→@Test→@After。

下面来看此项目的 JUnit 测试代码 TestBookService.java。

程序清单：TestBookService.java

```
package org.newboy.test;
public class TestBookService {
    //全局的静态变量
    private static ApplicationContext context;
    //书籍的业务类
    private BookService bookService;
    @BeforeClass
    public static void begin() {
        //加载多个配置文件
        context = new ClassPathXmlApplicationContext(
            new String[] {"book-core.xml","book-common.xml"});
```

```
    }
    @AfterClass
    public static void end() {
        context = null;
    }
    @Before
    public void before() {
        //通过类名得到接口对象，是 Spring 新增的方式
        bookService = context.getBean(BookService.class);
    }
    @Test
    public void testFindBook() {
        //这里只测试了一个方法，关于其他方法，读者可以自己编写代码进行测试
        Book book = bookService.findBook(104);
        //这种写法需要重写 toString 方法
        System.out.println(book);
    }
    @After
    public void after() {
        bookService = null;
    }
}
```

输出结果：

```
书籍[id=104， isbn=97871-1129-1954, title=Android 应用开发揭秘， price=69.0, pubdate=2011-05-25
00:00:00.0, intro=如果你也在思考下面这些问题，也许本书就是你想要的]
```

这里只测试了一个方法，即按指定 ID 查询一本书籍的信息，如果读者看到的结果没有显示具体的内容，则请重写各个实体类的 toString()方法。但很多初学者一般不会这么顺利地看到结果，多少都会报一些错误。如果是按本书的代码去写，则 95%以上的初学者都错在代码输入上，请仔细对照代码。如果还有错，可能是包冲突或少了包。最好对每个业务方法都进行一次测试，如果业务方法运行正常，则继续实现下面的功能。

13.5.4 使用 AOP 实现日志

日志是服务器端系统程序不可或缺的一项功能，本项目中加入了日志记录功能。在技术上采用了 Spring 的 AOP 方式实现，实现方法如下。这里先编写一个日志记录类 LoggerAdvice.java。

```
package org.newboy.advice;
@Aspect
@Component("loggerAdvice")
public class LoggerAdvice {
      // log4j 日志类
      Logger logger = Logger.getLogger(LoggerAdvice.class);
      //通过日志记录每个方法调用的时间、参数和返回值
      @AfterReturning(pointcut = "execution(* org.newboy.service..*.*(..))", returning = "ret")
      public void afterReturning(JoinPoint join, Object ret) {
```

```
            String method = join.getSignature().getName();
            Object[] args = join.getArgs();
            logger.info("调用方法:" + method + ",方法参数:" + Arrays.toString(args) + ",返回值:" + ret);
        }
    }
```

这段日志记录代码的功能是，在每个业务方法调用之后输出调用的业务方法的名称、方法的参数和返回值。另外，在 Spring 的配置文件 book-core.xml 中要加上以下语句：

```
<!-- AOP 的注解 -->
<aop:aspectj-autoproxy />
```

再次运行 TestBookService.java，输出的结果如下所示。

```
    2014-11-10 11:13:22 调用方法:findBook,方法参数:[104],返回值:书籍 [id=104, isbn=97871-1129-1954, title=Android 应用开发揭秘, price=69.0, pubdate=2011-05-25 00:00:00.0, intro=如果你也在思考下面这些问题，也许本书就是你想要的]
    书籍 [id=104, isbn=97871-1129-1954, title=Android 应用开发揭秘, price=69.0, pubdate=2011-05-25 00:00:00.0, intro=如果你也在思考下面这些问题，也许本书就是你想要的]
```

其中，前一段是日志输出的信息，后一段是 findBook()方法输出的结果。

13.5.5　控制层

如果所有的业务代码都没有太多问题，则继续编写，开始进入 Web 相关的代码。加入 Struts 2 框架，先在 web.xml 文件中进行一些配置。web.xml 文件中主要包括以下几项内容。

（1）有关 Spring 框架监听的配置，指定 Spring 配置文件的路径。

（2）有关 Struts 2 过滤器的配置，整合 Struts 2。

（3）指定 OpenSessionInViewFilter 的过滤器，解决 Hibernate 延迟加载的问题。

（4）指定 RequestContextListener 监听器，在 Spring 中指定 Action 的作用域为 Session 时，需进行此配置。

web.xml 的代码如下。

```
<?xml version="1.0" encoding="UTF-8"?>
<web-app xmlns:xsi="http://www.w3.org/2001/XMLSchema-instance"
  xmlns="http://java.sun.com/xml/ns/javaee"
  xsi:schemaLocation="http://java.sun.com/xml/ns/javaee http://java.sun.com/xml/ns/javaee/web-app_2_5.xsd"
  id="WebApp_ID" version="2.5">
  <display-name>书籍管理模块</display-name>
  <listener>
    <description>加载 Spring 的配置</description>
    <listener-class>org.springframework.web.context.ContextLoaderListener</listener-class>
  </listener>
<!-- 加载多个配置文件 -->
  <context-param>
    <param-name>contextConfigLocation</param-name>
    <param-value>
      classpath:book-core.xml,classpath:book-common.xml
    </param-value>
```

```
    </context-param>
    <!--当在 Spring 中指定 Action 的作用域为 Session 时，需进行此配置 -->
    <listener>
        <listener-class>
            org.springframework.web.context.request.RequestContextListener
        </listener-class>
    </listener>
    <!-- 解决 Hibernate 延迟加载的问题，注意，此项要放在 Struts 2 过滤器的前面 -->
    <filter>
      <filter-name>hibernateFilter</filter-name>
      <filter-class>
        org.springframework.orm.hibernate4.support.OpenSessionInViewFilter
      </filter-class>
      <init-param>
        <param-name>singleSession</param-name>
        <param-value>true</param-value>
      </init-param>
    </filter>
    <filter-mapping>
      <filter-name>hibernateFilter</filter-name>
      <url-pattern>/*</url-pattern>
    </filter-mapping>
    <!-- Struts 2 的配置 -->
    <filter>
      <filter-name>Struts 2</filter-name>
      <filter-class>
        org.apache.Struts 2.dispatcher.ng.filter.StrutsPrepareAndExecuteFilter</filter-class>
    </filter>
    <filter-mapping>
      <filter-name>Struts 2</filter-name>
      <url-pattern>/*</url-pattern>
    </filter-mapping>
    <!-- 指定 1 个通用的错误页面来进行相关错误的处理 -->
    <error-page>
        <error-code>404</error-code>
        <location>/error.JSP?code=404</location>
      </error-page>
      <error-page>
        <error-code>500</error-code>
        <location>/error.JSP?code=500</location>
      </error-page>
    <welcome-file-list>
      <welcome-file>index.JSP</welcome-file>
    </welcome-file-list>
</web-app>
```

加入了 Struts 框架以后，开始编写控制层——Action。可以先编写一个 BaseAction，把所有的 Action 中可能用到的公共部分代码都写在其中，以方便其他 Action 继承。

```
package org.newboy.action;
/** 建立一个通用的 BaseAction，项目中所有的业务类都在此注入
 * 其他 Action 继承于它，可以省去注入的麻烦
 * 也可以编写其他 Action 中用到的公共代码 */
@Controller("baseAction")
public class BaseAction extends ActionSupport {
	//采用 Spring 注解自动注入，无须 set 方法即可自动注入
	@Autowired
	protected BookService bookService;
}
```

接下来编写 BookAction，这也是此项目的重点代码，请注意其中的代码注释。

```
package org.newboy.action;
@Controller("bookAction")
/* 使用 Spring 进行托管，使用 Session 的作用域，在同一个会话中使用同一个 Action 实例
 * 主要是为了使分页数据 PageBean 和查询条件数据 BookCondition 保持上一次的状态 */
@Scope("session")
public class BookAction extends BaseAction {
  private Book book; //一本书
  private List<Book> books; //书籍列表
  private PageBean pageBean; //分页的 Bean
  private BookCondition bookCondition; //封装查询条件的 Bean
  private Map<String, Object> data = new HashMap<String, Object>();
  //用于封装 books 和 pageBean，并返回给客户端
  public BookCondition getBookCondition() {
    return bookCondition;
  }
  public void setBookCondition(BookCondition bookCondition) {
    this.bookCondition = bookCondition;
  }
  public Map<String, Object> getData() {
    return data;
  }
  public PageBean getPageBean() {
    return pageBean;
  }
  public void setPageBean(PageBean pageBean) {
    this.pageBean = pageBean;
  }
  private boolean success; //操作是否成功
  public boolean isSuccess() {
    return success;
  }
  public List<Book> getBooks() {
    return books;
  }
  public Book getBook() {
```

```
        return book;
    }
    public void setBook(Book book) {
        this.book = book;
    }
    /** 查询一页的数据 */
    public String list() {
        //一开始运行时可能为空
        if (pageBean == null) {
            pageBean = new PageBean();
        }
        //如果页面的大小为 0，则设置为默认大小，大小定义成常量
        if (pageBean.getSize() == 0) {
            pageBean.setSize(Constant.PAGE_SIZE);
        }
        //查询数据库得到总记录数
        pageBean.setCount(bookService.findCount(bookCondition));
        /*计算一共有多少页，如果总记录数能整除页面大小，则总页面等于总记录除以页面大小；若不能
整除，则总页数为其商数加 1*/
        long total =    ((pageBean.getCount() % pageBean.getSize() == 0) ? pageBean.getCount()
                / pageBean.getSize() : pageBean.getCount() / pageBean.getSize() + 1);
        pageBean.setTotal(total);
        //设置当前页面，不能小于第 1 页和大于最后 1 页
        if (pageBean.getPage() < 1) {
            pageBean.setPage(1);
        } else if (pageBean.getPage() > total) {
            pageBean.setPage((int) total);
        }
        //查询当前页的数据
        books = bookService.findPageBooks(pageBean, bookCondition);
        //把查询的数据和页对象作为一个 Map 对象返回给客户端
        data.clear();
        data.put("books", books);
        data.put("pageBean", pageBean);
        return SUCCESS;
    }
    /** 添加书籍信息 */
    public String addBook() {
        //添加
        success = (bookService.addBook(book) > 0);
        return SUCCESS;
    }
    /** 更新书籍信息 */
    public String updateBook() {
        success = (bookService.updateBook(book) > 0);
        return SUCCESS;
    }
    /** 删除书籍信息 */
```

```
    public String deleteBook() {
        success = (bookService.deleteBook(book.getId()) > 0);
        return SUCCESS;
    }
    /** 查询一本书的信息 */
    public String findBook() {
        book = bookService.findBook(book.getId());
        return SUCCESS;
    }
}
```

在 Action 中，定义了一个 boolean success 变量，用于判断操作是否成功。浏览器端通过这个变量来检查书籍的操作是否成功。

在 Spring 中将 Action 的 Scope 设置为 session，表示同一个用户在同一个会话中使用相同的 Action 对象。一般的 Action 可以设置为 request，即每次请求时实例化一个新的 Action 对象。而 Spring 默认的是 singleton 方式，即所有的情况下，都只实例化一个 Action 对象，这对 Action 操作来说有时会出现问题。所以，一般在 Action 由 Spring 托管的情况下，不建议使用默认值，尤其是在与登录有关的 Action 中。

13.5.6　返回 JSON 对象

在 struts.xml 的配置文件中，全部使用 Struts 返回 JSON 对象，实现 Ajax 的操作。struts.xml 的配置文件如下（constant 常量部分并不是必需的，可以有选择地加入）。

```
<?xml version="1.0" encoding="UTF-8"?>
<!DOCTYPE struts PUBLIC
    "-//Apache Software Foundation//DTD Struts Configuration 2.3//EN"
    "http://struts.apache.org/dtds/struts-2.3.dtd">
<struts>
  <!-- 请求参数的编码方式 -->
  <constant name="struts.i18n.encoding" value="UTF-8" />
  <!-- 当 struts.xml 改动后，确认是否重新加载。默认值为 false（生产环境下使用），开发过程中最好打开 -->
  <constant name="struts.configuration.xml.reload" value="true" />
  <!-- 是否使用 Struts 的开发模式。默认值为 false（生产环境下使用），开发过程中最好打开 -->
  <constant name="struts.devMode" value="true" />
  <!-- 设置浏览器是否缓存静态内容。默认值为 true（生产环境下使用），开发过程中最好关闭 -->
  <constant name="struts.serve.static.browserCache" value="false" />
  <!-- 指定由 Spring 负责 Action 对象的创建，默认可以省略 -->
  <constant name="struts.objectFactory" value="spring" />
  <!-- 设置本地语言为简体中文 -->
  <constant name="struts.locale" value="zh_CN" />
  <!-- 指定不使用 Struts 2 定义的页面格式，使用原生的 HTML -->
  <constant name="struts.ui.theme" value="simple" />
  <package name="org.newboy.action.BookAction" extends="json-default" namespace="/">
    <!-- 显示书籍列表 -->
    <action name="list" class="bookAction" method="list">
      <result name="success" type="json">
```

```
            <!-- 返回的 JSON 对象中包含 books 和 pageBean 两个对象的值 -->
            <param name="root">data</param>
        </result>
    </action>
    <!-- 添加书籍信息 -->
    <action name="addBook" class="bookAction" method="addBook">
        <result type="json">
            <param name="root">success</param>
        </result>
    </action>
    <!-- 删除书籍信息 -->
    <action name="deleteBook" class="bookAction" method="deleteBook">
        <result type="json">
            <param name="root">success</param>
        </result>
    </action>
    <!-- 得到一本书的信息 -->
    <action name="findBook" class="bookAction" method="findBook">
        <result type="json">
            <param name="root">book</param>
        </result>
    </action>
    <!-- 更新操作 -->
    <action name="updateBook" class="bookAction" method="updateBook">
        <result type="json">
            <param name="root">success</param>
        </result>
    </action>
  </package>
</struts>
```

有关 Struts 2 返回的 JSON 对象，有以下几点内容需要注意。

（1）将 struts.xml 中的<package name="default" extends="struts-default"> 改为 <package name="default" extends="json-default">，Struts 配置包不再继承于原来的 struts-default，而是继承于 json-default，这样才能处理 JSON 数据。只要继承 json-default，JSON 拦截器是默认配置的，拦截器可以不用任何配置。

（2）将 result 的 type 设置成 JSON，容器会把 Action 的属性自动封装到一个 JSON 对象中并返回 JSON 数据。但前台返回的 JSON 字符串，是把 Action 中所有的 get 方法的属性值全部转化为 JSON 字符串并返回给浏览器，但有时候需要根据实际情况返回部分属性的结果。如何对 JSON 的结果进行定制输出呢？result 提供了一些参数来解决这个问题。

① root 参数：只返回 Action 中指定的某一个属性的值。

例如，只输出 data 属性的值：

```
<result name="success" type="json">
    <param name="root">data</param>
</result>
```

② includeProperties 参数：输出结果中需要包含的属性值，这里使用正则表达式和属性名匹配。例如，在 Action 中有 List<User> users 属性和 int count 属性，并且都已经有了 get 方法。如果想返回的 JSON 数组中只包含 user.name 属性，则可以写为

```
<result type="json">
    <param name="includeProperties">users\[\d+\]\.name</param>
</result>
```

如果想返回 List<User> users 属性和 count 属性，其他属性不返回，则可以写为

```
<result type="json">
    <param name="includeProperties">users\[\d+\],count</param>
</result>
```

③ excludeProperties 参数：输出结果需要剔除的属性值，也支持正则表达式匹配属性名，可以用“,”分割填充多个正则表达式，类似于 includeProperties。

④ excludeNullProperties 参数：表示是否去掉空值，默认值是 false，如果设置为 true，则会自动将为空的值过滤出去，只输出不为空的值。

```
<result type="json">
    <param name="excludeNullProperties">true</param>
</result>
```

⑤ ignoreHierarchy 参数：表示是否忽略等级，也就是继承关系，如 BookAction 继承于 BaseAction，那么 BookAction 中返回的 JSON 字符串默认是不会包含父类 BaseAction 的属性值的。ignoreHierarchy 值默认为 true，设置为 false 后会将父类和子类的属性一起返回。

```
<result type="json">
    <param name="ignoreHierarchy">false</param>
</result>
```

13.5.7 表示层

表示层是用来呈现给用户的，所以界面美观和友好很重要，这个模块的所有功能都设计在了一个页面上。index.jsp 在表示层上大量地使用了 jQuery，后面会对 jQuery 做简单介绍。

先看 JSP 页面，其基本上是一些静态 HTML 的内容，也用到了 Struts 2 的 s 标签。

```
<%@ page language="java" pageEncoding="UTF-8"%>
<%@ taglib prefix="s" uri="/struts-tags"%>
<!DOCTYPE html PUBLIC "-//W3C//DTD XHTML 1.0 Transitional//EN"
"http://www.w3.org/TR/xhtml1/DTD/xhtml1-transitional.dtd">
<html xmlns="http://www.w3.org/1999/xhtml">
<head>
<meta http-equiv="Content-Type" content="text/html; charset=utf-8" />
<link rel="stylesheet" href="style/book.css" type="text/css" />
<script src="script/jquery-1.8.0.min.js" type="text/javascript"></script>
<script type="text/javascript" src="script/book.js"></script>
<title>书籍管理</title>
</head>
```

```
<body>
  <!-- 显示表格数据的主窗体 -->
  <div id="main">
    <table id="tabmain" width="730" cellpadding="0" cellspacing="0">
      <thead>
        <tr>
          <!-- 注意，行号不是主键号 -->
          <th>行号</th>
          <th>ISBN</th>
          <th>书名</th>
          <th>价格</th>
          <th>出版日期</th>
          <th width="130"><input type="button" value="添加" id="btnAdd" /> <input
            type="button" value="查询" id="btnQuery" /></th>
        </tr>
      </thead>
      <!-- 表格主体部分为空，后台通过 Ajax 加载 -->
      <tbody id="bookbody">
      </tbody>
      <tfoot id="bookfoot">
        <!-- 用于显示分页和其他信息 -->
        <tr>
          <td colspan="6" align="center">
          <a href="javascript:void(0)" id="firstPage">首页</a>
          <a href="javascript:void(0)" id="previousPage">上页</a>
          <a href="javascript:void(0)" id="nextPage">下页</a>
          <a href="javascript:void(0)" id="lastPage">末页</a>
            共<span id="spanCount"></span>条<span id="spanPage"></span>页
          <!-- 转到第几页的选择列表 -->
          第<select id="selPage"></select>页  每页<s:select list="{5,10,15}" id="selSize"/>条
          </td>
        </tr>
      </tfoot>
    </table>
  </div>
    <!-- 编辑数据的 DIV，默认看不到 -->
    <div id="divEdit">
      <form id="frmEdit">
        <!-- 隐藏表单域，用于保存当前书籍的 ID -->
        <input type="hidden" id="id" name="book.id" />
        <table id="tabEdit">
          <tr>
            <td width="100">ISBN</td>
            <td class="txtEdit"><input type="text" size="20" id="isbn"
              name="book.isbn" /></td>
          </tr>
          <tr>
            <td>书名</td>
```

```
            <td class="txtEdit"><input type="text" size="45" id="title"
              name="book.title" /></td>
          </tr>
          <tr>
            <td>价格￥</td>
            <td class="txtEdit"><input type="text" size="10" id="price"
              name="book.price" /></td>
          </tr>
          <tr>
            <td>出版日期</td>
            <td class="txtEdit"><input type="text" size="20" id="pubdate"
              name="book.pubdate" /> <label id="dateinfo">格式：(YYYY-MM-DD)</label></td>
          </tr>
          <tr>
            <td>简介</td>
            <td class="txtEdit"><textarea cols="42" rows="3" id="intro"
                name="book.intro"></textarea></td>
          </tr>
          <tr>
            <td colspan="2"><input type="button" id="btnEdit" value="确认" /> <input
              type="button" value="关闭" id="btnCancel" /></td>
          </tr>
        </table>
      </form>
    </div>
    <!-- 查询数据的DIV，默认看不到 -->
    <div id="divQuery">
      <form id="frmQuery">
        <table>
          <tr>
            <td width="80">书名</td>
            <td class="txtEdit"><input type="text" size="45" id="queryTitle"
              name="bookCondition.title" /></td>
          </tr>
          <tr>
            <td>价格</td>
            <td class="txtEdit"><input type="text" size="10"
              name="bookCondition.minPrice" />到<input type="text" size="10"
              name="bookCondition.maxPrice" /></td>
          </tr>
          <tr>
            <td colspan="2">
            <input type="button" value="查询" id="btnSearch" title="按输入的条件查询"/>
            <input type="button" value="清除" id="btnClearAll" title="清除查询条件"/>
            <input type="button" value="关闭" id="btnQueryClose" title="关闭查询窗体"/>
            </td>
          </tr>
        </table>
```

```
        </form>
    </div>
</body>
</html>
```

整个页面分为两部分：上面是一个表格；下面是两个隐藏的 DIV，一个用于显示增加/修改的窗体，另一个用于显示查询的窗体。

index.jsp 所对应的 book.css 文件内容如下。

```
div#main {
        margin: 0px auto;
        width: 760px;
}
a {
        text-decoration: none;
        color: blue;
}
a:hover {
        color: red;
}
table {
        border-collapse: collapse;
        font: 12px/15px Arial;
        text-align: center;
        width: 100%;
}
/* 编辑、添加、查询层 */
#divEdit,#divQuery {
        display: none;
        width: 380px;
        height: auto;
        z-index : 99;
        padding:0px;
        background-color: #ccffff;
.tr_odd {
        background: #eee;
}
/* 只有放在 tr_odd 的后面，背景才有效果 */
.mouseover {
        cursor: pointer;
        color: blue;
        background: #FFFF99;
}
div #tabEdit {
        width: 380px;
        margin-left: 0px;
}
tr {
```

```
        height: 35px;
    }

    th {
        background-color: #FFFFCC;
    }
    td,th {
        border: 1px solid #ccc;
        padding: 2px;
    }
    .txtEdit {
        text-align: left;
        padding: 5px;
    }
    input {
        font-size: 12px;
    }
    input[type="button"] {
        width: 55px;
        height: 23px;
    }
    input[type="text"] {
        height: 18px;
    }
    .input_form {
        font-size: 12px;
        font-family: Arial;
        border: 1px solid #555;
    }
    .input_over {
        border-color: red;
    }
    border: solid white 4px;
        /* 居中 */
        margin-left: auto;
        margin-right: auto;
    }
```

CSS 样式的知识点不在本书的范围内，有兴趣的读者可以自行查阅相关资料进行了解。

13.6 jQuery

在本项目中，使用了 jQuery 来编写 JavaScript，并应用了当今最流行的 jQuery 框架。jQuery 是一个优秀的、轻量级的 JavaScript 库，兼容 CSS3，兼容各种浏览器。但是，jQuery 2.0 后的版本不再支持 IE6/7/8 浏览器。jQuery 使用户能更方便地处理 HTML、各种事件，以及实现动画效果，并方便地为网站提供 Ajax 交互。其模块化的使用方式使开发者可以很轻松地开发出功能强大的静态或动态网页。

13.6.1 使用前准备

使用 jQuery 前先在页面中加入代码<script src="script/jquery-1.8.0.js" type="text/javascript"></script>，以导入 jQuery 框架。

也可以使用语句导入框架：

```
<script src="script/jquery-1.8.0.min.js" type="text/javascript"></script>
```

这是迷你版的，相比上面的代码不同的是，迷你版将所有多余的空格和 Tab 删除了，所有的代码放在了同一行，且所有的变量名换成了一个字母，在不影响正常使用的情况下缩小了 JS 文件的尺寸，适合开发完成后应用在环境中。

13.6.2 开始使用

JS 中有 3 种方法为 jQuery 设置启动的起点。

```
$("document").ready(function(){
    代码部分;
});
```

也可以缩写为

```
$().ready(function(){
    代码部分;
});
```

或者进一步缩写为

```
$(function(){
    代码部分;
});
```

13.6.3 选择器

jQuery 的选择器是它功能强大的原因之一，可以通过各种方式选择页面中的元素进行操作，如表 13-1 所示。

表 13-1 jQuery 选择器

选 择 器	实 例	选 取
*	$(“*”)	所有元素
#id	$(“#lastname”)	id="lastname" 的元素
.class	$(“.intro”)	所有 class="intro" 的元素
element	$(“p”)	所有 <p> 元素
.class.class	$(“.intro.demo”)	所有 class="intro" 且 class="demo" 的元素
:first	$(“p:first”)	第一个 <p> 元素

续表

选 择 器	实 例	选 取
:last	$(“p:last”)	最后一个 <p> 元素
:even	$(“tr:even”)	所有偶数 <tr> 元素
:odd	$(“tr:odd”)	所有奇数 <tr> 元素
:eq(index)	$(“ul li:eq(3)”)	列表中的第4个元素（index 从 0 开始）
:gt(no)	$(“ul li:gt(3)”)	列出 index 大于 3 的元素
:lt(no)	$(“ul li:lt(3)”)	列出 index 小于 3 的元素
:not(selector)	$(“input:not(:empty)”)	所有不为空的 input 元素
:header	$(“:header”)	所有标题元素 <h1>~<h6>
:animated		所有动画元素
:contains(text)	$(":contains('W3School')")	包含指定字符串的所有元素
:empty	$(":empty")	无子（元素）节点的所有元素
:hidden	$("p:hidden")	所有隐藏的 <p> 元素
:visible	$("table:visible")	所有可见的表格
s1,s2,s3	$("th,td,.intro")	所有带有匹配选择的元素
[attribute]	$("[href]")	所有带有 href 属性的元素
[attribute=value]	$("[href='#']")	所有 href 属性的值等于 "#" 的元素
[attribute!=value]	$("[href!='#']")	所有 href 属性的值不等于 "#" 的元素
[attribute$=value]	$("[href$='.jpg']")	所有 href 属性的值包含 ".jpg" 的元素
:input	$(":input")	所有 <input> 元素
:text	$(":text")	所有 type="text" 的 <input> 元素
:password	$(":password")	所有 type="password" 的 <input> 元素
:radio	$(":radio")	所有 type="radio" 的 <input> 元素
:checkbox	$(":checkbox")	所有 type="checkbox" 的 <input> 元素
:submit	$(":submit")	所有 type="submit" 的 <input> 元素
:reset	$(":reset")	所有 type="reset" 的 <input> 元素
:button	$(":button")	所有 type="button" 的 <input> 元素
:image	$(":image")	所有 type="image" 的 <input> 元素
:file	$(":file")	所有 type="file" 的 <input> 元素
:enabled	$(":enabled")	所有激活的 input 元素
:disabled	$(":disabled")	所有禁用的 input 元素
:selected	$(":selected")	所有被选取的 input 元素
:checked	$(":checked")	所有被选中的 input 元素

13.6.4 事件方法

jQuery 有一套自己的完整方法和事件，用来代替 JavaScript 原生的方法和事件，功能更加强大。表 13-2 列举了 jQuery 的大部分方法，有些将在后面的项目中使用到。

表 13-2 jQuery 事件方法

方 法	描 述
bind()	向匹配元素附加一个或更多事件处理器
blur()	触发或将函数绑定到指定元素的 blur 事件
change()	触发或将函数绑定到指定元素的 change 事件
click()	触发或将函数绑定到指定元素的 click 事件
dblclick()	触发或将函数绑定到指定元素的 double click 事件
delegate()	向匹配元素的当前或未来的子元素附加一个或多个事件处理器
die()	移除所有通过 live() 函数添加的事件处理程序
error()	触发或将函数绑定到指定元素的 error 事件
event.isDefaultPrevented()	返回 event 对象上是否调用了 event.preventDefault()
event.pageX	相对于文档左边缘的光标位置
event.pageY	相对于文档上边缘的光标位置
event.preventDefault()	阻止事件的默认动作
event.result	相对于文档上边缘的鼠标位置
event.target	触发事件的 DOM 元素
event.timeStamp	该属性返回从 1970 年 1 月 1 日到事件发生时的毫秒数
event.type	描述事件的类型
event.which	指示按了哪个键或按钮
focus()	触发或将函数绑定到指定元素的 focus 事件
keydown()	触发或将函数绑定到指定元素的 key down 事件
keypress()	触发或将函数绑定到指定元素的 key press 事件
keyup()	触发或将函数绑定到指定元素的 key up 事件
live()	触发或将函数绑定到指定元素的 live 事件
load()	触发或将函数绑定到指定元素的 load 事件
mousedown()	触发或将函数绑定到指定元素的 mouse down 事件
mouseenter()	触发或将函数绑定到指定元素的 mouse enter 事件
mouseleave()	触发或将函数绑定到指定元素的 mouse leave 事件
mousemove()	触发或将函数绑定到指定元素的 mouse move 事件
mouseout()	触发或将函数绑定到指定元素的 mouse out 事件
mouseover()	触发或将函数绑定到指定元素的 mouse over 事件
mouseup()	触发或将函数绑定到指定元素的 mouse up 事件
ready()	文档就绪事件（当 HTML 文档就绪可用时）
resize()	触发或将函数绑定到指定元素的 resize 事件
scroll()	触发或将函数绑定到指定元素的 scroll 事件
select()	触发或将函数绑定到指定元素的 select 事件
submit()	触发或将函数绑定到指定元素的 submit 事件
unload()	触发或将函数绑定到指定元素的 unload 事件

13.6.5 文档操作方法

在 Ajax 中，当服务器返回数据后，需要在页面上将这些数据给用户呈现出来，此时就需要动态生成一些页面元素，并对现有的文档进行操作，如向表格<table>元素中插入一行 tr 或 td 元素。表 13-3 所示的方法提供了很好的文档操作办法。

表 13-3　Ajax 文档操作方法

方　法	描　述
addClass()	向匹配的元素添加指定的类名
after()	在匹配的元素之后插入内容
append()	向匹配的元素内部追加内容
appendTo()	向匹配的元素内部追加内容
attr()	设置或返回匹配元素的属性和值
before()	在每个匹配的元素之前插入内容
clone()	创建匹配元素集合的副本
detach()	从 DOM 中移除匹配元素集合
empty()	删除匹配的元素集合中所有的子节点
hasClass()	检查匹配的元素是否拥有指定的类
html()	设置或返回匹配的元素集合中的 HTML 内容
insertAfter()	将匹配的元素插入到另一个指定的元素集合的后面
insertBefore()	将匹配的元素插入到另一个指定的元素集合的前面
prepend()	向每个匹配的元素内部前置内容
prependTo()	向每个匹配的元素内部前置内容
remove()	移除所有匹配的元素
removeAttr()	从所有匹配的元素中移除指定的属性
removeClass()	从所有匹配的元素中删除全部或者指定的类
replaceAll()	用匹配的元素替换所有匹配到的元素
replaceWith()	用新内容替换匹配的元素
text()	设置或返回匹配元素的内容
toggleClass()	从匹配的元素中添加或删除一个类
unwrap()	移除并替换指定元素的父元素
val()	设置或返回匹配元素的值
wrap()	把匹配的元素用指定的内容或元素包裹起来
wrapAll()	把所有匹配的元素用指定的内容或元素包裹起来
wrapinner()	将每一个匹配的元素的子内容用指定的内容或元素包裹起来

13.6.6 属性操作方法

在页面中除了对文档对象进行操作之外，还需要对一些属性进行操作，如动态改变表格的行样式，就需要对 class 或 style 属性进行操作，表 13-4 中的方法实现了这些功能。

表 13-4　属性操作方法

方　法	描　述
addClass()	向匹配的元素添加指定的类名
attr()	设置或返回匹配元素的属性和值
hasClass()	检查匹配的元素是否拥有指定的类
removeAttr()	从所有匹配的元素中移除指定的属性
removeClass()	从所有匹配的元素中删除全部或者指定的类
toggleClass()	从匹配的元素中添加或删除一个类

13.6.7　Ajax 相关方法

jQuery 对 Ajax 的支持是强大的，它提供了以下方法来处理 Ajax 的数据。

1. load() 方法

load()方法是简单但强大的 Ajax 方法。其从服务器加载数据，并把返回的数据放入被选元素中。其语法如下。

```
$(selector).load(URL,data,callback);
```

其参数作用如下。

（1）必需的 URL 参数：规定希望加载的 URL。

（2）可选的 data 参数：规定与请求一同发送的查询字符串键/值对集合。

（3）可选的 callback 参数：load()方法完成后所执行的回调函数名称。

2. get()和 post()方法

在客户端和服务器端进行请求-响应的两种常用方法是 GET 和 POST。

GET：从指定的资源请求数据，GET 基本上用于从服务器获得（取回）数据，方法可能返回缓存数据。

POST：向指定的资源提交要处理的数据，POST 也可用于从服务器获取数据，但 POST 方法不会缓存数据，并且常用于和请求一起发送数据。

$.get()方法通过 HTTP GET 请求从服务器请求数据。其语法如下。

```
$.get(URL,data,callback);
```

其参数作用如下。

（1）必需的 URL 参数：规定希望请求的 URL。

（2）可选的 data 参数：规定连同请求发送的数据。

（3）可选的 callback 参数：请求成功后所执行的回调函数名。

$.post()方法通过 HTTP POST 请求从服务器请求数据。其语法如下。

```
$.post(URL,data,callback);
```

其参数作用如下。

（1）必需的 URL 参数：规定希望请求的 URL。

（2）可选的 data 参数：规定连同请求发送的数据。

（3）可选的 callback 参数：请求成功后所执行的回调函数名。

3. ajax({参数})方法

这个方法是功能最全的，但参数和使用也是最复杂的。前面的几个方法可以理解为 ajax() 方法的特殊版本。这个方法有很多参数，这里只介绍其中的几个。

（1）dataType：想从服务器得到哪种类型的数据，主要有 XML、HTML、Script、JSON、JSONP、Text 等类型。

（2）success：请求成功后的处理函数。

（3）type：以 POST 或 GET 的方式请求，默认为 GET。PUT 和 DELETE 也可以使用，但并不是所有的浏览器都支持。

（4）url：请求的目的地址，必须是一个字符串。

（5）complete：不管请求成功还是错误，只要请求完成，就执行的事件。

（6）beforeSend：传递异步请求之前的事件。

13.6.8　书籍管理系统的 jQuery 代码

掌握了前面的知识点以后，下面的代码相信大家就能看懂了。book.js 脚本的代码如下。请注意看代码注释。

```
$(document).ready(function() {
    //一开始加载书籍时，显示第 1 页，每页显示 5 条记录
    listBook(1,5);
    //“添加”按钮
    $("#btnAdd").click(function() {
        $("#divEdit").show("slow");
        clearText();
    });
    //“关闭”按钮
    $("#btnCancel").click(function() {
        hiddenEdit();
        clearText();
    });
    //添加或编辑窗体的“确认”按钮
    $("#btnEdit").click(function() {
        var flag = false;   //判断表单输入是否完整
        //非空验证
        $("#tabEdit :text,textarea").each(function(){
            if($(this).val()=="") {
                flag = true;
                return;
            }
        });
        if (flag) {
            alert("书籍内容输入不完整");
            return;
        }
```

```
        if (!dateOk) {
            alert("日期格式不正确");
            return;
        }
        //表单数据序列化成一个字符串并用&拼接
        var params = $("#frmEdit").serialize();
        //得到 ID 的值，若为空串则表示添加
        if ($("#id").val()=="") {
            $.post("addBook.action",params,function(operateSuccess){
                if (operateSuccess) {
                    clearText();     //清除内容
                    listBook($("#selPage").val(), $("#selSize").val());     //重新加载
                } else {
                    alert("添加失败");
                }
            });
        }
        else {
            //更新操作
            $.post("updateBook.action",params,function(operateSuccess) {
                if (operateSuccess) {
                    clearText();     //清除内容
                    listBook($("#selPage").val(), $("#selSize").val());     //重新加载
                } else {
                    alert("更新失败");
                }
            });
        }
        hiddenEdit();
    });
    var dateOk = true;
    //几处文本框中日期失去焦点时进行检验
    $("#pubdate").blur(function(){
        //日期格式验证
        var datePattern = /^(19|20)[0-9]{2}[-](0?[1-9]|1[012])[-](0?[1-9]|[12][0-9]|3[01])$/;
        if (!datePattern.test($(this).val())) {
            alert("日期格式不正确");
            dateOk = false;
            $(this).select();
        }
        else {
```

```
            dateOk = true;
        }
    });
    //添加的文本框高亮显示，要动态加入才有效果
    $("#tabEdit :text,textarea").each(function(){
        $(this).addClass("input_form");
        $(this).mouseover(function(){
            $(this).addClass("input_over");
        }).mouseout(function(){
            $(this).removeClass("input_over");
        });
    });
    $("#divEdit").hide();
    //底部选择页面的下拉列表和页面大小的选择事件操作，两个控件使用同一个方法
    $("#selPage,#selSize").change(function(){
    //使用下拉列表中的值重新加载页面
        listBook($("#selPage").val(), $("#selSize").val());
    });
    //单击主页面中的“查询”按钮，打开“查询”窗体
    $("#btnQuery").click(function(){
        //显示查询的层
        $("#divQuery").slideDown("slow");
    });
        //单击“查询”按钮，开始查询
    $("#btnSearch").click(function(){
        searchBooks();
    });
    //“查询”窗体的“关闭”按钮
    $("#btnQueryClose").click(function(){
    //关闭查询的层
        hiddenQuery();
    });
    //清除查询条件，显示全部记录
    $("#btnClearAll").click(function(){
    //清空表单 frmQuery 中所有的文本框中的值
    $("#frmQuery input[type=text]").val("");
    //清空查询条件之后进行搜索
     searchBooks();
    });
    //“首页”超链接
```

```
    $("#firstPage").click(function(){
        listBook(1, $("#selSize").val());
    });
    //“上页”超链接
    $("#previousPage").click(function(){
        listBook(parseInt($("#selPage").val())-1, $("#selSize").val());
    });
    //“下页”超链接
    $("#nextPage").click(function(){
        listBook(parseInt($("#selPage").val())+1, $("#selSize").val());
    });
    //“末页”超链接
    $("#lastPage").click(function(){
        //取 option 中最后一项的值
        listBook($("#selPage option:last").val(), $("#selSize").val());
    });
});
//开始查询数据
function searchBooks() {
    //表单数据序列化成一个字符串并用&拼接
    var params = $("#frmQuery").serialize();
    //使用 post 提交查询
    $.post("list.action",params,function(data){
        fillBooks(data);
    });
}
//隐藏增加层/编辑层
function hiddenEdit() {
    $("#divEdit").fadeOut("normal");
}
//关闭查询层
function hiddenQuery() {
    $("#divQuery").fadeOut("normal");
}
//清除增加文本框类的内容
function clearText() {
    //id 为 tabEdit 中所有 input 为 text 的元素和 textarea，以及 id 为#id 的隐藏表单值
    $("#tabEdit :text,textarea,#id").val("");
}
//“删除”按钮
```

```
function deleteBook(bookId) {
    if (confirm("真的要删除这本书籍吗?")) {
        var url = "deleteBook.action?book.id=" + bookId;
        //使用 get 方法(地址,回调函数)
        $.get(url, function(operateSuccess) {
            if (operateSuccess) {
                //重新加载书籍列表
                listBook($("#selPage").val(), $("#selSize").val());
            }
            else {
                alert("删除失败！");
            }
        });
    }
}
/**加载书籍列表
 * @param page 第几页
 * @param size 页面大小 */
function listBook(page,size) {
    if (isNaN(page) || page==null) page = 1;
    if (isNaN(size) || size==null) size = 5;
    /* 调用 post 方法，得到数据，将结果在回调函数中用表格动态显示出来
     * 在后面增加一个随机数，避免 IE 浏览器后台提交服务器的问题出现 */
    $.post("list.action?pageBean.page=" + page + "&pageBean.size=" + size + "&t=" + Math.random(),
function(data) {
        fillBooks(data);
    });
}
/** 从服务器端返回的数据动态填充到表格中 */
function fillBooks(data) {
    //得到书籍集合
    var books = data.books;
    var pageBean = data.pageBean;
    //清除原表格的内容
    $("#bookbody").empty();
    //动态生成表格
    var html="";
    //没有记录
    if (pageBean.count==0) {
        html += "<tr><td colspan='6'>没有找到任何书籍</td></tr>"
```

```
        //添加到 tbody 中
        $("#bookbody").append(html);
        //隐藏分页部分
        $("#bookfoot").attr("style","display:none;");
    }
    else {
        //显示分页部分
        $("#bookfoot").removeAttr("style");
        //填充数据
        for(var i=0; i<books.length; i++) {
            html+="<tr>"
                html+="<td>" + ((pageBean.page-1) * pageBean.size + i + 1) + "</td>";
            html+="<td align='left'>" + books[i].isbn + "</td>";
            html+="<td    align='left'>" + books[i].title + "</td>";
            //货币前面加￥符号
            html+="<td align='right'>" + "￥" + books[i].price + "</td>";
            //日期类型直接取前面 10 个字符
            html+="<td>" + books[i].pubdate.substring(0,10) + "</td>";
            // “删除” 和 “修改” 按钮
            html+="<td><input type='button' value='删除' onclick='deleteBook(" + books[i].id + ")'/> ";
            html+= "<input type='button' value='修改' onclick='editBook(" + books[i].id + ")'/></td>";
            html+="</tr>";
        }
        //添加到 tbody 中
        $("#bookbody").append(html);
        //奇偶行使用不同的背景
        $("#bookbody tr:odd").addClass("tr_odd");
        //光标移上去时背景色发生变化
        $("#bookbody tr").hover(function(){
            $(this).addClass("mouseover");
        },function(){
            $(this).removeClass("mouseover");
        });
        //底部分页部分的数值更新
        $("#spanCount").html(pageBean.count);
        $("#spanPage").html(pageBean.total);
        //底部下拉列表的页数填充，清除原有的内容
        $("#selPage").empty();
        for(var i=1; i<=pageBean.total; i++) {
            var op = "";
            //选中当前页
```

```
            if (pageBean.page==i) {
                op = "<option value='" + i + "' selected>" + i + "</option>";
            }
            else {
                op = "<option value='" + i + "'>" + i + "</option>";
            }
            $("#selPage").append(op);
        }
    }
}
//"编辑"按钮
function editBook(id) {
    //显示编辑的层
    $("#divEdit").slideDown("slow");
    //试用 JSON 方法(请求地址,参数,回调)
    $.get("findBook.action",{"book.id":id},function(book){
        //填充数据（data 代表 JSON 对象）
        $("#id").val(book.id);
        $("#isbn").val(book.isbn);
        $("#title").val(book.title);
        $("#price").val(book.price);
        $("#pubdate").val(book.pubdate.substr(0,10));
        $("#intro").val(book.intro);
    });
}
```

至此，整个表示层就完成了。JS 代码的调试是一个很需要细心和耐心的工作，因为在开发工具中，JS 代码是不会有错误提示的，这让很多初学者觉得调试工作非常痛苦。但幸好现在的各大浏览器都自带了 JS 调试功能，可减轻烦琐的调试工作。

到这里，通过一个业务简单的项目，对整本书籍中的知识点进行了串讲和使用，在项目中也加入了新的知识点：Struts 2 对 JSON 对象的操作，JUnit 和 jQuery 框架，Spring 文件的拆分。这些知识点在 Java EE 开发中应用十分普遍。建议读者按书中的代码抄写一遍，并且调试运行，重点是能够调试运行出来。学习的初期往往是模仿，就像小孩子学说话一样，等自己学会了，即可开发项目。这虽然只是一个小模块，但当模块越来越多的时候，也就成了一个大项目。

本章小结

本章通过一个简单的书籍管理系统介绍了如何使用 Struts 2+Spring 3+Hibernate 4+Ajax+jQuery 完成一个项目的开发。

至此，本书的内容就结束了，希望所有学习 Java EE 开发的读者都能通过本书找到一个起点，学有所成。

反侵权盗版声明